建筑工程设计文件编制深度规定（2016 版）应用范例

——建筑结构

魏利金　主　编
李雪宁　副主编
彭秋艳
王　俊

U0296116

中国建筑工业出版社

图书在版编目（CIP）数据

建筑工程设计文件编制深度规定（2016版）应用范例——
建筑结构/魏利金主编. —北京：中国建筑工业出版社，
2018.5
ISBN 978-7-112-21821-9

Ⅰ.①建…　Ⅱ.①魏…　Ⅲ.①建筑设计-文件-编制-规
定-中国②建筑结构-文件-编制-规定-中国　Ⅳ.①TU2

中国版本图书馆 CIP 数据核字（2018）第 030411 号

　　本书作者根据三十多年的结构专业施工图审查经验，对《建筑工程设计文件编制深度规定》（2016版）进行了解读，并紧密结合实际工程案例，对方案设计、初步设计、施工图设计分别进行深度解析，对有关深度规定的制图标准及深度要求予以细化和图样化。本书共分为6章，包括：概论、总则、方案设计阶段、初步设计阶段、施工图设计阶段以及典型工程施工图【工程案例】。全书内容全面、翔实，具有较强的可操作性，可供建筑工程结构设计人员参考使用。

责任编辑：王砾瑶　范业庶
责任设计：李志立
责任校对：李欣慰

建筑工程设计文件编制深度规定（2016版）应用范例——建筑结构
魏利金　主　编
彭秋艳　李雪宁　王　俊　副主编
*
中国建筑工业出版社出版、发行（北京海淀三里河路9号）
各地新华书店、建筑书店经销
北京科地亚盟排版公司制版
北京建筑工业印刷厂印刷
*
开本：787×1092毫米　1/16　印张：18½　字数：460千字
2018年4月第一版　　2018年4月第一次印刷
定价：**49.00**元
ISBN 978-7-112-21821-9
（31672）

前　言

在30多年的结构专业审查过程中发现很多设计人员对方案设计、初步设计、施工图设计的编制深度的界定和各自的深度要求不够熟悉，使得方案设计、初步设计、施工图设计深度难以满足规定及施工要求，往往不得不在施工过程中临时补充大量的洽商、变更通知，造成不必要的时间成本、人工成本、材料成本的浪费，且影响工程质量，甚至有的工程由于设计者表述不正确，造成工程安全隐患也时有发生。

《建筑工程设计文件编制深度规定》（2016年版，以下简称《编制深度规定》）实施以来，依然发现很多工程技术人员对规定中的一些规定理解不透，特别是一些新的要求理解不到位，使方案设计、初步设计、施工图中表述错误或不够完善，引起施工技术人员理解错误的现象时有发生；这是由于《编制深度规定》的文字表达具有逻辑严谨、简练明确的特点，且只作规定要求而不陈述理由，对使用者或监督者及管理者来说可能知其表易，而察其理较难。

为了使广大工程技术人员更好地直观理解、掌握和执行新版《编制深度规定》的实质内涵，在既符合有关深度规定和制图标准的要求，又力求简化的原则下，本书编委们紧密结合实际工程案例，对方案设计、初步设计、施工图设计分别进行深度解析。对有关深度规定的制图标准及深度要求予以细化和图样化，采用图文并茂的形式，列举大量实际工程案例为广大工程技术人员初步设计、施工图设计文件及图形编制提供一种示范的样本，以利于保证建筑工程设计文件的完整性，有利于提高设计效率，是设计质量的保证。

本书中的工程案例均来自编委们的实际工程，就结构专业方案设计、初步设计、施工图设计阶段深度进行表达，工程案例中的结构设计方案、设计荷载、设计参数、计算结果、构件截面等仅供大家参考，但不得作为其他工程的设计依据。

本书解析沿用《编制深度规定》顺序分别解析：沿着方案设计、初步设计、施工图设计三个阶段分别以深度规定主要条文解析、深度规定深度拓展解析、工程案例由浅到深的解析。

书中在不同设计阶段扩充了大量的结构设计、监督、管理人员需要掌握的一些重要概念及数据资料，且拓展补充了建筑结构设计常遇疑难、热点问题及对策方法。

需要指出的是，本书由于实际工程案例较多，工程设计时间跨越多个版本规范、编制深度规定、制图标准等，但工程案例设计均满足当时的规范及编制深度规定、制图标准等的要求。本书着重点基于现行编制深度规定、现行规范、规程、标准的基础之上重点介绍设计方法和思路，因而并不会对读者阅读带来不便，但提醒读者在参考本书工程案例进行实际工程设计时应严格执行现行规范、规程、编制深度规定的相关要求。

参与本书编写的人员都是来自一线的资深结构工程师，从事结构设计工作多年，具有扎实的理论基础知识和丰富的实际工程经验。其中，主编是从事结构设计、审图、顾问咨询等30多年的资深工程专家、教授级高级工程师；副主编也都是从事结构设计、审图、顾问优化 15 年以上的资深高级工程师、国家一级注册结构工程师。

本书具有较强的针对性和实用性，且简明易懂，可供结构设计工程师、施工图审查人员、监理工程师、施工技术人员、建设项目管理人员使用，也可供有关大专院校师生参考。

由于编委们知识、经验、时间有限，书中难免有错、漏或不妥之处，编委们热忱地欢迎各位专家同仁批评指正。

本书在撰写过程中得到北京天鸿圆方建筑设计有限责任公司研发中心领导及各位同仁大力支持和积极参与，在此表示感谢！

目　　录

第1章 概论

1.1 2016版与2008版《编制深度规定》主要有哪些变化?

2016版《编制深度规定》在原2008版的基础之上补充了以下主要内容:

(1) 新增绿色建筑技术应用的内容,详见绿色建筑分册。

(2) 新增装配式建筑设计内容,详见装配式建筑分册。

(3) 新增建筑设备控制相关规定。

(4) 新增建筑节能设计要求,包括各相关专业的设计文件和计算书深度要求。

(5) 新增结构工程超限设计可行性论证报告内容。

(6) 新增建筑幕墙、基坑支护及建筑智能化专项设计内容。

(7) 根据建筑工程项目在审批、施工等方面对设计文件深度要求的变化,对原规定中部分条文作了修改,使之更加适用于目前的工程项目设计,尤其是民用建筑工程项目设计。

1.2 重要术语的解释

依据《建设工程分类标准》(GB/T 50841—2013)规定:

1. 建设工程

建设工程是指为人类生活、生产提供物质技术基础的各类建筑物和工程设施的统称。按照自然属性可分为建筑工程、土木工程和机电工程三类;按照社会属性可分为房屋建筑工程、铁路工程、公路工程、水利工程、市政工程、煤炭矿山工程、水运工程、海洋工程、民航工程、商业与物质工程、农业工程、林业工程、粮食工程、石油天然气工程、海洋石油工程、火电工程、水电工程、核工业工程、建材工程、冶金工程、有色金属工程、石化工程、化工工程、医药工程、机械工程、航天与航空工程、兵器与船舶工程、轻工工程、纺织工程、电子与通信工程和广播电影电视工程等;建设工程按照功能可分为节能工程、消防工程、抗震工程等;按照用途可分为住宅工程、铁路工程、公路工程等;按照结构可分为建设项目、单位工程、分部工程、分项工程等。

2. 建筑工程

旨在形成主要供人们进行生产、生活或其他活动的房屋或场所的建设工程项目。建筑工程有民用建筑工程和工业建筑工程之分,还包括构筑物工程及其他建筑工程等。民用建筑工程是供人们居住和进行公共活动的建筑的总称,包括住宅以及办公楼、宾馆、医院、影剧院、博物馆、体育馆等各种公共建筑。工业建筑包括各种行业所需要的工业厂房、仓库、锅炉房、烟囱等。建筑工程包括装饰装修工程。

3. 土木工程

土木工程是指建造在地上或地下、陆上或水中，直接或间接为人类生活、生产、军事、科研等服务的各种工程设施。包括：道路工程、轨道工程、桥涵工程、隧道工程、水工工程、矿山工程、架线与管道工程等。广义的土木工程还包括建筑工程。

4. 建设项目

建设项目是指有经过有关部门批准的立项文件和设计任务书，经济上实行独立核算，行政上实行统一管理的工程项目。

5. 单项工程

单项工程是指在一个建设项目中，具有独立的设计文件，建成后可以独立发挥生产能力和使用效益的项目。单项工程，是建设项目的组成部分。如一个工厂的车间、办公楼、配电房、食堂等，一所医院的门诊楼、办公楼、检验楼、住院部楼、食堂、住宅楼等均属单项工程。

6. 单位工程

单位工程是指具有独立的设计文件，可以独立组织施工和单项核算，但不能独立发挥其生产能力和使用效益的工程项目。单位工程不具有独立存在的意义，它是单项工程的组成部分。工业与民用建筑物工程中的一般土建工程、装饰装修工程、电气照明工程、设备安装工程等均属于单位工程。一个单位工程由多个分部工程构成。

7. 分部工程

分部工程是指按工程的部位、结构形式的不同等划分的工程项目。如建筑工程中包括土（石）方工程、桩与地基基础工程、砌筑工程、混凝土及钢筋混凝土工程、厂库房大门、特种门木结构工程、金属结构工程、屋面及防水工程等多个分部工程。分部工程是单位工程的组成部分。一个分部工程由多个分项工程构成。

8. 分项工程

分项工程是根据工种、构件类别、使用材料不同划分的工程项目。如混凝土及钢筋混凝土分部工程中的带形基础、独立基础、满堂基础、设备基础、矩形柱、有梁板、阳台、楼梯、雨篷、挑檐等均属分项工程。分项工程是工程量计算的基本元素，是工程项目划分的基本单位，所以工程量均按分项工程计算。

1.3　建筑工程分类标准

1.3.1　民用建筑

（1）民用建筑工程按用途分为居住建筑、办公建筑、旅馆酒店建筑、商业建筑、居民服务建筑、文化建筑、教育建筑、体育建筑、卫生建筑、科研建筑、交通建筑、人防建筑等。

（2）居住建筑按使用功能不同分为别墅、公寓、普通住宅等；按照地上层数和高度分为低层建筑（1～3层）、多层建筑（4～6层）、中高层建筑（7～9层）和高层建筑（10层以上）。

（3）办公建筑按地上层数和高度分为单层建筑、多层建筑（2层以上但高度不超过

24m)、高层建筑（8层以上、高度在24～100m）、超高层建筑（30层以上、高度100m以上）；

（4）旅馆酒店建筑分为旅游饭店、普通旅馆、招待所等。旅游饭店按照档次、功能等分不同星级，包括1星至5星共5个等级。

（5）商业建筑按照用途分为百货商场、综合商厦、购物中心、超市、菜市场、专业商店等。按其建筑面积划分为大型商业建筑（规模大于15000m^2）、中型商业建筑（规模为3000～15000m^2）和小型商业建筑（规模小于3000m^2）。

（6）演出类建筑（剧场、音乐厅、电影院、礼堂、会议中心等）工程是指既可以作为音乐、电影等的演出场所，又可以作为会议集会场所的工程。

（7）展览类建筑（博物馆、展览馆、美术馆、纪念馆等）工程是指供人们参观有关展览的建筑工程。

（8）体育建筑工程包括体育馆、体育场、游泳馆、跳水馆等工程。

（9）交通建筑包括铁路客运车站建筑、汽车客运站建筑、水路客运站建筑、航空港建筑等工程。

（10）其他民用建筑工程是指计算中心、文化宫、少年宫、宗教寺院、居民生活服务用房、殡仪馆、公共厕所、地下建筑等工程。有些不一定有明确的用途，如居民生活用房、地下建筑等；有些是综合性的建筑，可能包括许多功能，如文化宫、会展中心等。

1.3.2　工业建筑工程

（1）工业建筑工程可分为厂房（机房、车间）、仓库、辅助附属设施用房等。

（2）仓库按用途划分为各行各业企事业单位的成品库，原材料库、物资储备库、冷藏库等。

（3）厂房（机房）包含各行各业工矿企业用于生产的工业厂房和机房等。按照高度和层数可分为单层厂房、多层厂房和高层厂房，按跨度可分为大型厂房、中型厂房、小型厂房。

1.3.3　构筑物工程

（1）构筑物工程可分为工业构筑物、民用构筑物和水工构筑物等。

（2）工业构筑物工程可分为冷却塔、观测塔、烟囱、水塔、井塔、井架、筒仓、栈桥、架空索道、装卸平台、地道等。

（3）民用构筑物可分为电视塔、纪念塔（碑）、广告塔（牌）、游览索道等。

（4）水工构筑物可分为沟、池、沉井、水塔等。

1.3.4　建筑工程的基本组成

以上建筑工程均包含：地基基础工程、主体结构工程、屋面工程、装饰装修工程、给水排水与采暖工程、电气工程、智能化工程、通风与空调工程、电梯工程、室外总体工程等。其中，按照工程的自然属性划分，属于土木工程的分部工程有：地基基础工程、主体结构工程、装饰装修工程、屋面工程、室外土建工程等。

1.4 结构《规范》、《规程》、《标准》用词如何正确理解?

结构设计应符合各种《规范》、《规程》、《标准》等的要求,这就需要设计师合理正确理解《规范》、《规程》、《标准》等的用词要求,只有正确理解了《规范》、《规程》、《标准》中用词的实质内涵,方可运用好。

细心的设计师可能已经注意到新版《规范》用词做了适当补充,由原来的三个层次,调整为以下四个层次:

第一层次:表示很严格,非这样不可的:正面用词采用"必须";反面用词采用"严禁"。这个层次的条文都是强制性条文,也是最严厉的要求。

第二层次:表示严格,在正常情况下均应这样做:正面用词采用"应";反面用词采用"不应"或"不得"。这个层次的条文有的是强制性条文,有的是非强制性条文。

第三层次:表示允许稍有选择,在正条件许可时首先这样做:正面用词采用"宜";反面用词采用"不宜"。

第四层次:表示有所选择,在一定条件下可以这样做:采用"可"。这一条是新补充的说明。

《建筑工程施工图设计文件技术审查要点》(建质【2013】87 号:如设计未执行要点中非强条,是否通过,目前各地处理方式也不一样,本要点的表述是"如设计未严格执行本要点的规定,应有充分依据"。这一表述主要考虑既然不是强制性条文,原则上在审查时也不应作为强制要求执行,可按规范用词的严格程度予以把握,允许设计单位根据工程设计的实际需要,在不降低质量要求的前提下,采取行之有效的变通措施来解决问题,但应有充分依据。

1.5 为什么说《规范》的要求是最低要求?

《规范》是设计基本依据,对《规范》的理解和把握程度实际上决定了工程技术人员的技术水平。不应当把《规范》当做"圣经"盲目照搬;正如林同炎大师说的:"工程师应当只把建筑规范作为一种指南,作为参考,而不应当将规范当成'圣经'盲目照搬。"

"规范是最低要求"对于刚参加工作的工程师讲,一下难以理解,但会随工作经验的积累,才逐渐地认识到这句话真正的内涵。

我们知道:满足《规范》要求的结构不一定就是一定安全的,而不满足《规范》要求的结构也不一定是一定不安全的;汶川地震震害就说明了,满足《规范》要求的结构仍然大量出现了我们所不希望看到的"强梁弱柱、强弯弱剪、强构件弱节点的破坏"。之所以满足规范要求的结构不一定是安全的,我们的理解,是因为《规范》还是基于研究工作并简化而来,而实际工程问题的复杂性以及研究的必要简化假定,都可能给研究的结果带来误差,有时甚至是颠覆性的,例如我们对于楼梯斜撑效应、结构整体刚度分布的影响等问题,就几乎是完全出现了相悖的情况。

"规范是最低要求"的第二个原因,就是规范的要求程度是一种最低要求,例如规范中"可"、"宜"、"应"、"必须"的字眼其程度就不同。工作中,对"可"、"宜"的字眼往往就疏忽了，认为它可满足可不满足。

再举个例子，现行的《规范》中对"强柱弱梁"验算通过柱端弯矩放大系数实现，其中要求对一级框架及抗震设防烈度 9 度地区才要求对节点的梁按实配钢筋反算抗弯承载力进行柱端弯矩计算。但由于实际工程中，大城市没有处于 9 度地区，而高层建筑又很少采用纯框架结构，因此不少设计人员为了回避复杂烦琐的实配钢筋承载力验算，按规范的"最低要求"偷懒掉了；而如果将规范看做"最低要求"，甚至可以对于 6 度区的框架结构按实配钢筋反算承载力，这样更有利于实现"强柱弱梁"。这个例子，就充分说明了规范最低要求。

一般技术力量强的设计院更注重结构概念设计，超前于现行规范，引入了结构性能设计方法等，这都说明了规范是最低要求这个观点。

作为一名合格的结构设计师，对规范不应该只停留在照搬条款，在会代入数据到计算公式的基础上，还应该尽量深入地理解和把握规范内涵。当然，某些规范条文涉及的理论背景还是很深的，想很深入地理解也不太可能而且没有必要。例如，对于钢结构稳定理论这部分，涉及的计算长度系数的得来，就要涉及弹性压杆稳定理论，再深入又要涉及弹性力学微分方程的求解，再深入又要涉及微积分数值求解方法等，这些理论对于大多数工程师来讲确实太费精力也没有必要理解得那么深入，作者认为对这个问题只要明确两个概念基本就行了：（1）什么是柱子的计算长度，它反映了什么力学本质问题？（2）计算长度与哪些因素有关？有哪些基本假定？基本达到这个层次，就可以了，再深入就是科学研究的工作了。

1.6　如何正确理解《规范》条文及条文说明，如何把握规范用词标准？

《规范》的正文条文分为"强制性"和"非强制性"两类，建设主管部门对条文的执行有明确规定。条文说明只是为了理解和实施条文所作的解释性文字、数据、图表和公式等，有些内容甚至保留了 89 规范和 2001 规范的内容，目的是便于设计人员学习规范，了解规范的背景和历史沿革。因此，不能将条文说明等同于条文本身，也不能要求设计都按照条文说明执行。关于规范用词"必须"、"应"、"宜"、"可"等，是对执行规范严格程度不同而定。在设计和审图过程中，经常由于理解的差异，把握的"宽"、"严"尺度不同，特别是对"应"和"宜"的把握尺度不同，产生了一些矛盾。

《规范》用词说明指出，"应"表示严格，在正常情况下均应这样做；"宜"表示允许稍有选择，在条件许可时首先这样做。很明显，二者程度上是有差别的。对"宜"执行的条文允许适度放宽，但不是无限放宽，而应视设防要求、结构和构件的重要性，有所区别。

1.7　《规范》正文与条文说明、各种手册、指南、构造措施图集、标准图集如何正确应用理解？

由于原《规范》没有对条文的法律效力作出明确说明，很多设计人员理解为与《规范》正文具有同等的法律效力，同样各种手册、指南、标准图集也没用说明其法律效力，本次新版《规范》、手册、指南、标准图集均作了明确规定：

（1）现行版《规范》均说明：条文说明不具备与规范正文同等的法律效力，仅供使用者作为理解和把握条文规定的参考。

（2）《全国民用建筑技术措施》2009版（以下简称《技术措施》）：供全国各设计单位参照使用，本措施应在满足现行国家及地方标准的前提下，根据工程具体情况参考使用。

（3）《全国民用建筑技术措施》2003版：本措施凡属《规范》、《规程》的细化、引申部分，都是必须贯彻执行的；凡属以经验总结为依据的部分，是不得无故变更的，确有特殊情况时，允许采取更合理的措施；凡属建议的，可结合实际工程灵活掌握，使设计更为经济合理；凡属地方性的技术措施，则应结合有关省、市、自治区的技术法规予以实施。

（4）各种手册、指南、标准图集不是标准、规范，而是其内容的延伸和具体化，因而使用非常方便。但注意尽管他们是根据标准、规范而编制的，但其本身并不是标准、规范，因此也只能由编制者解释，由使用者自负其责。

1.8 若遇有现行《规范》未含盖的结构体系应如何对待？

为了加强对建设工程勘察、设计活动的管理，保证建设工程勘察、设计质量，保护人民生命和财产安全，国务院于2000年9月25日发布了《建筑工程勘察设计管理条例》。其中，第29条规定，建设工程勘察、设计文件中规定采用的新技术、新材料，可能影响建设工程质量和安全，又没有国家技术标准的，应当由国家认可的检测机构进行验证、论证，出具检测报告，并经国务院有关部门或者省、自治区、直辖市人民政府有关部门组织的建设工程技术专家委员会审定后，方可使用。因此，凡是2001规范没有包括的结构体系，均应照此规定执行。

比如有的工程在现有钢筋混凝土结构或砌体结构房屋上采用钢结构进行加层设计时，应区分为两种情况对待：

第一种情况：当加层的结构体系为钢结构时，因抗震规范未包括下部为混凝土或砌体结构，上部为钢结构的有关规定，由于两种结构的阻尼比不同，上下两部分刚度存在突变，属于超规范、规程设计，设计时应按国务院《建筑工程勘察管理条例》第29条的要求执行，即需要由省级以上有关部门组织的建设工程技术专家委员会进行审定。

第二种情况：当仅屋盖部分采用钢结构时，整个结构抗侧力体系的竖向构件仍为混凝土结构或砌体结构时，则不属于超规范、规程的设计，按照现行规范有关规定设计即可，但此时尚应注意因加层带来结构刚度突变等不利影响，必要时需要对原结构采取加固补强措施。

比如江苏省超限审查要点规定：下部为砌体结构、上部为钢结构或下部为钢筋混凝土结构、上部为钢结构的多层房屋，应进行抗震超限论证。

基于以上理由，我们建议设计前需要提前与施工图审图单位进行沟通。

1.9 执行现行《规范》时，若发现某些条款与行业标准、地方标准不一致时如何解决？

根据标准化法，工程建设的标准分为国家标准、行业标准和地方标准，国家标准的代号为 GB 或 GB/T；行业标准按行业划分，如 JGJ 表示建筑工程，YB 表示冶金行业，JDJ 表示机械行业，FJJ 表示纺织行业；地方标准按省级划分，如 DBJ 01 表示北京，DBJ 08 表示上海，DBJ 15 表示广东省等。

当国家标准与行业标准对同一事物的规定不一致时，分以下几种情况分别处理：

（1）当国家标准规定的严格程度为"应"或"必须"时，考虑到国家标准是最低的要求，至少应按国家标准的要求执行。

（2）当国家标准规定的严格程度为"宜"或"可"时，允许按行业标准略低于国家标准的规定执行。

（3）若行业标准的要求高于国家标准，则应按行业标准执行。

（4）若行业标准的要求高于国家标准但其版本早于国家标准，考虑到国家标准对该行业标准的规定有所调整，仍可按国家标准执行。此时，设计单位可向行业标准的主编单位报备案并征得认可。

当不同的国家标准之间的规定不一致时，应向国家主管部门反映，进行协调，一般按新颁布的国家标准执行。

（5）但注意地基基础应以地方标准进行审查，各省级建设主管部门可根据需要确定审查内容，无地方标准的地区应按《建筑工程施工图设计文件技术审查要点》（建质〔2013〕87 号规定即国标地基基础规范）审查。

第 2 章　总则

2.1 《编制深度规定》主要条文解读

《编制深度规定》第 1.0.1 条：为加强对建筑工程设计文件编制工作的管理，保证各阶段设计文件的质量和完整性，特制定本规定。

《编制深度规定》第 1.0.2 条：本规定适用于境内和援外的民用建筑、工业厂房、仓库及其配套工程的新建、改建、扩建工程设计。

解析：本规定的适用范围根据"建设部令第 160 号"《建设工程勘察设计资质管理规定》和"建市〔2007〕86 号"《工程建设设计资质标准》中规定的建筑行业（建筑工程）设计资质的允许承接业务范围确定，包括"建设部令第 160 号"第三十八条和"建市〔2007〕86号"附件 3-21-1 中规定的除景观设计、室内外环境设计及建筑装饰设计以外的所有内容。

《深度规定》第 1.0.3 条：本规定是设计文件编制深度的基本要求。在满足本规定的基础上，设计深度尚应符合各类专项审查和工程所在地的相关要求。

解析：民用建筑工程的方案设计文件用于办理工程建设的有关手续，施工图设计文件用于施工，都是必不可少的。初步设计文件用于审批（包括政府主管部门和/或建设单位对初步设计文件的审批）；若无审批需求，初步设计文件也无出图的必要。因此，对于无审批需求的建筑工程，经有关主管部门同意，并且合同中有不做初步设计的约定，可在方案设计审批后直接进入施工图设计。在此情况下方案设计文件的深度满足第 2 章的要求即可。

《编制深度规定》第 1.0.4 条：建筑工程一般应分为方案设计、初步设计和施工图设计三个阶段；对于技术要求相对简单的民用建筑工程，当有关主管部门在初步设计阶段没有审查要求，且合同中没有做初步设计的约定时，可在方案设计审批后直接进入施工图设计。

《编制深度规定》第 1.0.5 条：各阶段设计文件编制深度应按以下原则进行：

（1）方案设计文件，应满足编制初步设计文件的需要，应满足方案审批或报批的需要。

注：本规定仅适用于报批方案设计文件编制深度。对于投标方案设计文件的编制深度，应执行住房和城乡建设部颁发的相关规定。

（2）初步设计文件，应满足编制施工图设计文件的需要，应满足初步设计审批的需要。

（3）施工图设计文件，应满足设备材料采购、非标准设备制作和施工的需要。

注：对于将项目分别发包给几个设计单位或实施设计分包的情况，设计文件相互关联处的深度应满足各承包或分包单位设计的需要。

解析：将项目分别发包给几个设计单位或实施设计分包，通常包括建筑主体由一个单位设计，而幕墙、室内装修、局部钢结构构件、某项设备系统等内容由其他单位承担设计的情况。在这种情况下，一方的施工图设计文件将成为另一方施工图设计的依据，且各方的设计文件可能存在相互关联之处。作为设计依据，相关内容的设计文件编制深度应满足有关承包方或分包方的需要。

《编制深度规定》第1.0.6条：在设计中宜因地制宜正确选用国家、行业和地方建筑标准设计，并在设计文件的图纸目录或施工图设计说明中注明所应用图集的名称。

重复利用其他工程的图纸时，应详细了解原图利用的条件和内容，并作必要的核算和修改，以满足新设计项目的需要。

《编制深度规定》第1.0.7条：当设计合同对设计文件编制深度另有要求时，设计文件编制深度应同时满足本规定和设计合同的要求。

《编制深度规定》第1.0.8条：本规定对设计文件编制深度的要求具有通用性。对于具体的工程项目设计，应根据项目的内容和设计范围按本规定的相关条款执行。

解析： 所谓"合理的取舍"，是指当设计合同规定的设计内容或设计范围少于本规定对于设计深度要求的内容时，可不执行本规定的相关条款。

例如，某工程施工图设计合同规定的设计内容或范围不包括预算编制时，该工程设计可不执行相应章节的所有条款；合同规定的设计内容或设计范围所涉及的本规定条款，只能取不能舍。

《编制深度规定》第1.0.9条：本规定不作为各专业设计分工的依据。当多个专业由一人完成时，应分专业出图，设计文件的深度应符合本规定要求。

解析： 对于某些设计内容，如空调循环冷却水系统、柴油发电机等，不同的设计单位可能由不同的专业承担设计。对此本规定不作限制。有的设计单位多个专业由一人完成，各专业设计内容在一张图上表示，给行业管理、审图、造价、施工等造成不便，所以要求按国家有关专业分工的规定各专业分别出图。

但不论哪个专业承担这些内容的设计，其设计文件深度应符合本规定要求。

《编制深度规定》第1.0.10条：设计单位在设计文件中选用的建筑材料、建筑构配件和设备，应当注明规格、性能等技术指标，其质量要求必须符合国家规定的标准。

解析： 此条依据现行的《中华人民共和国建筑法》第五十六条、国务院279号令《建设工程质量管理条例》第二十二条和国务院662号令《建设工程勘察设计管理条例》第二十七条的相关要求制定。

1998年颁布的《中华人民共和国建筑法》第五十六条规定：建筑工程的勘察设计单位必须对其勘察、设计的质量负责。勘察、设计文件应当符合有关法律、行政法规的规定和建筑工程质量、安全标准、建筑工程勘察、设计技术规范以及合同的约定。设计文件选用的建筑材料、建筑构配件和设备，应当注明其规格、型号、性能等技术指标，其质量要求必须符合国家规定的标准。

2000年颁布的国务院279号令《建设工程质量管理条例》第二十二条规定：设计单位在设计文件中选用的建筑材料、建筑构配件和设备，应当注明规格、型号、性能等技术指标，其质量要求必须符合国家规定的标准。除有特殊要求的特殊材料、专用设备、工艺生产线等外，设计单位不得指定生产商、供应商。

2000年颁布的国务院662号令《建设工程勘察设计管理条例》第二十七条规定：设计文件中选用的材料、构配件、设备，应当注明其规格、型号、性能等技术指标，其质量要求必须符合国家规定的标准。除有特殊要求的特殊材料、专用设备、工艺生产线等外，设计单位不得指定生产商、供应商。

《编制深度规定》编制过程中调研了解到，设计文件标注型号起到了提供设计选型的参考档次、造价估算依据以及设计参数指标表达的作用，建设方应根据《中华人民共和国招标投标法》、项目的建设程序，以及设计文件所提供的规格、型号、性能技术指标等参数，招标选择相应产品的生产商、供应商。编制组也注意到，《中华人民共和国建筑法》以及国务院第279号、第662号令所作的"……设计单位不得指定生产商、供应商"规定的重要性，认为这是设计院自身管理的范畴，在此予以强调。

《编制深度规定》第1.0.11条：当建设单位另行委托相关单位承担项目专项设计（包括二次设计）时，主体建筑设计单位应提出专项设计的技术要求并对主体结构和整体安全负责。专项设计单位应依据本规定相关章节的要求以及主体建筑设计单位提出的技术要求进行专项设计并对设计内容负责。

解析： 工程设计专项资质常用内容如下：建筑装饰工程、建筑智能化系统设计、建筑幕墙工程、基坑工程、轻型房屋钢结构工程、风景园林工程、消防设施工程、环境工程、照明工程等。

《编制深度规定》第1.0.12条：装配式建筑工程设计中宜在方案阶段进行"技术策划"，其深度应符合本规定相关章节的要求。预制构件生产之前应进行装配式建筑专项设计，包括预制混凝土构件加工详图设计。主体建筑设计单位应对预制构件深化设计进行会签，确保其荷载、连接以及对主体结构的影响均符合主体结构设计的要求。

2.2 《编制深度规定》深度拓展解析

（1）对于需要作初步设计的建筑工程，初步设计的深度及内容应保证该阶段设计文件的质量及完整性。

（2）建筑工程的方案设计文件作用主要是办理工程建设的有关手续、初步设计文件用于审批（包括政府或建设单位对初步设计文件的审批。对于无审批要求的建设工程，经有关主管部门同意，并且合同中有不做初步设计的约定，可在方案设计审批后直接进入施工图设计）；施工图设计文件用于施工图审查，审查通过的施工图方可用于施工。

（3）通常建筑设计主体应由一个设计单位完成初步设计。对于施工图设计文件可分包给一个或几个具有相应资质的设计单位，但注意总包单位必须明确设计依据及设计深度的要求。

（4）对于某些设计内容，不同的设计单位可能由不同的专业承担设计，无论哪个设计单位或设计专业的设计文件均应满足各阶段设计深度的要求。

（5）方案设计、初步设计、施工图设计中应列出使用的国家、行业和地方的规范、规程、规定、标准图集等；注意均应是现行版本。

（6）本规定适用于境内和援外的民用建筑、工业厂房、仓库及其配套工程的新建、改建、扩建工程设计。对于国内设计单位承担国外非援外的工程除参考满足本规定外，还必须满足建设主体国的相关规定。

（7）当业主对初步设计或施工图在合同文件中另有约定时，除应满足国家《深度要求》外，还必须满足业主在合同中的要求。

比如：关于复合地基处理设计图是由主体设计单位完成还是由专业设计院完成的问题，由于标准中的表述不够明确，所以建议在合同中提前约定。

第3章 方案设计阶段

3.1 《编制深度规定》主要条文解析

2.2.4 结构设计说明

（1）工程概况

1）工程地点、工程周边环境、工程分区、主要功能；

2）各单体（或分区）建筑的长、宽、高，地上与地下层数，各层层高，主要结构跨度，特殊结构及造型，工业厂房的吊车吨位等。

（2）设计依据

1）主体结构设计使用年限；

2）自然条件：风荷载、雪荷载、抗震设防烈度等，有条件时简述工程地质概况；

3）建设单位提出的与结构有关的符合有关法规、标准的书面要求；

4）本专业设计所执行的主要法规和所采用的主要标准（包括标准的名称、编号、年号和版本号）、场地岩土工程初勘报告。

（3）建筑分类等级

建筑结构安全等级、建筑抗震设防类别、主要结构的抗震等级、地下室防水等级、人防地下室的抗力等级，有条件时说明地基基础的设计等级。

（4）上部结构及地下室结构方案

1）结构缝（伸缩缝、沉降缝和防震缝）的设置；

2）上部及地下室结构选型概述，上部及地下室结构布置说明（必要时附简图或结构方案比选）；

3）阐述设计中拟采用的新结构、新材料及新工艺等，简要说明关键技术问题的解决方法，包括分析方法（必要时说明拟采用的进行结构分析的软件名称）及构造措施或试验方法；

4）特殊结构宜进行方案可行性论述。

（5）基础方案

有条件时阐述基础选型及持力层，必要时说明对相邻既有建筑物的影响等。

（6）主要结构材料

混凝土强度等级、钢筋种类、钢绞线或高强钢丝种类、钢材牌号、砌体材料、其他特殊材料或产品（如成品拉索、铸钢件、成品支座、消能或减震产品等）的说明等。

（7）需要特别说明的其他问题

如是否需进行风洞试验、振动台试验、节点试验等。对需要进行抗震设防专项审查或其他需要进行专项论证的项目应明确说明。

（8）当项目按绿色建筑要求建设时，说明绿色建筑设计目标，采用与结构有关的绿色建筑技术和措施。

（9）当项目按装配式建筑要求建设时，设计说明应有装配式结构设计专门内容。

3.2 《编制深度规定》深度拓展解析及工程案例

3.2.1 建设单位提出的与结构有关的符合有关法规、标准的书面要求

（1）结构设计使用年限要求

例如 2016 年北京某改造工程，原建筑为 20 世纪 80 年代设计的办公楼建筑，2016 年业主需要将其改造为养老设施，业主希望改造后续使用年限维持原结构设计使用年限（即不到 25 年），但依据《建筑抗震鉴定标准》（GB 50023—2009）规定，在 80 年代建造的现有建筑，宜采用 40 年或更长的后续使用年限，且不得少于 30 年。为此设计单位与业主合同约定改造项目的后续使用年限为 30 年。以此为依据进行结构设计。

（2）活载取值

例如北京某超高层办公楼活荷载业主要求设计院按 $3.0 \mathrm{kN/m^2}$ 考虑，《建筑结构荷载规范》（GB 50009—2012）规定办公楼活载 $2.0 \mathrm{kN/m^2}$。

（3）特殊的功能要求（如放射线防护要求）、特殊的活荷载（如大型会展中心）、特殊的吊挂荷载及设备荷载、特殊的抗震要求（如隔震或消能减震）等。

特别提醒注意：业主的任何要求均应高于相关规范的规定，但不得低于相关规范的限值。

3.2.2 合理的结构体系都需要满足哪些基本要求？

抗震结构体系要求受力明确、传力途径合理且传力路线不间断，使结构的抗震分析更符合结构在地震时的实际表现，对提高结构的抗震性能有利，是结构选型与布置结构抗侧力体系时首先考虑的因素之一。为此《建筑抗震设计规范》要求结构体系应符合下列各项要求：

（1）应具有明确的计算简图和合理的地震作用传递途径。

（2）应避免因部分结构或构件破坏而导致整个结构丧失抗震能力或对重力荷载的承载能力。

（3）应具备必要的抗震承载力，良好的变形能力和消耗地震能量的能力。

（4）对可能出现的薄弱部位，应采取措施提高抗震能力。

3.2.3 建筑结构良好的抗震性能主要由哪些方面决定？

1. 合理的传力体系

良好的抗震结构体系要求受力明确、传力合理且传力路线不间断，使结构的抗震分析更符合结构在地震时的实际表现。但在实际设计中，建筑师为了达到建筑功能上对大空间、景观的要求，常常精简部分结构构件，或在承重墙开大洞，或在房屋四角开门、窗洞，破坏了结构整体性及传力路径，最终导致地震时破坏。这种震害几乎在国内外的许多

地震中都能发现，需要引起设计师的注意。

2. 多道抗震防线

一次大地震产生的地面运动，能造成建筑物破坏的强震持续时间，少则几秒，多则几十秒，有时甚至更长（比如 2008 年汶川地震的强震持续时间达到 80s 以上）。如此长时间的震动，一个接一个的强脉冲对建筑物产生往复式的冲击，造成积累式的破坏。如果建筑物采用的是仅有一道防线的结构体系，一旦该防线破坏后，在后续地面运动的作用下，就会导致建筑物的严重倒塌。特别是当建筑物的自振周期与地震动卓越周期相近时，由于地震时又共振，更加速其倒塌进程。如果建筑物采用的是多重抗侧力体系，即使第一道防线的抗侧力构件遭到破坏后，后备的第二道乃至第三道防线的抗侧力构件将立即接替，抵挡住后续的地震冲击，进而保证建筑物的最低限度安全，避免严重倒塌。在遇到建筑物基本周期与地震动卓越周期相近的情况时，多道防线就显示出其优越性。当第一道防线因共振破坏后，第二道接替工作，同时，建筑物的自振周期由于塑性铰出现将出现变化，与地震动的卓越周期错开，避免出现持续的共振，从而减轻地震的破坏作用。

因此，建筑结构设置合理的多道抗震防线，是提高建筑抗震能力、减轻地震破坏的必要手段。

多道防线的设置，原则上应优先选择不承担或少承担重力荷载的竖向支撑或填充墙，或者选用轴压比较小的抗震墙、筒体等构件作为第一道抗震防线，一般情况下，不宜采用轴压比很大的框架柱兼作第一道防线的抗侧力构件。比如，在框架-剪力墙体系中，延性的抗震墙是第一道防线，使其尽量承担全部或大部地震作用力，延性框架作为第二道防线，要承担墙体开裂后转移到框架的部分地震剪力。对于工业厂房，使柱间支撑作为第一道抗震防线，承担了厂房纵向的大部分地震作用力，未设支撑的柱开间则承担因支撑损坏而转移的地震作用力。

多道抗震防线是建筑抗震概念设计的重要概念之一。钢筋混凝土结构中的框架-剪力墙、框架-筒体、框架-支撑、剪力墙-连梁（联肢墙）结构；砌体结构中的砌体墙-构造柱、圈梁；钢结构中的框架-支撑（中心、偏心、消能支撑）；空旷房屋所采用的排架-支撑（竖向、水平支撑）等，均是具有多道抗震防线的结构形式。大震下，具有多道抗震防线结构的第一道防线承受了主要的地震作用力，产生塑性破坏，吸收地震能量；同时使结构内力发生重分布，地震作用自然转移到第二道抗震防线。因此，设计应考虑第一道防线失效后的内力重分布对第二道防线的内力调整，第二道抗震防线应具备足够的承载力，防止结构倒塌。比如，框架-剪力墙、框架-筒体结构中，任一楼层框架承担的剪力按底部总剪力 20% 和框架部分的各楼层剪力最大值 1.5 倍二者的较小值控制的要求；砌体结构中，墙体破坏后，地震作用转由圈梁和构造柱组成的延性构架承担，保证建筑不倒；框架-支撑和排架-支撑结构中，作为第一道防线的支撑体系屈曲耗能，保证框架和排架柱的安全。

3. 足够的侧向刚度

根据结构反应谱分析理论，结构越柔，自振周期越长，结构在地震作用下的加速度反应越小，即地震影响系数越小，结构所受到的地震作用就越小。但是，是否就可以据此把结构设计得柔一些，以减小结构的地震作用呢？

自 1906 年洛杉矶地震以来，国内外的建筑地震震害经验（如前所述）表明，对于一般性的高层建筑，还是刚比柔好。采用刚性结构方案的高层建筑，不仅主体结构破坏轻，而且由于地震时结构变形小，隔墙、围护墙等非结构构件受到保护，破坏也较轻。而采用柔性结构方案的高层建筑，由于地震时产生较大的层间位移，不但主体结构破坏严重，非结构构件也大量破坏，经济损失惨重，甚至危及人身安全。所以，层数较多的高层建筑，不宜采用刚度较小的框架体系，而应采用刚度较大的框架-抗震墙体系、框架-支撑体系或筒中筒体系等抗侧力体系。

正是基于上述原因，目前世界各国的抗震设计规范都对结构的抗侧刚度提出了明确要求，具体的做法是，依据不同结构体系和设计地震水准，给出相应结构变形限值要求。

4. 足够的冗余度

对于建筑抗震设计来说，防止倒塌是我们的最低目标，也是最重要和必须要得到保证的要求。因为只要房屋不倒塌，破坏无论多么严重也不会造成大量的人员伤亡。而建筑的倒塌往往都是结构构件破坏后致使结构变为机动体系的结果，因此，结构的冗余度（即超静定次数）越多，进入倒塌的过程就越长。

从能量耗散角度看，在一定地震强度和场地条件下，输入结构的地震能量大体上是一定的。在地震作用下，结构上每出现一个塑性铰，即可吸收和耗散一定数量的地震能量。在整个结构变成机动体系之前，能够出现的塑性铰越多，耗散的地震输入能量就越多，就更能经受住较强地震而不倒塌。从这个意义上来说，结构冗余度越多，抗震安全度就越高。

另外，从结构传力路径上看，超静定结构要明显优于静定结构。对于静定的结构体系，其传递水平地震作用的路径是单一的，一旦其中的某一根杆件或局部节点发生破坏，整个结构就会因为传力路径的中断而失效。而超静定结构的情况就好得多，结构在超负荷状态工作时，破坏首先发生在赘余杆件上，地震作用还可以通过其他途径传至基础，其后果仅仅是降低了结构的超静定次数，但换来的却是一定数量地震能量的耗散，而整个结构体系仍然是稳定的、完整的，并且具有一定的抗震能力。

因此，一个好的抗震结构体系，一定要从概念角度去把握，保证其具有足够多的冗余度。

5. 良好的结构屈服机制

一个良好的结构屈服机制，其特征是结构在其杆件出现塑性铰后，竖向承载能力基本保持稳定，同时，可以持续变形而不倒塌，进而最大限度地吸收和耗散地震能量。因此，一个良好的结构屈服机制应满足下列条件：

（1）结构的塑性发展从次要构件开始，或从主要构件的次要杆件（部位）开始，最后才在主要构件上出现塑性铰，从而形成多道防线。

（2）结构中所形成的塑性铰的数量多，塑性变形发展的过程长。

（3）构件中塑性铰的塑性转动量大，结构的塑性变形量大。

因此，要有意识地配置结构构件的刚度与强度，确保结构实现总体屈服机制。

6. 结构体系应受力明确、传力路径合理、具备必要的承载力和良好延性

要防止局部的加强导致整个结构刚度和强度不协调；有意识地控制薄弱层，使之有足够的变形能力又不发生薄弱层（部位）转移，是提高结构整体抗震能力的有效手段。结构设计应尽可能在建筑方案的基础上采取措施避免薄弱部位的地震破坏导致整个结构的倒塌；如果建筑方案严重不规则，存在明显薄弱部位在现有经济技术条件下无法采取有效措施防止倒塌，则应根据《建筑抗震设计规范》第3.4.1条的规定，明确要求对建筑方案进行调整。

结构薄弱层和薄弱部位的判别、验算及加强措施，应针对具体情况正确处理，使其确实有效：

（1）结构在强烈地震下不存在强度安全储备，构件的实际承载力分析（而不是承载力设计值的分析）是判断薄弱层（部位）的基础。

（2）要使楼层（部位）的实际承载力和设计计算的弹性受力之比在总体上保持一个相对均匀的变化，一旦楼层（或部位）的这个比例有突变时，会由于塑性内力重分布导致塑性变形的集中。

（3）要防止在局部上加强而忽视整个结构各部位刚度、强度的协调。

（4）在抗震设计中有意识、有目的地控制薄弱层（部位），使之有足够的变形能力又不使薄弱层发生转移，这是提高结构总体抗震性能的有效手段。

3.2.4 特殊结构宜进行方案可行性论述

对于一般建筑，方案设计阶段结构专业一般相对比较简单，主要是配合建筑方案，完成方案设计结构相关内容即可。但对于比较复杂的建筑方案，结构方案还应进行必要的方案比选。

3.2.5 【工程案例】某超限高层建筑结构方案比选

关于 120m 高办公楼结构方案比选报告

依据现建筑方案，南区规划有一栋 120m 高的公共建筑；北京地区地处 8 度（0.20g），如果采用传统的钢筋混凝土框架-核心筒结构就属于超限高层建筑（超限审查规定这种结构在 8 度区超过 100m 就需要在初步设计前进行超限审查）；超限审查项目意味着超过国家现行规范要求，需要采取比规范更加严格的抗震设计及抗震措施，所以势必会加大结构直接及间接成本造价，同时还需要占用大于 2~4 个月的超限咨询及审查时间；为此设计院需要提前和贵司就相关问题进行沟通交流。

（1）本工程经过我司初步研究分析，可以有以下结构方案供选择：

方案一：钢筋混凝土结构体系，即钢筋混凝土框架＋钢筋混凝土核心筒（局部竖向构件内可能设型钢）。

优势：属于较为常规的传统结构形式；常规施工难度；结构直接成本相对较低。

劣势：高度超过《超限审查》规定的高度，必须进行抗震专项超限审查，审查时间约1.5~3 个月，同时需要进行场地地震安评工作，需要做风洞试验等工作；竖向构件尺寸较大，建筑使用面积率低；施工进度慢。

方案二：混合结构体系 1，即型钢混凝土框架＋钢筋混凝土核心筒（框架柱及框架梁中均含钢骨）。

优势：高度不超过《超限审查》规定的高度建议的该体系不超过规范建议的该体，不必进行抗震专项超限审查；竖向构件尺寸较方案一小，建筑面积利用率高，框架梁的截面高度会低于方案一，建筑空间利用率高；施工难度相对较低；同时不需要进行场地地震安评工作，不需要做风洞试验等工作。

劣势：施工进度相对较慢，施工较复杂，结构直接成本会高于方案一。

方案三：混合结构体系2，即型钢混凝土框架柱＋钢梁＋钢筋混凝土核心筒。

优势：高度不超过《超限审查》规定的高度建议的该体系不超过规范建议的该体，不必进行抗震专项超限审查；竖向构件及水平构件均较小，建筑面积利用率高，建筑空间利用率高；特别是采用钢梁，可以较方便地在梁上开洞以便于管线穿越降低结构层高；由于采用钢梁可以适当减轻结构自重，减小地震作用力，可节约地基基础费用，施工难度相对较低，施工速度较快（主要是可以采用钢筋桁架组合楼板，减少或不采用临时施工脚手架及模板）；不需要进行场地地震安评工作，不需要做风洞试验等工作。

劣势：钢梁需要进行防腐及防火处理，综合造价稍高于方案一。

（2）关于地震安全性评价

如果本项目采用方案一即钢筋混凝土结构体系，则必须进行抗震专项超限审查。根据以往我司申报经验，超高超限工程需进行建设场地的地震安全性评价工作，该工作由甲方委托具有专业资质的单位承担（如地震局等），并提供地震安全性评价报告。

依据工程经验，一般地震安全性评价报告撰写周期（2个月左右）及相关费用，通常情况下，地震安全性评价报告提供的多遇地震动参数均高于规范参数值，对结构直接造价会带来不小的影响。

（3）关于风洞试验

如果本项目进行抗震专项超限审查，根据我司以往申报经验，特殊体型或带有较为复杂裙房的超高超限工程需进行风洞试验，该工作由甲方委托具有专业资质的单位承担，并提供风洞试验报告。

提醒业主：风洞试验也需要有一定的试验周期（一般2个月左右）及相关费用。

（4）超限审查问题

如果项目确属超限高层建筑，就必须由业主委托北京超限审查机构在初步设计阶段进行超限咨询及审查工作，超限审查的费用及专家咨询费用均应由业主方负责。项目超限咨询审查通过一般需要2～3个月时间；另外经过超限审查的工程，施工图审查必须另找具有审查超限审查资质的施工图审查单位完成。

基于以上分析，设计院建议如下：

（1）如果工程进度允许，可以考虑采用方案一，这样整个结构的综合造价可能会较低，但需要较长的设计及施工周期。

（2）如果工程的进度要求不允许，建议优先选择方案二，但设计周期及施工周期都会有所缩短，如果考虑项目提前竣工、有效面积及建筑高度的综合造价影响，我们认为采用方案二更加合理。

（3）另外混合结构体系：型钢混凝土梁、柱为由钢和混凝土两种材料组成的"组合构件"，在高层和超高层混合结构中是框架柱经常选用的方案。与纯钢筋混凝土和钢结构相比，此两种组合构件可充分发挥不同材料的长处，提供更大的承载力和更好的延性，特别是在高烈度区，抗震性能更好，因此在相同承载力要求下，可有效减小梁、柱横截面尺寸，增加实际使用面积，具有较高的技术经济性能和明显的优势。

以上分析仅仅是概念性的定性分析，而且仅仅只是考虑高度超限与否的分析，当然一个高层建筑是否属于超限建筑，还有其他条件限制要求：主要是平、立面的规则性问题。

设计院本着为业主负责的责任，希望尽早开展结构体系优选工作，请业主协助尽快提供可进行结构初步设计作业的建筑条件，便于我司尽早开展结构体系比选的工作。

北京××建筑设计有限公司
2014.3.15

（4）特别提醒设计注意，在方案设计阶段一定要结合工程特点看是否需要有提请业主及各参与方需要尽快完成或考虑的一些影响后续工作的问题。

3.2.6 【工程案例】某复杂超限高层建筑结构方案比选

关于××大厦结构设计的一些问题

一、关于超限高层建筑审查的问题

（1）××大厦高度超规范规定的最大高度，所以属超限高层建筑。

（2）由于建筑功能需要，需要在高位转换，所以属超限高层建筑。

（3）对于超限建筑：国家规定必须按全国《超限高层建筑工程抗震设防专项审查技术要点》的通知：建质〔2010〕109 号的要求进行超限审查工作。

（4）超限建筑审查应由建设单位向当地有关部门提出，报送全国超限审查委员会。

（5）超限审查需要在初步设计阶段完成，一般超限审查的时间需要 2～4 个月。

二、关于本建筑需要进行风洞试验的问题

试验的目的：为结构设计提供可靠的设计依据。

（1）由于本工程外形比较独特，再加上本地区风压大等。按《高层建筑混凝土结构技术规程》（JGJ 3—2010）规定，需要对本工程做风洞试验，以确定顺风向及横向风振对结构的影响。

（2）风洞试验通常在建筑外形方案完全确定之后就可以做（因为风压和建筑物的外形有关，所以时间上不一定和结构设计挂钩，后续风振分析可根据风洞测压试验结果配合结构方案来进行）。

（3）风洞试验的时间

风洞试验的时间为 2～3 个月左右。

三、关于本建筑需要进行抗震模型试验的问题

（1）试验的目的及内容

根据项目特点以及试验要求，一般模型振动台的试验目的及试验内容如下：

测定模型结构的动力特性：自振频率、振型、结构阻尼比等，以及它们在不同水准地震作用下的变化；实测分别经受多遇、设防、罕遇等不同水准地震作用时模型的动力响应（包括位移、加速度、应变等）及主要构件和节点应变反应，并与数值分析结果进行比较。观察、分析结构抗侧力体系在地震作用下的受力特点和破坏形态及过程（如构件开裂、塑性破坏的过程、位置关系等），找出可能存在的薄弱部位；检验结构是否满足规范三水准的抗震设防要求，能否达到设计设定的抗震性能目标。

在试验结果及分析研究的基础上，对本结构的结构设计提出可能的改进意见与措施，进一步保证结构的抗震安全性。为结构设计提供安全、可靠的设计依据。

（2）本工程所在地区属高烈度地区，抗震设防烈度8度（0.20g），设计地震分组为第二组；《建筑抗震设计规范》（GB 50011—2010）又将原地震设计分组由第一组提高到第二组。

（3）按全国《超限高层建筑工程抗震设防专项审查技术要点》的通知（建质〔2010〕109号）的要求，对这样的工程必须进行抗震模型试验。

（4）振动台试验通常在超限审查完成和结构初步设计方案确定后进行（因为超限审查时往往会对结构方案提一些意见和建议，所以需要根据修改确定后的方案进行试验比较合适），试验结果需要在施工图审查之前提交。

（5）抗震模型试验的时间

模型试验一般需要6个月左右。

四、关于工程勘探报告的问题

（1）按《岩土工程勘察规范》（GB 50021—2001）（2009年版）的有关规定：各项建设工程在设计和施工之前，必须按基本建设程序进行岩土工程勘察（强条）。

（2）建筑物的岩土工程勘察宜分阶段进行。

（1）在初步设计阶段需要建设单位提供"初步勘查报告"；初步勘查报告应符合初步设计的要求。

（2）在施工图设计阶段需要建设单位提供"详细勘察报告"；详细勘察报告应符合施工图的设计要求。

五、关于本工程场地震安全性评价问题

依据《中华人民共和国防震减灾法》第十七条规定："重大建设工程和可能发生严重次生灾害的建设工程，必须进行地震安全性评价，并根据地震评价的结果，确定抗震设防要求，进行抗震设防。"

（1）地震安全性评价是指对具体建设工程场址及其周围地区的地震地质条件、地球物理环境、地震活动规律、现代地形应力场等方面深入研究的基础上，采取先进的地震危险性概率分析方法，按照工程所需要采用的风险水平，科学地给出相应的工程规划或设计所需要的一定概率水准下的地震动参数（加速度、设计反应谱、地震动时程）和相应的资料。

（2）进行地震安全性评价能使建设工程抗震设防既科学合理又经济安全，重大建设工程和可能发生严重次生灾害的建设工程，其抗震设防要求不同于一般建设工程，如不进行地震安全性评价，简单地套用烈度区划图进行抗震设计，很难符合工程场址的具体条件和工程允许的风险水平。这种抗震设防，显然缺乏科学依据。如果设防偏低，将给工程带来隐患；如果设防偏高，则会增加建设投资，造成不必要的浪费。

（3）对场地的地震安全性评价一般可以结合工程勘探同时进行，但需要由具有相应资质的单位完成。

六、关于施工图审查问题

（1）根据《建设工程质量管理条例》和《建设工程勘察设计管理条例》的规定：建筑工程施工图设计必须经过审查后，方可进行施工。

（2）建设单位报请施工图技术性审查的资料应包括以下主要内容：

1）作为设计依据的政府有关部门的批准文件及附件；

2）审查合格的岩土工程勘察文件（详勘）；

3）全套施工图（含计算书并注明计算软件的名称及版本）；

4）审查需要提供的其他资料。

（3）审查周期一般工程施工图审查大约需要 7～15 天。

以上这些工作都需要建设单位尽早考虑，以便工程设计、建设的顺利开展。

北京××建筑设计有限公司

2011.1.20

3.3 方案设计阶段结构设计内容工程案例

3.3.1 【工程案例】北京某住宅小区结构方案设计阶段案例

设计时间：2014 年。

工程概况：本工程由高层、多层、大面积地下车库等组成。

一、结构方案设计概论

结构方案设计：秉承创新、用心、合理的结构设计理念。结构设计过程致力于充分理解建筑师的设计创意思想，通过持续的技术创新协助建筑师实现更完美的创意。常规多、高层项目在确保结构安全的基础上，更加关注结构的经济合理性；对于复杂项目在关注结构安全性的基础上，努力追求结构的经济合理性；对于处理施工现场问题做到快速反馈及时处理。

结构方案的目标是：在满足结构安全的前提下，使得结构材料耗量得到控制，从而做到技术先进、安全适用、经济合理，确保设计质量达到业主满意。

二、设计依据及设计标准

1. 本工程拟采用的主要规范、规程

（1）《建筑工程设计文件编制深度规定》建质 ［2008］ 216 号；

（2）《建筑结构荷载规范》（GB 50009—2012）；

（3）《建筑结构可靠度设计统一标准》（GB 50068—2001）；

（4）《建筑工程抗震设防分类标准》（GB 50223—2008）；

（5）《高层建筑混凝土结构技术规程》（JGJ 3—2010）；

（6）《建筑抗震设计规范》（GB 50011—2010）；

（7）《混凝土结构设计规范》（GB 50010—2010）；

（8）《建筑地基基础设计规范》（GB 50007—2011）；

（9）《地下工程防水技术规范》（GB 50108—2008）；

（10）《建筑桩基技术规范》（JGJ 94—2008）；

（11）《建筑地基处理技术规范》（JGJ 79—2012）；

（12）《人民防空地下室设计规范》（GB 50038—2005）

（13）《岩土工程勘察规范》（GB 50021—2001）2009 年版；

（14）《北京地区建筑地基基础勘察设计规范》（DBJ 11-501-2009）；

（15）《全国民用建筑工程设计技术措施》2009 版。

2. 结构设计标准的合理选择

（1）本工程建筑结构的安全等级为二级。

（2）本工程建筑物地基基础设计等级为二级。

（3）本工程建筑物抗震设防类别为标准设防类（简称丙类）。

（4）本工程建筑物主体结构设计使用年限50年。

（5）本工程建筑物抗震设防烈度按《建筑抗震设计规范》附录A可知：本工程位于亦庄开发区，抗震设防烈度为8度，设计基本地震加速度为0.20g，地震分组为第一组；场地特征周期0.45s。

（6）本工程所在地50年一遇的基本风压为0.45kN/m²，地面粗糙度类别为C类。

（7）本工程所在地50年一遇的基本雪压为0.40kN/m²。

三、工程地勘报告

暂无，待提供。

四、主要建筑结构形式的优化选择

依据目前建筑方案简要介绍如下：

1. 地基基础方案

（1）多层建筑采用天然地基基础，独立柱基或墙下条基＋防水板方案。

（2）高层建筑采用复合地基处理后的地基，基础采用筏板基础。

（3）地下车库采用天然地基基础，基础采用独立柱基或墙下条基＋防水板方案。车库顶板采用无梁楼盖加柱帽方案。

2. 上部结构体系合理选择

在单体建筑设计时，结构设计将与建筑、机电专业全过程紧密配合，仔细分析推敲各单体建筑的特点，经过方案对比分析，优选出含钢量、混凝土量、窗墙比、墙地比、体型系数等经济技术指标均优的设计方案。

（1）多层建筑采用框架结构（少量剪力墙）的结构体系，计算时合理选择剪力墙数量，以满足层间位移比需要。

（2）高层建筑采用框架剪力墙结构体系。

（3）商业综合楼2层可以考虑采用纯框架结构体系。

五、本工程结构设计难点及关键点

由于本工程地下车库面积较大，上部结构荷载差异较大等特点，所以以下几个问题是结构设计的关键：

（1）如何在不设永久沉降缝的情况下，满足结构差异沉降的要求；

（2）超长地下车库温度伸缩裂缝问题；

（3）如何选取合理的抗浮措施；

（4）如何通过优化建筑、结构、机电方案使工程造价最优问题。

六、结构专业成本控制的几项主要措施

（1）依据每栋建筑的平面、立面布置合理确定剪力墙数量，使整个结构的刚柔适宜，以便降低地震作用。

（2）每栋建筑依据需要合理确定地下层数及高度，由于地下结构造价较高，所以在满足业主及规范要求的前提下，最大限度地减少地下层数或地下室高度。

（3）对每栋楼结合建筑布置，合理选择柱网尺寸、剪力墙的厚度及长度，使其刚度中心和质量中心接近，减少地震扭转的影响。

（4）对地下车库，依据建筑配置及层高要求，综合考虑地下水位、车库顶板覆土、与主楼基础的关系等要素，综合分析研究：如采用无梁楼盖还是采用梁板体系；是采用现浇空心楼盖还是采用现浇实心板楼盖进行。

（5）地下结构的抗浮问题，首先需要和勘察单位研究确定合理的抗浮设防水位，综合考虑地下水位情况、车库的重量等要素，分析是采用压配重、抗浮锚杆、抗浮桩还是综合几种方式，尽可能地降低抗浮费用。

（6）地下车库楼板、顶板人防设计时按全塑性设计考虑，非人防设计时地下二顶板也可以考虑按全塑性设计考虑。

（7）车库顶板荷载：车库顶板荷载取值对地下结构配筋影响较大，首先需要和建筑专业确定车库顶板是否有景观设计，合理确定范围和荷载取值；同时还需要确定合理的消防车道位置，消防车荷载计算时需要考虑覆土厚度折减问题。

（8）对地下车库外墙，当车库顶板覆土厚度较大，车库顶板厚度大于外墙厚度时，计算时可以考虑外墙与顶板嵌固端处理。

（9）楼屋盖梁的布置，依据建筑功能，对于单向板考虑塑性内力重分布设计，对于双向板也可考虑采用全塑性设计。

（10）复合地基依据每栋建筑布置、荷载情况综合分析，可以考虑采用夯实水泥土桩、CFG桩、载体桩等。

（11）结构计算依据建筑使用功能合理选用活荷载取值，合理选取各种建筑墙体及楼面材料密度。

（12）计算时对多层建筑可以不进行天然地基及基础的抗震承载力验算。

（13）结构计算时针对每栋楼合理选择计算参数的设置。比如包括用于抗震措施的抗震等级、抗震构造措施的抗震等级、最小配筋率、混凝土强度等级、墙的厚度、轴压比等。

（14）注重施工图设计中一些细节对用钢梁的影响，提高"精细化设计"理念。

比如：合理板厚、合理次梁间距及截面尺寸、钢筋数量及直接的优化、计算机计算时尽量少归并等。

3.3.2 【工程案例】北京某超限高层办公建筑结构方案阶段设计案例

设计时间：2014 年。

一、工程概况

北京××新城核心区××地块商业金融用地项目，本工程地上部分由超高层办公楼（28 层）组成，地下为整体地库（4 层），主要建筑功能为商业、机房及车库。地下 3、4 层局部为甲类人防工程，防护等级为六级（即防常规武器抗力等级为六级，防核武器抗力等级为六级）。

二、结构设计标准

（1）结构的安全等级按二级考虑；重要性系数为 $\gamma_0 = 1.0$。

（2）结构抗震设防类别按"标准设防类"考虑，简称"丙"类。

（3）地基基础设计等级按甲级考虑。

（4）结构设计使用年限按 50 年考虑。

（5）混凝土结构的环境类别：地下按"二 b"，地上按"一"类考虑。

三、结构设计依据

1. 主要规范、规程及标准

（1）《房屋建筑制图统一标准》（GB/T 50001—2010）；

（2）《建筑结构制图标准》（GB/T 50105—2010）；

（3）《建筑结构可靠度设计统一标准》（GB 50068—2001）；

（4）《建筑工程抗震设防分类标准》（GB 50223—2008）；

（5）《建筑结构荷载规范》（GB 50009—2012）；

（6）《混凝土结构设计规范》（GB 50010—2010）；

（7）《高层建筑混凝土结构技术规程》（JGJ 3—2010）；

（8）《建筑抗震设计规范》（GB 50011—2010）；

（9）《建筑设计防火规范》（GB 50045—95）；

（10）《钢结构设计规范》（GB 50017—2003）；

（11）《高层民用建筑钢结构技术规程》；（JGJ 99—2015）；

（12）《建筑钢结构防火技术规范》（CECS 200—2006）；

（13）《建筑地基基础设计规范》（GB 50007—2011）；

（14）《建筑桩基技术规范》（JGJ 94—2008）；

（15）《人民防空地下室设计规范》（GB 50038—2005）；

（16）《平战结合人民防空工程设计规范》（GB 11/994—2013）；

（17）《地下工程防水技术规范》（GB 50108—2008）；

（18）《钢筋机械连接技术规程》（JGJ 107—2016）；

（19）《建筑钢结构焊接技术规程》（JGJ 81—2002）；

（20）《混凝土结构耐久性设计规范》（GB/T 50476—2008）；

（21）《北京地区建筑地基基础勘察设计规范》（DBJ 11-501-2009）；

（22）《全国民用建筑工程设计技术措施》结构专业系列分册 2009 版；

（23）《建筑工程设计文件编制深度规定》2008 版；

（24）《高层建筑筏形与箱形基础技术规范》（JGJ 6—2011）。

2. 本工程拟采用的主要标准图集

（1）《混凝土结构施工图平面整体表示法制图规则和构造详图》（11G101-1、2）；

（2）《混凝土结构施工图平面整体表示法制图规则和构造详图》（06G101-6）；

（3）《地下建筑防水构造》（02J301）；

（4）《建筑物抗震构造详图》（11G329-1）；

（5）《砌体填充墙结构构造》（06SG614-1）；

（6）《框架结构填充小型空心砌块结构构造》（02SG614）。

四、主要设计荷载取值

1. 活荷载标准值

活荷载标准值见表 3-1～表 3-3。

楼面活荷载标准值（kN/m²） 表 3-1

区域	活荷载标准值
商业	4.0
库房	5.0
会议（办公注）	3.0
避难层机房	10.0
消防车道	20
走廊及楼梯	3.5
卫生间	2.5
车库	4.0（2.5）

注：办公活载 3.0kN/m² 是业主提出的特殊要求。

屋面活荷载标准值（kN/m²） 表 3-2

区域	活荷载标准值
上人屋面	2.0
不上人屋面	0.5
屋顶擦窗机	10kN/m

其他荷载标准值（kN/m²） 表 3-3

区域	活荷载标准值
室外地面荷载	5.0
±0.000 堆载	3.5
栏杆	1.0kN/m

2. 风荷载

（1）基本风压：0.45kN/m²（50 年重现期）。

承载力设计时按基本风压（50 年重现期）的 1.1 倍采用。

（2）地面粗糙度类别：B 类。

（3）结构体型系数：按《高层建筑混凝土结构技术规程》（JGJ 3—2010）公式 4.2.3 计算。

注：风荷载及相关系数同时根据风洞试验结果进行修正。

3. 雪荷载

基本雪压：0.40kN/m²（50 年一遇重现期）。

4. 抗震设防烈度的确定

（1）规范给出的地震动参数

1）建筑抗震设防类别：标准设防类，简称"丙"类。

2）抗震设防烈度为：8 度。

3）设计基本地震加速度：0.20g。

4）设计地震分组：第一组。

5）场地类别：Ⅲ类。

6）场地特征周期：0.45s。

（2）本工程场地地震安全性评价报告

暂无，待补做。

说明：由于本工程中有一栋 120m 高的建筑，依据北京相关规定需要做地震安全性评价报告。

五、主要材料选择

1. 钢筋

（1）本工程主要受力钢筋采用 HRB400 级钢筋，箍筋和分布钢筋均采用 HPB300。框架梁柱纵向受力钢筋的抗拉强度实测值与屈服强度实测值的比值不应小于 1.25；钢筋的屈服强度实测值与强度标准值的比值不应大于 1.3；且钢筋在最大拉力下的总伸长率实测值不应小于 9%（表 3-4）。

钢筋强度及符号　　　　　　　　　　　表 3-4

种类	符号	f_y(N/mm²)	f_y'(N/mm²)
HPB300	Φ	300	300
HRB400	Φ	360	360
HRB500	Φ	435	410

（2）各部结构构件中的钢筋根据构造要求可采用机械连接、搭接等连接方式，但各种连接形式不得混用，当直径大于等于 20mm 时应采用 Ⅱ 级直螺纹连接。

（3）钢筋焊接时应采用与之匹配的焊条和焊剂。

（4）吊钩、吊环均采用 HPB300 级钢筋，不得采用冷加工钢筋。

2. 结构用钢、焊条与螺栓

钢材及螺栓应达到的质量要求见表 3-5。

钢材及螺栓　　　　　　　　　　　表 3-5

材料		应达到的质量要求
钢材螺栓	Q235B/Q235C	《碳素结构钢》（GB/T 700—2006）结构混凝土上构件的埋件及次要钢结构（B用于室内，C用于室外）
	Q345B/Q345C	《低合金高强度结构钢》（GB/T 1591—2008）＜35mm 厚钢板（B用于室内，C用于室外）
手工焊条	E43（用于Q235）	《非合金钢及细晶粒钢焊条》（GB/T 5117—2012）
	E50（用于Q345）	《热强钢焊条》（GB/T 5118—2012）
自动或半自动焊接焊丝和焊剂		应与主体金属力学性能相适应，并符合现行国家标准的规定
高强度螺栓（剪扭型）		《钢结构用高强度大六角头螺栓》（GB/T 1228—2006）、《钢结构用高强度大六角螺母》（GB/T 1229—2006）、《钢结构用高强度大六角头螺栓、大六角螺母、垫圈技术条件》（GB/T 1231—2006）或《钢结构用扭剪型高强度螺栓连接副》（GB/T 3632—2008）

注：1. 厚度≥40mm 的钢板应满足《厚度方向性能钢板》（GB/T 5313—2010）的要求，并不低于 Z15 级标准。

2. Q235 钢与 Q345 钢焊接时，焊条采用 Q235 钢焊条。

3. 钢材的屈服强度实测值与抗拉强度实测值之比不应大于 0.85。

4. 钢材应有明显的屈服台阶，且伸长率大于 20%，并应有良好的可焊性和合格的冲击韧性。

3. 混凝土强度等级

混凝土强度等级见表 3-6。

混凝土强度等级表

表 3-6

部位			混凝土强度等级	附加技术要求
层	基础垫层		C15	
	基础底板（含承台、拉梁）		C40	抗渗等级 P10
地下 3～4 层	地库	地下室外墙	C40	抗渗等级 P6～P10
		柱、剪力墙（不含外墙）	C40	
		顶板梁、板	C30	
	主楼	柱、剪力墙（不含外墙）	C60	
		顶板梁、板	C45	
地下 1～2 层	地库	地下室外墙	C40	抗渗等级 P6～P8
		柱、剪力墙（不含外墙）	C40	
		顶板梁、板	C30	
	主楼	柱、剪力墙（不含外墙）	C60	
		顶板梁、板	C35	
首层至 15 层	柱、剪力墙		C60	
	顶板梁、板		C35	
16～23 层	柱、剪力墙		C55	
	顶板梁、板		C30	
24 层至屋顶机房层	柱、剪力墙		C50	
	顶板梁、板		C30	
室外坡道、车道			C30	
其他	楼梯		C30	
	二次结构		C20	C25（防水房间）

4. 建筑围护和轻隔墙材料

（1）材料种类：陶粒空心砌块、加气混凝土砌块、轻钢龙骨石膏板墙。

（2）材料天然重度：6.0kN/m、8.0kN/m。

（3）所处位置：外墙、内隔墙。

（4）砌块强度等级不小于 MU10，砂浆强度等级不小于 M5。

六、基本构造规定

1. 耐久性设计要求

（1）环境类别：地下按"二 b"，地上按"一"类考虑。

（2）设计使用年限为 50 年的混凝土结构，其材料宜符合表 3-7 的要求。

结构混凝土材料的耐久性基本要求

表 3-7

环境类别	最大水胶比	最低强度等级	最大氯离子含量（%）	最大碱含量（kg/m³）
一	0.60	C20	0.30	不限制
二 b	0.50	C30	0.15	3.0

2. 保护层厚度

（1）构件中受力钢筋的保护层厚度不应小于钢筋的公称直径 d。

（2）最外层钢筋的保护层厚度不应小于表 3-8 的规定。

混凝土保护层最小厚度 c（mm） 表3-8

一类环境		二b类环境				
板、墙	梁、柱、杆	地下室墙、梁、柱			基础底板	
		外墙外侧	外墙内侧、内墙、板	柱、梁	底侧	上侧
15	20	30	25	35	50	30

注：1. 考虑到地下水具有微腐蚀性，适当加厚与水接触侧保护层厚度；
2. 考虑到地下外墙建筑有外防水做法，外墙外侧保护层厚25mm。

3. 钢筋的连接

当钢筋直径 $\Phi \geqslant 20$mm 时，采用机械连接，接头的质量等级应为"Ⅰ"级。

当钢筋直径 $\Phi \leqslant 20$mm 时，可采用搭接连接，搭接长度按搭接率确定。

4. 纵向受力钢筋的最小配筋率（%）

（1）受弯构件、偏心受拉、轴心受拉构件一侧的受拉钢筋不小于：0.20 和 $0.45 f_t/f_y$ 的较大值。

（2）受压构件，全部纵向钢筋不小于 0.55，同时一侧纵向钢筋不小于 0.20。

（3）对于筏板及独立柱基础，最小配筋率不小于 0.15。

七、结构体系及抗震等级的合理选取

根据建筑布置情况和结构抗力要求及业主意见，主体结构采用现浇钢筋混凝土框架-核心筒结构，地面以上超高层办公楼与裙房间设置防震缝，地下部分裙房与主楼连为一体。框架柱截面、形式、核心筒剪力墙墙厚均根据电算及抗震性能化设计结果确定；为提高结构刚度、延性及墙体在设计地震水平下的抗拉能力，在核心筒主要墙体的部分楼层内设置钢骨，并进行可靠锚固。

框架柱截面及核心筒外墙截面从下到上逐渐减小，变截面的位置根据轴压比及混凝土强度等级确定；核心筒内墙厚保持不变。

八、初步设计阶段需要进行的工作

（1）目前还没有接到本工程地勘报告，建议业主尽快提供本工程的地勘报告。

（2）依据目前的建筑方案，南区规划有一栋 120m 的公共建筑；北京地区地处 8 度（0.20g），如果采用传统的钢筋混凝土框架-核心筒结构就属于超限高层建筑（超限审查规定这种结构在 8 度区超过 100m 就需要在初步设计前进行超限审查）。

超限审查项目意味着超过国家现行规范要求，需要采取比规范更加严格的抗震设计及抗震措施，所以势必会加大结构直接及间接成本造价，同时还需要占用大于 1.5～3.0 个月的超限咨询及审查时间。

（3）关于地震安全性评价

如果采用钢筋混凝土框架核心筒结构体系，则必须进行抗震专项超限审查。根据北京市相关规定，超高超限工程需进行建设场地的地震安全性评价工作，该工作由甲方委托具有专业资质的单位承担（如地震局等），并提供地震安全性评价报告，提请业主尽早安排。

（4）关于风洞试验

如果本项目进行抗震专项超限审查，根据以往申报经验，特殊体型或带有较为复杂裙房的超高超限工程需进行风洞试验，该工作由甲方委托具有专业资质的单位承担，并提供风洞试验报告。

风洞试验也具有一定的试验周期（一般 2 个月左右）。

（5）超限审查问题

本项目属超限高层建筑，必须由业主委托北京超限审查机构在初步设计阶段进行超限咨询及审查工作，超限审查的费用及专家咨询费用均由业主方负责。项目超限咨询到审查通过一般需要 1.5～3 个月时间；另外经过超限审查的工程，施工图审查必须另找具有审查超限审查资质的施工图审查单位完成。

3.3.3 【工程案例】某涉外工业建筑结构方案阶段设计案例

设计时间：2005 年。

一、基本概况

本项目是蒙古国中亚矿业开发公司（CAMEX）决定在乌兰巴托北面靠近俄罗斯的边境地区建一个年产 50 万 t 的炼铁厂，采用 Aus 炉直接炼铁，不用高炉，是世界上首座 Aus 炉炼铁的商业工厂。

主要建筑包括：熔炼厂房、精炼厂房、煤粉制备、铸铁机检修间、原料贮仓、制粒厂房、发电厂房、氧气站、化学水处理站、机电维修及备品备件库、油库泵房、铸铁机检修间、耐火材料库等厂房。生活设施：办公楼、职工食堂及浴室等用房。

二、建筑设计标准及依据

1. 建筑设计中采用的标准（主要规程、规范）

《建筑结构可靠度设计统一标准》（GB 50068—2001）；

《砌体结构设计规范》（GB 50003—2001）；

《建筑抗震设计规范》（GB 50011—2001）；

《建筑设计防火规范》（GB 50016—2006）；

《地下工程防水技术规范》（GB 50108—2001）

《工程建设标准强制性条文》（2002 版）；

《工业建筑防腐蚀设计规范》（GB 50046—1996）；

《建筑防腐蚀工程质量检验评定标准规范》（GB 50224—1995）；

《地下防水工程质量验收规范》（GB 50208—2002）；

《砌体工程施工质量验收规范》（GB 50203—2002）；

《民用建筑设计通则》（GB 50352—2005）；

《屋面工程技术规范》（GB 50345—2004）；

《屋面工程质量验收规范》（GB 50207—2002）；

《建筑地面设计规范》（GB 50037—1996）；

《建筑地面工程施工质量验收规范》（GB 50209—2002）；

《建筑采光设计标准》（GB 50033—2001）。

2. 主要设计依据

（1）气象资料

1）年平均温度：0.20℃。

2）极端最高气温：42.5℃。

3）极端最低气温：−43.0℃。

4）最热月平均气温：19.3℃。

5）最冷月平均气温：-22.8℃。

6）最热月平均湿度：57%。

7）最冷月平均湿度：76%。

8）年平均相对湿度：66%。

9）年平均降雨量：289.7mm。

10）月最大降雨量：76.5mm。

11）最大积雪深度：17cm。

12）最大冻土深度：0.2cm。

13）冬季室外平均风速：1.3m/s。

14）夏季室外平均风速：2.2m/s。

15）全年主导风向：N，S。

16）基本雪压：0.25kN/m²。

17）基本风压：0.35kN/m²。

18）年平均气压：97.42kPa。

（2）建筑材料

根据当地自然环境条件、建筑材料供应情况，本着从实际出发、因地制宜、就地取材、方便施工，同时又能满足生产要求，节省投资的原则，主要生产厂房采用钢结构，辅助生产厂房采用钢筋混凝土框架结构或砖混结构。屋顶采用钢筋混凝土结构或轻钢结构，屋面采用钢筋混凝土卷材屋面或彩色压型钢板屋面。墙体采用砖石砌筑。设备基础、水池等采用钢筋混凝土结构，料仓一般采用钢结构。

三、建筑设计

1. 设计原则

（1）本工程设计执行中华人民共和国国家现行设计规范、规程及有关标准。

（2）设计中采用的新材料或新技术须经过试验及鉴定后方可推广使用。

（3）在建筑设计中，为加快工程建设进度，应提高设计标准化、生产工厂化和施工机械化的水平，因此应尽量使用国家颁发的或部级及我院编制的标准图。

（4）主要生产厂房应遵守建筑模数制的规定，柱距采用6m或12m。厂房跨度一般按6m、7.5m、9m、12m、15m、18m、21m、24m、27m、30m、33m配置。

（5）各建筑根据工艺要求，采用钢结构体系、钢筋混凝土或砌体结构等。

2. 设计构想

（1）建筑立面设计与环境协调

该项目位于蒙古国境内绥龙格省，多兰哈地区。气候属于严寒地区。因此，建筑立面设计应在简捷、明快的基础上，适应当地气候条件，在满足通风、采光要求的基础上，结合当地建筑习惯做法，加强建筑保温措施，并与周围环境协调。

（2）厂房空间的组织设计

现代工业建筑的工艺流程比较复杂，因此厂房内部空间变化也越来越多样化。设计时考虑厂房内部空间构图及视角的统一性、完整性和连续性。除要使厂房各个内部空间特征具有一致性、设备及管道色彩的统一协调性外，还应充分利用内部所有的成分和对象，在风格、形式、色彩等建筑元素上相互呼应，协调一致。

（3）厂房建筑形式的处理

首先，对影响厂房内部建筑形式的结构承重部分的梁、柱、屋架和外墙、顶棚、内墙、楼地面、门窗、天窗等尽量通过对比例、尺度、色彩、材质等不同手法的处理，合理地运用造型规律，注重其艺术表现力。如采用轻钢结构的屋面的形式变化等，不但体现技术美，还使人感到一种自然美、韵律美；其次，对主体建筑的造型设计要结合环境、地域、时代的审美特征，通过建筑的形象增强其艺术感染力。

（4）生产设备和管网的综合布置、色彩处理

生产设备和管网的布置不仅要满足工艺生产的要求，同时还必须考虑其观感效果，各有关专业要紧密合作，合理有序地组织综合管线的布置、色彩的处理，避免设备、管线杂乱无序，影响建筑整体的美观。作为室内设计的重要手段之一，色彩标识可以警示安全生产，同时兼有改善作业者的视角条件和生产条件，提高室内环境品质，从而激发人们的劳动积极性，提高工作效率，增强企业的活力及凝聚力。充分体现人性化设计的理念。

3. 建筑防火设计

本工程建筑防火设计严格遵守和执行现行国家标准《建筑设计防火规范》（GB 50016）的要求，按各建筑生产的火灾危险性分类，确定合理的防火分区、安全通道和疏散出口的宽度、数量和距离满足规范要求。

4. 建筑环保设计

（1）建筑的装修材料，选用达到国家绿色环保要求的优质材料，以减少对人及环境的二次污染。

（2）对风机房、空压机房等躁声较大的建筑物，采用设备隔声与建筑吸声相结合的有效措施，将躁声控制在国家有关标准的范围内。

（3）对生产过程产生灰尘的车间，加强围护结构的密闭，防止灰尘外露污染环境。

5. 建筑节能

主厂房为高大建筑，夏季除个别工作区外，大部分不需要冷风空调。冬季采暖是能耗最大的负荷。而提高采暖效果和降低能耗最积极的办法是加强外围护结构的保温性能和提高围护结构的密闭性。措施如下：

（1）厂房采用高效的聚苯复合彩色钢板做外墙，传热系数 K 控制在 $\leqslant 0.6W/(m^2 \cdot K)$。复合墙板厚 100mm 以上。

（2）采用铝合金双层玻璃窗。

（3）根据使用要求开窗，满足生产生活需要的开窗面积。

（4）天窗按独立式天窗设计。

（5）屋面保温层采用水泥聚苯板，厚 $100\sim200mm$，传热系数 K 控制在 $0.6W/(m^2 \cdot K)$ 以内。

6. 建筑防腐蚀设计

建筑防腐蚀设计是本工程的重点，设计应以预防为主，根据生产过程中产生介质的腐蚀性、环境条件、生产、操作、管理水平和施工、维护情况等，因地制宜，区别对待，重点设防，节约投资。

（1）凡属液相腐蚀，则应加强楼地面的防护，并适当加大地面排水坡度。

（2）凡属气相腐蚀，则应加强墙面、门窗、梁柱及顶棚的防腐处理，屋盖系统应优先采用预应力构件，并合理组织好平台、屋面等上部构件的排气、排水。

（3）厂区钢结构均应刷互穿网络防腐蚀涂料。

（4）防腐设计力求构造合理有效、施工方便、材料品种较少、节约投资。

（5）建筑结构防腐蚀设计应遵守有关规范规程，以确保防腐蚀工程质量。

四、结构设计标准及依据

本工程设计执行中华人民共和国国家现行设计规范、规程及有关标准。

1. 结构设计中采用的标准（主要规程、规范）

（1）《建筑结构可靠度设计统一标准》（GB 50068—2001）；

（2）《建筑结构荷载规范》（GB 50009—2001）；

（3）《混凝土结构设计规范》（GB 50010—2002）；

（4）《砌体结构设计规范》（GB 50003—2001）；

（5）《建筑地基基础设计规范》（GB 50007—2002）；

（6）《建筑抗震设计规范》（GB 50011—2001）；

（7）《钢结构设计规范》（GB 50017—2003）；

（8）《建筑设计防火规范》（GB 50016—2006）；

（9）《建筑地基处理技术规范》（JGJ 79—2002）；

（10）《建筑桩基技术规范》（JGJ 94—1994）；

（11）《烟囱设计规范》（GB 50051—2002）；

（12）《高耸结构设计规范》（GBJ 135—1990）；

（13）《地下工程防水技术规范》（GB 50108—2001）；

（14）《工程建设标准强制性条文》（2002 版）；

（15）《工业建筑防腐蚀设计规范》（GB 50046—1996）；

（16）《钢筋机械连接通用技术规程》（JGJ 107—2003）；

（17）《建筑防腐蚀工程质量检验评定标准规范》（GB 50224—1995）；

（18）《混凝土结构工程施工质量验收规范》（GB 50204—2002）；

（19）《钢结构工程施工质量验收规范》（GB 50205—2001）；

（20）《地下防水工程质量验收规范》（GB 50208—2002）；

（21）《块体基础大体积混凝土施工技术规程》（YBJ 224—1991）；

（22）《动力机器基础设计规范》（GB 50040—1996）；

（23）《建筑基桩检测技术规范》（JGJ 106—2003）；

（24）《砌体工程施工质量验收规范》（GB 50203—2002）；

（25）《建筑地基基础工程施工质量验收规范》（GB 50202—2002）；

（26）《岩土工程勘察规范》（GB 50021—2001）；

（27）《门式刚架轻型房屋钢结构技术规程》（CECS 102：2002）。

2. 设计依据

（1）抗震设防烈度

根据甲方提供的资料，本阶段抗震设防烈度暂按 7 度（0.10g）考虑，相关数据有待进一步确定。

（2）基本风压：待收集。

（3）基本雪压：待收集。

（4）工程地质

根据甲方提供的资料，该场地上部两层覆盖层为：

第一层为粉砂层，层厚为 0.4～0.8m，承载力特征值为 250kPa。

第二层为砾砂层，层厚为 2.0～2.4m，承载力特征值为 500kPa。

该数值有待落实。

五、结构设计

1. 地基基础

建筑物、构筑物的基础形式，根据各自不同的情况分别选择不同的基础形式、埋置深度。厂房柱基础采用钢筋混凝土独立基础，围护结构的墙基及辅助建筑的基础采用带形基础或基础梁，具体基础形式将根据详勘报告再作优化调整。

2. 主要车间结构形式

熔炼主厂房、精炼厂房、煤粉制备等采用钢框架结构。

发电厂采用现浇钢筋混凝土框架结构，汽机间与锅炉间之间设防震缝，汽机间内设 50t/12.5t 电动桥式双钩起重机，汽机间与锅炉间屋面采用轻钢结构。

氧气站主跨采用预制钢筋混凝土排架结构，内设 50t/10t 电动桥式双钩起重机，屋面采用轻钢结构；附跨采用现浇钢筋混凝土框架结构，电控室采用砌体承重结构。

化学水处理站：水处理间采用钢排架结构，办公部分采用砌体承重结构。

原料储仓采用预制钢筋混凝土排架结构，总长 240m，设两道防震缝，将其分成 90m、60m、90m。

未分别说明的单跨或多跨单层工业厂房均采用钢框排架体系。

辅助建筑：一般采用砌体结构或框排架结构，楼板及屋盖均采用现浇钢筋混凝土板或钢梁彩板体系。

特殊构筑物：

（1）皮带廊：采用钢结构，围护结构为彩色压型钢板。

（2）烟囱：采用钢塔架。

（3）水池、地坑：采用现浇防水钢筋混凝土结构。

（4）管道支架：采用钢结构。

六、下阶段需要落实及存在的问题

（1）目前还未对厂区所在地的工程地质进行评价，场区是否有不良工程地质现象存在尚不清楚。

（2）目前还不能确认建设场地的抗震设防烈度、设计基本地震加速度值、设计地震分组等参数。

（3）目前还没有收集到建设场地的基本风压、基本雪压值。

（4）主要厂房基础暂按天然基地基础考虑，未考虑因遇不良地质情况时，需进行工程地基处理的费用。

（5）设计考虑为了加快工程施工进度，能采用钢结构就尽可能用钢结构，这样工程造价必然有所增加。请业主考虑。

（6）采用钢框排架的单层厂房柱距宜优先以 7.5m 为主，此柱距为钢结构较为经济的柱距。

（7）钢结构与混凝土结构的比较

钢结构与传统的混凝土结构相比，钢结构具有节能、环保、施工方便、快捷、便于调整等优越性，从而减少劳动力，缩短施工工期。但与传统的混凝土结构相比，综合造价相对较高。

（8）由于本工程由中华人民共和国按中国有关规范进行设计。建议业主委托中国的工程勘探队伍进行地质勘察工作，以避免因两国规范的差异和不同（如试验手段方法的不同；参数表示方法的不同等）造成报告数据难以准确利用和不能利用，影响工程质量，以保证结构设计工作安全可靠顺利进行。

七、土建工程主要经济指标

（1）工程总建筑面积 19560m²，总建筑体积 110224m³。

（2）建筑及构筑物综合一览表见表 1。

建筑物及构筑物一览表 表 1

序号	建（构）筑物名称		外形尺寸 （长×宽×高） （m×m×m）	层数	建筑面积 （m²）	建筑体积 （m³）	结构形式	备注
001	氧气站		66×15×20+73×12×10 （2层）+28.5×13.5×6	局部2	3130	30870	钢筋混凝土框、排架	
002	珠光砂库		54×12×7.5	1	650	4860	钢筋混凝土框架	
003	300t/h化学水处理站		79.4×21.5×9.5 废水收集池：20×12×3 （1个）	局部2	2700	16220	钢筋混凝土框架	
004	发电厂房	汽轮发电机车间	88×35×23	3	10800	73800	钢筋混凝土框、排架	
		锅炉间	40×21×24.5	2	1680	20580	钢筋混凝土框架	
		电收尘	31.6×24×13	2	1520	9860	钢筋混凝土框架	
		风机房	36×9×8	1	324	2600	钢筋混凝土框架	
		烟囱	Φ2.5m× 100m（1个）				钢筋混凝土	
005	机电维修及备品备件库		108.3×48×13.2	局部2	5470	60050	钢结构	
006	熔炼厂房收尘	电收尘	49.2×26.62×15	2	2630	19690	钢筋混凝土框架	
		风机房	33×15×15	1	495	7425	钢筋混凝土框架	
007	原料贮仓		240×33×18+ 60×7.5×6.5	1	8370	187400	钢筋混凝土框、排架	
008	皮带转运站（3个）		7.5×9×7	2	67.5×3=203	473×3=1419	钢筋混凝土框架	
009	制粒厂房		48×24×18	4	2304	41472	钢筋混凝土框架	
010	鼓风机房		90×15×9+18×6×5	1	1458	12690	钢筋混凝土框架	
011	耐火材料库		60×15×6	1	900	5400	钢筋混凝土排架	

续表

序号	建（构）筑物名称		外形尺寸（长×宽×高）（m×m×m）	层数	建筑面积（m²）	建筑体积（m³）	结构形式	备注
012	油库泵房		9×15×5	1	135	675	钢筋混凝土框架	
	库区		60×60				混凝土地面	
013	喷枪维修间		30×12×6	1	360	2160	钢筋混凝土框架	
014	铸铁机检修间		60×21×15	1	1260	18900	钢筋混凝土框、排架	
015	煤粉制备	磨粉	18×15×16.5	1	270	4460	钢筋混凝土框架	
		煤仓	18×7.5×10.5	3	405	1420	钢筋混凝土框架	
		收尘器	15×9×10.5	2	270	1420	钢筋混凝土框架	
		燃烧室	6×18×4.5	1	108	490	钢筋混凝土	
016	熔炼厂房		120×48×36	4	9840	207360	钢筋混凝土框、排架	
017	精炼厂房		90×39×26	3	7028	84240	钢筋混凝土框、排架	
018	生活设施	办公楼	36×15×7.5	2	1080	4050	砌体结构	
		职工食堂	36×15×4	1	540	2160	砌体结构	
		职工浴室	30×15×4	1	450	1800	砌体结构	

第4章 初步设计阶段

4.1 《编制深度规定》主要条款——文字部分解读

3.5.1 在初步设计阶段结构专业设计文件应有设计说明书、结构布置图和计算书。

3.5.2 设计说明书。

1 工程概况。

1）工程地点，工程周边环境，工程分区，主要功能；

2）各单体（或分区）建筑的长、宽、高，地上与地下层数，各层层高，主要结构跨度，特殊结构及造型，工业厂房的吊车吨位等。

2 设计依据。

1）主体结构设计使用年限；

2）自然条件：基本风压，冻土深度，基本雪压，气温（必要时提供），抗震设防烈度（包括地震加速度值）等；

3）工程地质勘察报告或可靠的地质参考资料；

4）场地地震安全性评价报告（必要时提供）；

5）风洞试验报告（必要时提供）；

6）建设单位提出的与结构有关的符合有关标准、法规的书面要求；

7）批准的上一阶段的设计文件；

8）本专业设计所执行的主要法规和所采用的主要标准（包括标准的名称、编号、年号和版本号）。

3 建筑分类等级。

应说明下列建筑分类等级及所依据的规范或批文：

1）建筑结构安全等级；

2）地基基础设计等级；

3）建筑桩基设计等级

4）建筑抗震设防类别；

5）主体结构类型及抗震等级；

6）地下室防水等级；

7）人防地下室的设计类别、防常规武器抗力级别和防核武器抗力级别；

8）建筑防火分类等级和耐火等级；

9）湿陷性黄土场地建筑物分类；

10）混凝土构件的环境类别。

4 主要荷载（作用）取值。

1）楼（屋）面活荷载、特殊设备荷载；

2）风荷载（包括地面粗糙度、有条件时说明体型系数、风振系数等）；

3）雪荷载（必要时提供积雪分布系数等）；

4）地震作用（包括设计基本地震加速度、设计地震分组、场地类别、场地特征周期、结构阻尼比、水平地震影响系数最大值等）；

5）温度作用及地下室水浮力的有关设计参数；

6）特殊的荷载（作用）工况组合，包括分项系数及组合系数。

5 上部及地下室结构设计。

1）结构缝（伸缩缝、沉降缝和防震缝）的设置；

2）上部及地下室结构选型及结构布置说明；对于复杂结构，应根据有关规定判定是否为超限工程。

3）关键技术问题的解决方法；特殊技术的说明，结构重要节点、支座的说明或简图；

4）有抗浮要求的地下室应明确抗浮措施；

5）结构特殊施工措施、施工要求及其他需要说明的内容。

6 地基基础设计。

1）工程地质和水文地质概况，应包括各主要土层的压缩模量和承载力特征值（或桩基设计参数）；地基液化判别，地基土冻胀性和融陷情况，湿陷性黄土地基湿陷等级和类型，膨胀土地基的膨缩等级，抗浮设防水位特殊地质条件（如溶洞）等说明，土及地下水对钢筋、钢材和混凝土的腐蚀性；

2）基础选型说明；

3）采用天然地基时应说明基础埋置深度和持力层情况；采用桩基时，应说明桩的类型、桩端持力层及进入持力层的深度、承台埋深；采用地基处理时，应说明地基处理要求；

4）关键技术问题的解决方法；

5）必要时应说明对既有建筑物、构筑物、市政设施和道路等的影响和保护措施；

6）施工特殊要求及其他需要说明的内容。

7 结构分析。

1）采用的结构分析程序名称、版本号、编制单位；复杂结构或重要建筑应至少采用两种不同的计算程序；

2）结构分析所采用的计算模型、整体计算嵌固部位，结构分析输入的主要参数，必要时附计算模型简图；

3）列出主要控制性计算结果，可以采用图表方式表示；对计算结果进行必要的分析和说明，并根据有关规定进行结构超限情况判定。

解析：结构分析所采用的计算模型应包括楼板、剪力墙、钢结构支座等的计算模型。

"主要控制性计算结果"是指设计规范（规程）规定的控制性限值等设计审查所必需的计算结果，如：结构周期、平扭系数、周期比、楼层侧向刚度比、刚重比、剪重比、位移角、位移比、结构总质量、有效质量系数、层间抗剪承载力比值、转换层上下楼层侧向刚度比、墙柱最大轴压比及在规定水平力作用下结构底层墙柱分别承担的地震倾覆力矩和剪力的比值、结构舒适度指标。多层砌体结构在竖向荷载和地震作用下墙体构件的强度分析结果；多层和高层混凝土或钢结构应包括结构自振周期、风荷载和地震作用下的顶点位移和各层层间位移角、超高层结构顶点最大加速度。地震作用下楼层竖向构件的最大水平位移（或层间位移）值与平均值的比值，振型数和质量参与系数，结构总重量，总地震作用，剪力系数（剪重比），总风力，风和地震作用下的总倾覆力矩及墙体和框架承担的倾覆力矩的比例，上下层结构侧向刚度的比值，采用时程法采用的波形、时程法和反应谱法计算结果的比较等；大跨度结构的挠度、主要构件的应力比、整体和局部的稳定性等。计算结果及分析可采用文字和图表相结合的形式。计算结果超限时应进行分析和说明，必要时提出施工图设计时拟采取的措施。

8 主要结构材料。

混凝土强度等级、钢筋种类、砌体强度等级、砂浆强度等级、钢绞线或高强钢丝种类、钢材牌号、预制构件连接材料、密封材料、特殊材料等。特殊材料或产品（如成品拉索、锚具、铸钢件、成品支座、消能减震器、高强螺栓等）的说明等。

解析：要求说明的内容应与设计图纸相对应。

9 其他需要说明的内容。

1）必要时应提出的试验要求，如风洞试验、振动台试验、节点试验等；

2）进一步的地质勘察要求、试桩要求等；

3）尚需建设单位进一步明确的要求；

4）对需要进行抗震设防专项审查和其他专项论证的项目应明确说明；

5）提请在设计审批时需解决或确定的主要问题。

解析："尚需建设单位进一步明确的要求"一般包括电梯、扶梯及特殊设备订货样本。

10 当项目按绿色建筑要求建设时，应有绿色建筑设计说明。

1）绿色建筑设计目标；

2）按设计星级所有控制项、评分项及加分项的要求，阐述采用的各项措施。

3.5.4 建筑结构工程超限设计可行性论证报告。

1 工程概况、设计依据、建筑分类等级、主要荷载（作用）取值、结构选型、布置和材料。

解析：建筑结构工程超限设计可行性论证报告与初步设计文件之一的"设计说明书"两个文件编写的出发点和侧重点不同，应予以区别。详见后面案例。

2 结构超限类型和程度判别。

解析：按照住房和城乡建设部《超限高层建筑工程抗震设防专项审查技术要点》进行判别，宜列成表格。详见后面案例。

3 抗震性能目标：明确抗震性能等级，确定关键构件、普通构件和耗能构件，提出各类构件对应的性能水准；确定结构在多遇地震（小震）、设防烈度地震（中震）和罕遇地震（大震）下的层间位移角限值；应列表表示各类构件在小震、中震和大震下的具体性能水准。

解析：具体性能水准如：小震弹性、中震弹性、中震不屈、中震抗剪弹性、中震正截面屈服、大震屈服、大震截面满足抗剪截面要求等。具有的性能目前需要结合工程复杂程度区别对待。参见后面工程案例。

4 有性能设计时，明确结构限值指标；对与有关规范限值不一致的取值应加以说明。

解析：一般包括周期比、位移比、楼层侧向刚度比、层间抗剪承载力比值、位移角、顶点风振加速度、剪重比、刚重比、轴压比、框架及剪力墙地震作用分担比、大跨结构的挠度等。参见后面工程案例。

5 结构计算文件：应包括结构分析程序名称、版本号、编制单位；结构分析所采用的计算模型（包括楼板假定）、整体计算嵌固部位、结构分析输入的主要参数等；应有对应结构限值指标的各种计算结果，计算结果宜以曲线或表格形式表达。

解析： 宜以曲线表达的计算结果有：各层的层间位移角、最小剪重比、扭转位移比、楼层侧向刚度比、层间抗剪承载力比值、框架地震作用分担比等。参见后面工程案例。

6 静力弹性分析：应给出两种不同软件的扭转耦联振型分解反应谱法的主要控制性结果；采用等效弹性法进行中、大震结构分析时，应明确对应的等效阻尼比、特征周期、连梁刚度折减系数、分项系数、内力调整系数等。

7 弹性时程分析：给出输入的双向或三向地震波时程记录、峰值加速度、天然波站台名称，并应将地震波转换成反应谱与规范反应谱进行比较；计算结果应整理成曲线，并应将弹性时程分析结果与扭转耦联振型分解反应谱法结果进行对比分析，并按规范规定确认其合理性和有效性。

8 静力弹塑性分析：应说明分析方法、加载模式、塑性铰定义，给出能力谱和需求谱及性能点，给出中、大震下的等效阻尼比、层间位移角曲线、层剪力曲线、各类构件的出铰位置、状态及出铰顺序并加以分析。

解析： 加载模式应不少于两种，加载方向不少于 4 个方向（如 $\pm X$、$\pm Y$）。对于不需要做静力弹塑性分析的工程，可不列入静力弹塑性分析的内容。

9 弹塑性时程分析：说明分析方法、本构关系、层间位移角曲线、层剪力曲线、各类构件的损伤位置、状态及损伤顺序并加以分析。应将弹塑性时程分析与对应的弹性时程分析结果进行对比，找出薄弱层及薄弱部位。

解析： "按照规范要求进行大震作用下结构的时程分析，主要是弹塑性变形计算，力的计算并不重要。主要是认为和变形计算结果相比，内力的计算结果随机性更大，并且目前的弹塑性分析也主要是对弹塑性变形进行评价。

对于不需做弹塑性时程分析的工程，可不列入弹塑性时程分析的内容。

10 楼板应力分析：对楼板不连续或竖向构件不连续等特殊情况，给出大震下的楼板应力分析结果，验算楼板受剪承载力。

11 关键节点、特殊构件及特殊作用工况下的计算分析。

12 大跨空间结构的稳定分析，必要时进行大震下考虑几何和材料双非线性的弹塑性分析。

13 超长结构必要时，应按有关规范的要求，给出考虑行波效应的多点多维地震波输入的分析比较。

14 必要时，给出高层和大跨空间结构连续倒塌分析、徐变分析和施工模拟分析。

15 结构抗震加强措施及超限论证结论。

解析： 结构各种分析结果应能达到规定的抗震性能目标，针对结构分析中暴露出来的薄弱层、薄弱部位必须提出对应的加强措施并对其有效性加以论证。

4.2　《编制深度规定》深度拓展解析

结构设计总说明的编写基本要求：初步设计说明是初步设计阶段不可缺少的重要内容之一，对结构专业初设及施工图设计起着纲领性指导作用，认真编写好结构初设阶段设计总说明，是专业负责人在初步设计阶段首先需要完成的任务之一。

由于初步设计阶段涉及的内容较多，由以下几个大的方面全方位深度解析。

4.2.1　设计标准合理选择的相关问题

1. 房屋建筑的名称和使用功能

（1）不同使用工能的房屋建筑有不同的设计要求，对结构专业而言，不同使用功能的房屋建筑，除楼面均布活荷载标准值可能不同外，更主要的是其抗震设防类别和抗震设防标准也可能有差异。

（2）根据《建筑工程抗震设防分类标准》（GB 50223—2008）的规定，建筑工程应分为以下四个抗震设防类别：

1）特殊设防类：指使用上有特殊设施，涉及国家公共安全的重大建筑工程和地震时可能发生严重次生灾害等特别重大灾害后果，需要进行特殊设防的建筑。简称甲类。

2）重点设防类：指地震时使用功能不能中断或需尽快恢复的生命线相关建筑，以及地震时可能导致大量人员伤亡等重大灾害后果，需要提高设防标准的建筑。简称乙类。

3）标准设防类：指大量的除 1）、2）、4）款以外按标准要求进行设防的建筑。简称丙类。

4）适度设防类：指使用上人员稀少且震损不致产生次生灾害，允许在一定条件下适度降低要求的建筑。简称丁类。

（3）各抗震设防类别建筑的抗震设防标准，应符合下列要求：

1）标准设防类，应按本地区抗震设防烈度确定其抗震措施和地震作用，达到在遭遇高于当地抗震设防烈度的预估罕遇地震影响时不致倒塌或发生危及生命安全的严重破坏的抗震设防目标。

2）重点设防类，应按高于本地区抗震设防烈度一度的要求加强其抗震措施；但抗震设防烈度为 9 度时应按比 9 度更高的要求采取抗震措施；地基基础的抗震措施，应符合有关规定。同时，应按本地区抗震设防烈度确定其地震作用。

3）特殊设防类，应按高于本地区抗震设防烈度提高一度的要求加强其抗震措施；但抗震设防烈度为 9 度时应按比 9 度更高的要求采取抗震措施。同时，应按批准的地震安全性评价的结果且高于本地区抗震设防烈度的要求确定其地震作用。

（4）《建筑工程抗震设防分类标准》（GB 50223—2008）仅列出主要行业的抗震设防类别的建筑示例；使用功能、规模与示例类似或相近的建筑，可按该示例划分其抗震设防类别。建筑工程抗震设防分类标准暂未列出的建筑，除相关规范、规程、标准有规定外，对于一些使用功能与甲、乙类类似的建筑，当分类标准示例没有列出时，可按照"比照"示例划分。如：人员密集的证券交易大厅，可比照商业建筑；敬老院、福利院、残疾人的学校等，可比照幼儿园的建筑划分。

（5）对于养老设施中的老年人用房依据《养老设施建筑设计规范》（GB 50867—2013）规定，应按重点设防类别进行抗震设计。

（6）但在划分抗震设防分类时，也不应盲目就高不就低的划分。如：对医院建筑，无论医院规模大小、在抗震救灾中的作用等加以区分，范围扩大了很多，将包括二级以下大量的各类医院建筑（如牙、皮肤科等专科医院、无外科手术的中医医院、社区医院等，有的还是设在居民住宅建筑内），这种不加区别的盲目提高设防类别的做法也是不合适的。

2. 房屋建筑拟建场地所在地或位置

详细说明拟建建筑场地位置后，就可以比较方便的依据《建筑抗震设计规范》（GB 50011—2010）（2016 版）、《中国地震动参数区划图》（GB 18306—2015）和《建筑结构荷载规范》（GB 50009—2012）附录 A 等了解到抗震设防烈度、基本风压、基本雪压等主要设计参数；同时也可以大致了解工程地质情况、地质环境和条件、施工能力等。

3. 结构高度的合理界定

工程设计中经常会遇到，某个建筑到底属于高层还是可按多层建筑进行抗震设计的问题，特别是遇到不规则的建筑时，这个问题更加突出，往往需要设计人员在初步阶段就需要合理界定。然而由于规范在这方面交代不够清晰，所以全国各地经常为此在纠结。下面提供一些资料供设计参考。

《规范》明确：房屋高度是指室外地面至主要屋面顶板的高度，不包括"局部突出屋面的电梯机房、水箱、构架等"高度；

对于这个突出屋面"局部"的定量条件几本规范、标准定义有差异。

（1）《民用建筑设计通则》（GB 50352—2005）第 4.3.2 条建筑高度的计算规定为：平屋面应按建筑物室外地面至其屋面面层或女儿墙顶点的高度计算，坡屋面应按建筑物室外地面至屋檐和屋脊的平均高度计算，不计算建筑高度的局部突出屋面的楼电梯间，水箱间等用房占屋顶平面面积比例不超过 1/4。

（2）《全国民用建筑工程设计技术措施（结构）》（2003 版）建筑规划、建筑部分：第 2.3.2 条：建筑高度，平屋面按室外地坪至建筑女儿墙高度计算。坡屋面按室外地坪至建筑屋檐和屋脊的平均高度计算。屋顶上的附属物，如电梯间、楼梯间、水箱、烟囱等，其总面积不超过屋顶面积的 25%，高度不超过 4m 的不计入高度之内。

（3）《建筑抗震设计规范》（GB 50011—2010）第 5.2.4 条文说明：突出屋顶的小建筑，一般按其重力荷载小于标准层 1/3 控制；《建筑抗震设计规范》第 7.1.2 条文说明：突出屋顶的小建筑，通常按实际有效使用面积或重力荷载小于标准层 1/3 控制。

4. 结构设计使用年限合理选择

设计使用年限：设计规定的结构或结构构件不需进行大修即可按预定的目的使用的年限。

《建筑工程质量管理条例》第二十一条：设计单位应当根据勘察成果文件进行建设工程设计。设计文件应符合国家规定的设计深度要求，注明工程合理使用年限。

《建筑工程勘察设计管理条例》第二十六条：编制施工图设计文件，应满足设备材料采购、非标设备制作和施工的需要，并注明建设工程的合理使用年限。

上述法律法规中提到的"合理使用年限"或"设计使用年限"是指从工程竣工验收合

格之日起，工程的地基基础、主体结构能保证在正常情况下安全使用的年限。

在设计文件中注明使用年限，是建筑市场发展中提出的要求，无论是管理者、开发单位和业主都迫切需要建筑物有明确的设计使用年限。

设计使用年限，是指："设计规定的结构或结构构件不需进行大修即可按其预定目的使用的时期。"即房屋建筑在正常设计、正常材料、正常施工、正常使用和正常维护（包括必要的检测、防护及维修）下所应达到的使用年限。如果在设计、材料、施工、使用与维修的某一环节上出现了非正常情况，则意味着房屋建筑有可能达不到这个年限。因此，设计使用年限是房屋建筑的地基基础工程和主体结构工程"合理使用年限"的具体化。结构的设计使用年限，应按照《建筑结构可靠度设计统一标准》（GB 50068—2001）的规定，见表 4-1。

设计使用年限分类　　　　　　　　　　　　　　　　　表 4-1

类别	设计使用年限（年）	示例
1	5	临时性结构
2	25	易于替换的结构构件
3	50	普通房屋和构筑物
4	100	纪念性建筑和特别重要的建筑结构

注：以上设计使用年限均指主体结构的设计使用年限。

（1）临时性建筑，如：项目售楼处、施工工房、临时救灾工程、临时性展示建筑等。

（2）易于替换建筑，如：木结构建筑、钢结构建筑、一些工业建筑等。

（3）纪念性建筑和特别重要的建筑，如：人民大会堂、中央电视台、鸟巢等。

（4）除以上建筑大量建筑均属于普通房屋和构筑物。

（5）由于设计单位要对设计使用年限期间内因设计的原因而造成的质量问题负相应的责任，因此可以说工程的设计使用年限也就是设计单位的责任年限，从专业角度来说，就是结构设计人对此工程的责任年限。

（6）在设计文件中注明使用年限，是建筑市场发展中提出的要求，无论是管理者、开发单位和业主都迫切需要建筑物有明确的设计使用年限。

（7）"若建设单位提出更高要求，也可按建设单位的要求确定"。即使是超高层的标志性建筑物，其设计使用年限也不能注为"永久"。

（8）各类建筑结构的设计使用年限是不应统一的，也是不可能统一的。每个工程根据其本身的重要程度、结构类型、质量要求以及使用性能等各项特点不同，所确定的设计使用年限也可能是不同的。设计使用年限确定后，应采取与此年限相应的荷载设计值及耐久性措施。

5. 地基基础设计等级合理选用

设计使用年限的适用范围，不仅指主体结构，还应该包括地基基础。

地基基础的设计等级，是根据地基复杂程度、建筑物规模和功能特征，以及由于地基问题可能造成建筑物破坏或影响正常使用的程度而划分的，见表 4-2。

地基基础设计等级   表 4-2

设计等级	建筑和地基类型
甲级	重要的工业与民用建筑物
	30 层以上的高层建筑
	体型复杂，层数相差超过 10 层的高低层连成一体建筑物
	大面积的多层地下建筑物（如地下车库、商场、运动场等）
	对地基变形有特殊要求的建筑物
	复杂地质条件下的坡上建筑物（包括高边坡）
	对原有工程影响较大的新建建筑物
	场地和地基条件复杂的一般建筑物
	位于复杂地质条件及软土地区的二层及二层以上地下室的基坑工程
	开挖深大于 15m 的基坑工程
	基坑周边环境条件复杂、环境保护要求高的基坑工程
乙级	除甲级、丙级以外的工业与民用建筑物
	除甲级、丙级以外的基坑工程
丙级	场地和地基条件简单、荷载分布均匀的七层及七层以下民用建筑及一般工业建筑；次要的轻型建筑物
	非软土地区且场地地质条件简单、基坑周边环境条件简单、环境保护要求不高且基坑开挖深度小于 5m 的基坑工程

（1）由表 4-2 可以看出，地基基础的设计等级并不等同于设计使用年限，甲级有可能确定为 50 年，丙级也有可能要求为 100 年。

（2）《建筑地基基础设计规范》（GB 50007—2011）规定：地基基础设计时，基础设计安全等级、结构设计使用年限、结构重要性系数应按有关规范的规定采用，但结构重要系数。不应小于 1.0。由此规定可以看出，对设计使用年限为 5 年的临时性建筑物，基础承载力极限状态的设计要求不能降低；对设计使用年限为 100 年的混凝土结构，其承载力极限状态设计时要取结构重要性系数≥1.1。至于山区地基和软弱地基的处理，《建筑地基基础设计规范》没有提出设计使用年限 100 年更高的要求。

（3）30 层以上的高层建筑，不论其体型复杂与否均列入甲级，主要是考虑其高度和重量对地基基础承载力和变形均有较高的要求，采用天然地基往往不能满足设计需求，而需要考虑地基处理或桩基础。

注：对于高度超过 100m 的建筑也应按这条采用；特别是对于时限时放的商改住建筑。

（4）体型复杂，层数相差超过 10 层的高低层连成一体建筑物是指在平面上和立面上高度变化较大，体型变化复杂，且建于同一整体基础上的高层商业建筑、综合体建筑，往往由于上部荷载差异较大，结构刚度和构造复杂，很容易发生地基不均匀沉降，为使地基变形不超过规范规定限值，地基基础设计的复杂程度和技术难度均较大，有时需要采用多种地基和基础类型或考虑采用地基与基础和上部结构共同作用的变形分析计算来解决不均匀沉降对基础和上部结构的影响。

6. 建筑桩基设计中的设计使用年限

《建筑桩基技术规范》（JGJ 94—2008）根据建筑规模、功能特征、对差异变形的适应性、场地地基和建筑物体型复杂性以及由于桩基问题可能造成建筑物破坏或影响正常使用的程度将建筑桩基设计等级划分见表 4-3。

建筑桩基设计等级 表 4-3

设计等级	建筑类型
甲级	(1) 重要的工业与民用建筑物
	(2) 30 层以上或高度超过 100m 的高层建筑
	(3) 体型复杂且层数相差超过 10 层的高低层（含纯地下结构）连体建筑
	(4) 20 层以上框架—核心筒结构及其他对差异沉降有特殊要求的建筑
	(5) 场地和地质条件复杂的 7 层以上的一般建筑及坡地、岸边建筑
	(6) 对相邻既有工程影响较大的建筑
乙级	除甲级、丙级以外的工业与民用建筑物
	除甲级、丙级以外的基坑工程
丙级	场地和地基条件简单、荷载分布均匀的 7 层及 7 层以下民用建筑及一般建筑

说明：甲级建筑桩基可分为三类。第一类考虑建筑的重要性、高度、层数、荷载大小、包含表 4-3 中（1）、（2）条。其中重要的工业与民用建筑指对国民经济和人民生命财产有重大影响的工程。将 30 层以上或高度超过 100m 的高层建筑和构筑物列为甲级，是考虑这类建筑荷载大、重心高，地震及风荷载水平作用大，设计时应考虑桩承载力的变幅大，布桩具有较大的灵活性的桩型，基础有足够的埋深，严格控制桩基的整体倾覆和稳定。

第二类是考虑体型复杂对桩基础变形有特殊要求的建筑物，包括表 4-3 中（3）、（4）条，这类建筑物由于荷载与刚度分布极为不均匀，抵抗和适应差异变形的能力较差，或使用功能上对变形有特殊要求（如冷藏库、精密生产工艺的多层厂房、精密机床和透平设备基础等）的建（构）筑物桩基，须严格控制差异变形乃至沉降量。

第三类是考虑场地地质情况和对相邻建筑影响，包括表 4-3 中（5）、（6）条。场地和地基条件复杂的一般建筑物，指场地处于岸边高坡、地基为半填半挖、基底置于岩石和土质地层、岩溶极为发育且岩面起伏很大、桩身范围有厚层自重湿陷性黄土或可液化土等情况。

7. 不同结构的耐久年限问题

《混凝土结构设计规范》（GB 50010—2010）明确给出了设计使用年限为 100 年、50 年和 5 年（临时性混凝土结构）的耐久性规定。

其中，100 年时的要求最为严格，例如考虑碳化速度影响，使用 100 年的结构，混凝土保护层的厚度应比 50 年规定值增加 1.4 倍；耐久年限 50 年时对混凝土的最大水胶比、最小水泥用量、最低混凝土强度等级、最大氯离子含量和最大碱含量等都有详细的规定。

5 年（对临时性建筑）混凝土结构，可不考虑混凝土的耐久性要求。《混凝土结构设计规范》认为，采取规定的耐久性措施后，一类环境中设计使用年限为 50 年及 100 年均可得到保证。

砌体结构的设计使用年限很难达到 100 年，特别是配筋砌体结构困难更大，故《砌体结构设计规范》（GB 50003—2011）没有 100 年时相应的耐久性规定，但有设计使用年限大于 50 年时材料的最低强度等级的要求。

普通钢结构的设计使用年限可以达到 100 年，但轻型钢结构是否能达到 100 年还是一个问题，特别是轻钢屋面板和墙面板（压型钢板）估计只有 25 年左右。因此，《冷弯薄壁型钢结构技术规范》（GB 50018—2002）的设计使用年限分 50 年和 25 年两种。

8. 结构设计基准期合理选择

设计基准期是为确定可变作用（可变荷载）及与时间有关的材料性能取值而选用的时间参数，它不一定等同于设计使用年限。设计基准期和设计使用年限是不同的两个概念：建筑设计规范、规程采用的设计基准期均为 50 年，但建筑设计使用年限可依据具体情况而定，见《建筑结构可靠度设计统一标准》（GB 50068—2001）。

设计基准期是为确定可变作用（可变荷载）及与时间有关的材料性能取值而选用的时间参数，它不一定等同于设计使用年限。《建筑结构荷载规范》（GB 50009—2012）提供的荷载统计参数，除风、雪荷载有设计基准期为 10 年、50 年、100 年的设计值外，其余都是按设计基准期为 50 年确定的，如设计需采用其他设计基准期，则必须另行确定在该基准期内最大荷载的概率分布及相应的统计参数。设计文件中，如无特殊要求是不需要给出设计基准期的。

《建筑结构荷载规范》（GB 50009—2012）提供的荷载统计设计参数，除风、雪荷载有设计基准期为 10 年、50 年、100 年的设计值外，其余都是按设计基准期为 50 年确定给出的。对于其他设计基准期的荷载取值。

《建筑结构荷载规范》（GB 50009—2012）已经给出可变荷载考虑不同使用年限的调整系数见表 4-4。

可变荷载考虑不同使用年限的调整系数　　　　　　　　　　　　　　　　表 4-4

结构设计使用年限（年）	5	10	100
γ_L	0.9	1.0	1.1

注：1. 当设计使用年限不为表中值时，调整系数可按线性内插确定。
　　2. 对于荷载标准值可控的活载，设计使用年限调整系数可取 1.0。荷载标准值可控是指：那些不会随时间明显变化的荷载，如楼面均布荷载中的书库、储藏室、机房、停车场以及工业楼面均布活载等。

9. 结构的安全等级合理选取

建筑结构不同的安全等级和不同的设计使用年限，在结构构件承载力极限状态设计表达式中，用不同的结构重要性系数 γ_0 来表达，在不同的情况下，γ_0 的取值可以不同，承载力极限状态设计表达式中各分项系数的不同取值，可以使所设计的结构构件具有比较一致的可靠度；依据《建筑结构可靠度设计统一标准》（GB 50068—2001）规定，建筑结构的安全等级见表 4-5。

建筑结构的安全等级（强条）　　　　　　　　　　　　　　　　　　　　表 4-5

安全等级	破坏后果	建筑物类型
一级	很严重：对人的生命、经济、社会或环境影响很大	大型公共建筑等
二级	严重：对人的生命、经济、社会或环境影响较大	普通住宅和办公楼等
三级	不严重：对人的生命、经济、社会或环境影响较大	小型或临时性建筑

10. 房屋建筑的结构重要性系数合理选择

《工程结构可靠性设计统一标准》（GB 50153—2008）给出表 4-6，说明了房屋建筑的结构重要性系数与安全等级关系。

房屋建筑的结构重要性系数与安全等级关系　　　表 4-6

结构重要性系数	对持久设计状况和短暂设计状况			对偶然设计状况和地震设计状况
	一级	二级	三级	
γ_0	1.1	1.0	0.9	

注：1. 对安全等级为一级或设计使用年限为 100 年的建筑，不应小于 1.1。

2. 对安全等级为二级或设计使用年限为 50 年的建筑，不应小于 1.0。

3. 对安全等级为三级或设计使用年限为 5 年的建筑，不应小于 0.90。

4. 对于设计使用年限为 25 年的建筑《混凝土结构设计规范》《砌体结构设计规范》《建筑地基基础设计规范》均没有对重要系数作出规定，但《钢结构规范》《木结构规范》均规定：设计使用年限为 25 年时，结构重要性系数可取 0.95。

5. 抗震设计时，地震工况组合截面强度验算时，结构的抗震构件不考虑结构的重要性系数即 $\gamma_0 = 1.0$，非抗震构件依然需要考虑结构的重要性系数。

6. 对偶然工况荷载如建筑遭受爆炸、火灾、撞击等结构的重要性系数取 1.0。

7. 《工程结构可靠性设计统一标准》（GB 50153—2008）附录 A 规定：对于抗震设防类别为甲、乙类的房屋建筑，结构安全等级宜取一级；抗震设防类别为丙类的建筑，结构安全等级宜规定为二级；对于抗震设防分类为丁类的建筑，结构安全等级宜规定为三级。

11. 结构设计年限与结构可靠度的关系

结构可靠度与结构设计使用年限长短有关，《建筑结构可靠度设计统一标准》（GB 50068—2001）所指的结构可靠度或结构失效概率，是对结构的设计使用年限而言的，当结构的使用年限超过设计使用年限后，结构失效概率可能较设计预期值增大。

结构在规定的时间内，在规定的条件下，完成预定功能的能力，称为结构可靠性，结构可靠度是对结构可靠性的定量描述。即结构在规定的时间内，在规定的条件下，完成预期功能的概率，这是从统计数字观点出发的比较科学的定义，因为在各种随机因素的影响下，结构完成预期功能的能力只能用概率来度量。结构可靠度的这一定义，与其他各种从定值观点出发的定义是有本质区别的。

《建筑结构可靠度设计统一标准》（GB 50068—2001）规定的结构可靠度是以正常设计、正常施工、正常使用为前提条件的，不考虑认为过失的影响，认为过失通过其他措施予以避免。

（1）工程结构必须满足下列功能要求：

1）在正常施工和正常使用时，能承受可能出现的各种作用。

2）在正常使用时，具有良好的工作性能。

3）在正常维护下，具有足够的耐久性性能。

4）在设计规定的偶然事件发生时和发生后，能保持必需的整体稳定性。

（2）结构在规定的时间内，在规定的条件下，对完成其预定功能应具有足够的可靠度，可靠度一般可用概率度量。确定结构可靠度及其有关设计参数时，应结合结构使用期选定适当的设计基准期作为结构可靠度设计所依据的时间参数。

1）工程结构应按其破坏前有无明显变形、或其他预兆区别为延性破坏和脆性破坏两种破坏类型。对脆性破坏的结构，其规定的可靠度比延性破坏的结构适当提高。

2）当有条件时，工程结构宜按结构体系进行可靠度设计，结构体系可靠度设计，应根据结构破坏特点选定主要破坏模式，并通过结构选型或调整构件可靠度，提高整个结构可靠度设计的合理性。

3）为了保证工程结构具有规定的可靠度，应对结构设计所依据的主要条件进行相应的控制，应根据结构的安全等级划分相应的控制等级。对控制的具体要求，有关的勘察、设计、施工及使用等标准专门规定。

4）对工程结构应实施为保证结构可靠度所必需的质量控制。

（3）勘察与设计的质量控制。勘察与设计的质量控制应达到下列要求：

1）勘察资料齐全，数据准确、结论可靠。

2）设计中采用的基本假定和计算模型合理、数据运算正确。

3）图纸和其他设计文件符合有关规定。

（4）材料和制品的质量控制。工程结构材料和制品的质量控制应包括下列内容，并达到相应的要求：

1）初步控制。在试生产阶段，通过试配或运行，确定合理的原材料组成和工艺参数，为生产控制提供材料、制品和结构性能的统计参数。

2）生产控制。在生产阶段，对原材料组成和工艺过程进行控制，保证材料、制品和结构的质量符合有关标准规定的稳定性。

3）合格控制。在交付使用前，按规定的质量验收标准进行合格性验收，保证材料、制品和结构的质量符合规定。

（5）施工的质量控制。为进行施工质量控制，在各工序内应实行质量自检，在各工序间应实行交接质量验收。对工序操作和中间产品的质量，应采用统计方法进行抽查，在结构的关键部位进行系统检查。

（6）使用和维护的质量控制。在工程结构的使用期间，应保持预定的使用条件，定期检查结构状况，并进行必要的维修，当实际使用条件与设计预定的使用条件不一致时，应进行专门的验算和采取必要的措施。

（7）结构构件承载力极限状态的可靠指标，不应小于表4-7的规定。

结构构件承载力极限状态的可靠指标　　　　表4-7

破坏类型	安全等级		
	一级	二级	三级
延性破坏	3.7	3.2	2.7
脆性破坏	4.2	3.7	3.2

当考虑偶然事件产生的作用时，主要承载结构可仅按承载力极限状态进行设计，此时采用的结构可靠指标可适当降低。由于偶然事件而出现特大的作用时，一般，要求结构仍然保持完整无缺是不现实的，只能要求结构不致因此而造成与其起因不相称的破坏后果。如仅由于局部爆炸或撞击事故，不应导致整个建筑结构发生灾难性的连续倒塌。为此，当按承载力极限状态的偶然组合设计主要承重结构在经济上不利时，可考虑采用允许结构发生局部破坏而其余部分仍具有适当可靠度的原则进行设计。按这种原则设计时，通常可采取构造措施来实现。例如可对结构体系采取有效的超静定措施，以限制结构因偶然事件而造成破坏的范围。

（8）结构构件正常使用极限状态的可靠指标

对可逆的正常使用极限状态，其可靠指标取为0；对不可逆的正常使用极限状态，其可靠性指标取为1.5。

不可逆极限状态指产生超越状态的作用被移掉后,仍将永久保持超越状态的一种极限状态;可逆极限状态指产生超越状态的作用移掉后,将不再保持超越状态的一种极限状态。

12. 混凝土结构耐久性划分及应用

依据《混凝土结构设计规范》(GB 50010—2010)第3.5.2条混凝土结构的耐久性应根据环境类别和设计使用年限进行设计,环境类别的划分应符合表4-8的要求。

混凝土结构耐久性设计的环境类别 表4-8

环境类别	条件
一	室内干燥环境; 永久的无侵蚀性静水浸没环境
二a	室内潮湿环境; 非严寒和非寒冷地区的露天环境; 非严寒和非寒冷地区与无侵蚀性的水或土直接接触的环境; 严寒和寒冷地区的冰冻线以下与无侵蚀性的水或土直接接触的环境
二b	干湿交替环境; 水位频繁变动区环境; 严寒和寒冷地区的露天环境; 严寒和寒冷地区冰冻线以上与无侵蚀性的水或土直接接触的环境
三a	严寒和寒冷地区冬季水位变动区环境; 受除冰盐影响环境; 海风环境
三b	盐渍土环境; 受除冰盐作用环境; 海岸环境
四	海洋环境
五	受人为或自然的侵蚀性物质影响的环境

干湿交替作用的情况有多种多样。地面受液态介质作用,时干时湿属于干湿交替作用;基础和桩基础在地下水位变化的部分,有干湿交替作用;储槽、污水池、排水沟在液面变化的部位,也有干湿交替作用。

(1)在介质的干湿交替作用下,材料会加速腐蚀,但不同的干湿交替作用情况,加速腐蚀的程度是不同的,如果干湿交替能产生介质的积聚、浓缩(如构件一个侧面与硫酸根离子液态接触,而另一个侧面暴露在大气中),则腐蚀速度加快。如果干湿交替作用基本上不能产生介质的积聚、浓缩(如土壤深处地下水位的变化对桩身的腐蚀),则腐蚀速度慢。由于干湿交替作用的情况不同,因此其加强防护的措施也有区别。

(2)非严寒和非寒冷地区与严寒和寒冷地区的区别主要在于无冰冻。关于严寒和寒冷地区的定义,《民用建筑热工设计规范》(GB 50176—2016)规定如下:严寒地区:最冷月平均温度低于或等于−10℃,日平均温度低于或等于5℃的天数不少于145天的地区;寒冷地区:最冷月平均温度高于−10℃、低于或等于0℃,日平均温度低于或等于5℃的天数不少于90天且少于145天的地区。也可参考《民用建筑热工设计规范》(GB 50176—2016)附录8采用。各地可根据当地气象台站的气象参数确定所属气候区域,也可根据《建筑节能气象参数标准》提供的参数确定所属气候区域。

（3）三类环境主要是指近海、盐渍土及使用除冰盐的环境。滨海室外环境、盐渍土地区的地下结构、北方城市冬季依靠喷洒盐水消除冰雪而对立交桥、周边结构及停车楼，都可能造成钢筋腐蚀的影响。

（4）四类环境可参考现行国家行业标准《港口工程混凝土结构设计规范》JTJ 267—1998；

（5）五类环境可参考现行国家标准《工业建筑防腐蚀设计规范》（GB 50046—2008）。

（6）交叉、叠加的情况不累积追加，由较不利情况决定，设计人应根据具体情况作出判断，进行选择。

（7）受除冰盐影响的环境是指受到除冰盐盐雾影响的环境。

（8）受除冰盐作用环境是指被除冰盐溶液溅射的环境以及使用除冰盐地区的洗车房、停车楼等建筑。

（9）严寒及寒冷地区的潮湿环境中，结构混凝土应满足抗冻要求，混凝土抗冻等级应符合有关标准的要求。

（10）处于二、三类环境中的悬臂构件宜采用悬臂梁—板的结构形式，或在其上表面增设防护层。

（11）处于二、三类环境中的结构构件，其表面的预埋件、吊钩、连接件等金属部件应采取可靠的防锈措施。

（12）处在三类环境中的混凝土结构构件，可采用阻锈剂、环氧树脂涂层钢筋或其他具有耐腐蚀性能的钢筋，采取阴极保护措施或采用可更换的构件等措施。

（13）调查分析表明，国内超过 100 年的混凝土结构不多，但室内正常环境条件下实际使用 70～80 年的房屋建筑混凝土结构大多基本完好。因此在适当加严混凝土材料的控制、提高混凝土强度等级和保护层厚度并补充规定建立定期检查、维修制度的条件下，一类环境中混凝土结构的实际使用年限达到 100 年是可以得到保证的。

据资料统计，2010 年我国的建筑平均寿命仅 25～30 年，而英国的建筑平均寿命为 132 年，美国的建筑平均寿命为 70～80 年、瑞士 70～90 年、挪威 70～90 年、日本 50 年。有人误认为是我们国家的结构安全设计问题所致。我国建筑平均寿命短是基于以下原因：规划滞后导致、使用维护不及时导致结构耐久性、材料选择、施工不当等原因是主要因素，与结构安全度高低没有直接关系。

（14）以前我们很少关注在使用期间对结构的定期检测、维护等。

因此建议设计人员将以下两条必须写在结构设计说明中：

1）《混凝土结构设计规范》（GB 50010—2010）第 3.1.7 条（强规）：设计应明确结构的用途，在设计使用年限内未经技术鉴定或设计许可，不得改变结构的用途和使用环境。

2）《混凝土结构设计规范》（GB 50010—2010）第 3.5.8 条：混凝土结构在设计使用年限内尚应遵守下列规定：

① 建立定期检测、维修制度。

② 设计中可更换的混凝土构件应按规定更换。

③ 构件表面的防护层，应按规定维护或更换。

④ 结构出现可见的耐久性缺陷时，应及时进行处理。

注意：尽管这条是《混凝土结构设计规范》（GB 50010—2010）规定，当然这条同样

图4-1 浙江宁波奉化市一幢5层楼倒塌

适用砌体结构、木结构、钢结构工程。

【工程案例】 2014年4月4日早9点，浙江某市一幢5层居民房局部"粉碎性"倒塌，如图4-1所示造成多人伤亡。该楼仅建成20年，此前已确定为C级危房，检测机构塌楼前一天称该楼还可住几年。如果这栋楼在设计使用年限内定期检查、维护，就可以避免这个事故的发生。

13. 对混凝土结构保护层厚度的规定及结构设计的注意事项

各类混凝土构件的保护层厚度需要结合构件所处的环境类别、构件种类，依据《混凝土结构设计规范》（GB 50010—2010）的有关规定确定，见表4-9。

混凝土保护层最小厚度 C（mm）　　　　　　　表4-9

环境等级	板墙壳	梁柱
一	15	20
二 a	20	25
二 b	25	35
三 a	30	40
三 b	40	50

注：1. 混凝土强度等级不大于C25时，表中保护层厚度数值应增加5mm。
　　2. 钢筋混凝土基础宜设置混凝土垫层，其受力钢筋的混凝土保护层厚度应从防水层顶面算起，且不应小于40mm。
　　3. 构件中受力钢筋的保护层厚度不应小于钢筋的直径 d。

【知识点拓展】

（1）保护层的作用主要有：

1）保证钢筋与混凝土共同工作。

2）增加钢筋在火灾作用下的耐火能力和冻融环境下的抗冻性。

3）对钢筋与外部环境进行物理隔离，同时提供高碱度的内部化学环境，防止钢筋锈蚀或延缓钢筋锈蚀进程，保证结构有足够的耐久性。

（2）现行《混凝土结构设计规范》（GB 50010—2010）规定混凝土保护层是指最外层钢筋的保护层（原规范是指纵向受力钢筋的保护层），这主要是从混凝土碳化、脱钝和钢筋锈蚀的耐久性角度考虑，不再以纵向受力钢筋的外缘，而以最外层钢筋（包括箍筋、分布筋、构造钢筋，但不含防裂钢筋网片）的外缘计算混凝土保护层厚度；这也是与国际接轨。国际上很多国家的观点认为"因为从锈蚀机理出发，箍筋锈蚀不仅会导致构件抗剪能力下降，而且箍筋的锈蚀会诱导纵向受力钢筋锈蚀及失去约束，从而导致构件丧失承载力"。

（3）对于墙、柱、梁的纵向钢筋保护层厚度大于50mm时，宜对保护层采取有效的构造措施，防止混凝土开裂、剥落时，通常都是在保护层中配置钢筋网片，钢筋网片的保护层厚度应不小于25mm。

注意：原规范是指柱、梁（不含墙）的保护层厚度大于40mm；过去很多工程对于地下外墙，由于混凝土保护层取 50mm，要求在保护层中采取钢筋网抗裂，应该说是没有必要的。

（4）表 4-9 数值仅适用于设计使用年限为 50 年的钢筋混凝土结构，当设计使用年限为 100 年时保护层需要按表 4-9 数值再乘以 1.4；对于设计使用年限在 50～100 年之间的结构可按线性内插入。

（5）对于设计使用年限小于等于 5 年的临时建筑，可以不考虑耐久性的规定，也就是说均可按一类环境采用保护层厚度。

（6）基础无垫层时保护层厚度不应小于 70mm。

（7）采用并筋时，并筋的保护层厚度还不应小于并筋等效直径；即 2 根并筋时 $C_2 = 1.41d$，3 根并筋时 $C_2 = 1.73d$。

（8）当地下外墙采取可靠的建筑外防水时，与土壤接触一侧钢筋的保护层厚度可以适当减小，但不应小于 25mm。

（9）预制装配混凝土构件的保护层厚度可以比表 4-9 中数值减小 5mm，这主要是由于预制构件保护层厚度容易得到保证。

（10）当采用钢筋阻锈剂或采用环氧树脂涂层钢筋、镀锌钢筋等时，保护层厚度也可适当放松要求。

（11）当地下水具有腐蚀性时，与土或水直接接触时混凝土构件的保护层厚还应满足《工业建筑防腐蚀设计规范》（GB 50046—2008）的规定，应满足表 4-10 的要求（强条）。

腐蚀环境混凝土构件保护层最小厚度（mm）　　　　　表 4-10

构件类别	强腐蚀环境	中、弱腐蚀环境
板、墙等面形构件	35	30
梁、柱等条形构件	40	35
基础	50	50
地下外墙外侧及底板外侧	50	50

（12）《清水混凝土应用技术规程》（JGJ 169—2009）：对于处于露天环境的清水混凝土结构，其纵向受力钢筋的混凝土保护层最小厚度应符合表 4-11 的规定（强条）。

纵向受力钢筋的混凝土保护层最小厚度（mm）　　　　表 4-11

部位	保护层最小厚度
板、墙、壳	25
梁	35
柱	35

注：1. 钢筋的混凝土保护层厚度为钢筋外边缘至混凝土表面的距离。
　　2. 作为强制性条文的理由：清水混凝土作为直接利用混凝土成型后的自然质感作为饰面效果的混凝土，因为缺少混凝土表面覆盖层及装饰面层的保护，为避免钢筋受环境腐蚀，保证混凝土结构耐久性，以及防止因钢筋返锈而影响饰面效果，有必要适当加大钢筋的混凝土保护层厚度。

4.2.2 设计参数合理选择方面的相关问题

1. 关于工业厂房吊车工作制的问题

从事工业建筑设计的设计师，必然会遇到厂房内配置有吊车的问题，那么厂房内车的工作制不同，结构的设计要求就不同。工业厂房的吊车工作制是依据起重量、小时平均操作次数、运行速度、接电持续率等综合考虑确定。当然结构设计应在设计时必须找工艺专业人员了解工程中的吊车工作制问题，见表4-12。

吊车工作制A1～A7的划分标准　　　　　　表 4-12

工作制	重级 A6、A7	中级 A4、A5	轻级 A1、A3
经常起重量/额定最大起重量	50%～100%	≤50%	—
每小时平均操作次数	240	120	60
平均50年使用的次数	600 万次	300 万次	—
运行速度（m/min）	80～150	60～90	≤60
接电持续率	40%	25%	15%
典型示例	轧钢车间、电解车间、精矿仓等	金工装配车间	安装、检修吊车

注：A8级为特重级吊车，在冶金工厂中的支承夹钳、料耙等硬钩的特殊吊车属于特重级。

2. 一般工业厂房结构设计说明应需要写出哪些吊车资料？

结构设计应说明，厂房内有几台吊车、工作制、吊车起重量、最大轮压、最小轮压、吊车最大宽度、大车轮距、桥架重量、小车重量等参数。

比如某厂家提供的吊车资料，见表4-13。

某起重机厂部分吊车资料　　　　　　表 4-13

序号	吊车起重量 Q（t）	吊车跨度 L（m）	吊车最大宽度 B（m）	大车轮距 W（m）	吊车重量（t）	小车重量（t）	最大、小轮压（kN）		工作级别	轨道型号	每侧轮子数量（个）
							P_{max}	P_{min}			
1	32	28.5	7.524	6.2	41.07	8.696	285	88	A6	QU100	2
2	32	28.5	6.620	5.6	35.87	5.011	264	84	A5	QU80	2
3	32	28.5	6.54	5.6	34.22	3.175	258	83	A3	QU80	2
4	50	28.5	8.424	$W=7.1$ $W=1.3$	60.63	16.218	219	64	A6	QU100	4
5	50	28.5	7.524	6.2	47.53	9.614	384	108	A5	QU100	2
6	50	28.5	6.744	5.6	29.13	5.011	364	103	A3	QU80	2

注：1. 各吊车厂家生产的起重量的吊车，相关参数有差异，建议设计前收集相关厂家资料。
2. 同样起重量的吊车由于工作制不同，最大轮压也不相同。

3. 关于基本风压、基本雪压及基本气温的合理选取问题

《建筑结构荷载规范》（GB 50009—2012）给出了全国各城市的风压、雪压及基本气温详见《建筑结构荷载规范》附录E.5。采用的设计基准期为50年，它是为确定可变作用及与时间有关的材料性能而选用的时间参数，因此不同于建筑结构的设计使用年限。规范给出了全国各城市重现期为10年、50年和100年的风压和雪压值，例如北京的风压和雪压、基本气温见表4-14。

北京的基本风压和雪压　　　　　　表 4-14

海拔高度（m）	风压（kN/m²）			雪压（kN/m²）			基本气温（℃）		雪荷载准永久值系数分区
	$R=10$ 年	$R=50$ 年	$R=100$ 年	$R=10$ 年	$R=50$ 年	$R=100$ 年	最高	最低	
54.0	0.30	0.45	0.50	0.25	0.40	0.45	—13	36	Ⅱ

（1）规范特别说明，基本风压是根据重现期为 50 年的最大风速而计算得出的；基本雪压为 50 年一遇的最大雪压，即重现期为 50 年的最大雪压。

（2）《建筑结构荷载规范》第 8.1.2 条规定，基本风压不得小于 0.3kN/m²，大致相当于不小于 8 级风。

（3）《烟囱设计规范》（GB 50051—2013）第 5.2.1 条规定，基本风压不得小于 0.35kN/m²，大致相当于不小于 9 级风。

（4）我国的索道工程就规定：索道在 8 级以上风时，就必须停止运营，也就是说在计算索道正常使用时，无论所在地的风速、风压多大，都只按基本风压 0.3kN/m² 计算，相当于不小于 8 级风。

但提醒设计师注意：《建筑结构荷载规范》中依然有未给出的地域，比如新疆、西藏等很多地方均未给出基本风压、雪压值的建议，此时设计师可以依据当地气象台、站历年来的最大风速记录确定基本风压。对于涉外工程也应依据收集到的相关资料进行风荷载合理选择。

当遇基本风压值《建筑结构荷载规范》未明确给出的处理方法：

当建设工程所在地的基本风压值未明确规定时，可选择以下方法确定其基本风压值：

（1）根据当地气象台站年最大风速实测资料，按基本风压的定义，通过统计分析后确定。分析时应考虑样本数量（不得小于 10）的影响。

（2）如果当地没有风速实测资料时，可根据附近地区规定的基本风压或长期资料，通过气象和地形条件的对比分析确定；也可按全国基本风压分布图中的建设工程所在地位置近似确定。

在分析当地的年最大风速实测资料时，往往会遇到其实测风速的条件不符合我国基本风压规定的标准条件，因而必须将实测的风速资料换算为标准的风速资料，然后再进行分析。

（3）风速、风压、风级之间的关系如何？

风是由空气流动而形成的，风的强度常称为风力，通常用风级来表示。风级是根据风对地面（或海面）物体影响程度而定出的等级。但由于根据地面（或海面）物体对风的影响程度比较笼统，所以逐渐采用以风速的大小来表示风级，自 0～12 共 13 个等级。这也就是大家常在气象广播（电台）中所听道的风级，由于每个风级相当于一段风速范围，如 10 级风相当于距地 10m 高处 24.5～28.4m/s 的风速范围。在设计时不能有一确定的值，因而在工程设计中不采用风级作为设计依据，而是采用具体的风速值。但由于风荷载对结构的作用是以力的形式出现，所以需将风速换算为更为直接的风压来表示。风速与风压的换算关系：$w = v_0^2 / 1600$，其中 v_0 指的是离地面 10m 高，自记 10min 平均年最大风速（m/s）$w_0 = v_0^2 / 1600$ 式中仅适用于内陆海拔 500m 以下地区；对于内陆高原和高山地区，则随着海拔高度增大而减小，海拔高度到达 3500m 以上地区，如西藏拉萨、云南的香格里拉等，该 1600 就可提高至 2600；对于东南沿海地区 1600 可提高至 1750；这主要是因为各高度空气的质量密度不同所引起的变化。

$$W_0 = \frac{1}{2} \rho v_0^2 \tag{4-1}$$

式中　W_0——基本风压（kN/m²）；

　　　ρ——空气密度、理论上与空气温度和气压有关，可根据所在地海拔高度 $Z(\mathrm{m})$ 按下列近似公式估算：$\rho = 1.25 e^{-0.0001Z}$（kg/m³）；

v_0——重现期为 50 年的最大风速（m/s）。

当缺乏资料时，空气密度可假设海拔高度为 0，而取 $\rho = 1.25$（kg/m³）

此时式（4-1）可改为：

$$W_0 = \frac{1}{1600} v_0^2 \qquad (4\text{-}2)$$

【特殊情况一】　当实测风速的位置不是 10m 高度时。

原则上应由气象台站根据不同高度风速的对比观测资料，并考虑风速大小的影响，给出非标准高度风速的换算系数以确定标准条件高度的风速资料。当缺乏相应资料时，可近似按表 4-15 进行换算。

我国《建筑结构荷载规范》（GB 50009—2012）是取 10m 为标准高度，但有的国家也有取其他高度为标准高度的。高度愈高，风压也愈大。

风速高度换算系数　　　　　　　　　　　　　　表 4-15

实测风速高度（m）	4	6	8	10	12	14	16	18	20
换算系数 a	1.158	1.085	1.036	1.0	0.971	0.948	0.928	0.910	0.895

$$V = a V_z$$

式中　v——标准条件 10m 高度处时距为 10min 的平均风速（m/s）；

　　　a——换算系数；

　　　V_z——非标准条件 10m 高度处时距为 10min 的平均风速（m/s）。

【特殊情况二】　当最大风速资料不是 10min 的平均风速时。

风速是随时距波动的随机变量，采用不同的时间长度对风速进行平均，得出的平均风速最大值各不相同。平均时距短，就会将风速记录中最大值附近的较大值数据都包含在内，平均最大风速就高；而平均时距长，则会将风速记录中较长时间范围的风速值包含在内，从而使离最大值较远的低风速也参与平均，平均风速的最大值就会有所降低。

平均时距在各个国家的风荷载标准中取值并不一致，这一方面是历史传统的原因，另一方面也与各国的风气候类型有关，如美国、澳大利亚等国家规定的基本风压风速按 3s 时距给出，欧洲、日本和中国按 10min 平均的最大值计算基本风速；加拿大则取 1h 作为平均风速时距。风速大小、风气候类型等因素对转换系数都有影响，但工程应用上大致可按图 4-2 给出进行调整换算（图 4-2 为 ASE7-05 给出的建议值），换算系数见表 4-16。

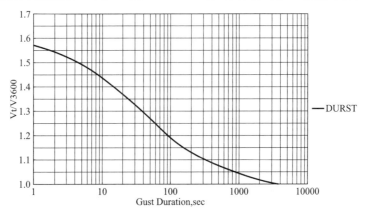

图 4-2　时距平均最大风速与 1h 时距平均最大风速的比值

风速时距换算系数　　　　　　　　表 4-16

风速时距	60min	10min	5min	2min	1min	30s	20s	10s	5s	3s	瞬时
换算系数 β	0.94	1.00	1.07	1.16	1.20	1.26	1.28	1.35	1.39	1.43	1.50

$$v_0 = v_t / \beta$$

式中　v_0——时距 10min 的平均风速（m/s）；

　　　v_t——时距为 t 的平均风速（m/s）；

　　　β——换算系数。

【特殊情况三】 当已知 10min 时距平均风速年最大值的重现期为 T 年时，其基本风压与重现期为 50 年的基本风压的关系可按表 4-17 换算。

$$w_0 = w / r$$

式中　w_0——重现期为 50 年的基本风压（kN/m²）；

　　　w——重现期为 T 年的基本风压（kN/m²）；

　　　r——换算系数，可按表 4-17 取用。

换算系数　　　　　　　　表 4-17

重现期 T（年）	5	10	15	20	30	50	100
r	0.629	0.736	0.799	0.846	0.914	1.0	1.124

【特殊情况四】 遇到非标准地貌情况时。

我国《建筑结构荷载规范》（GB 50009—2012）将地貌分为 A、B、C、D 四类。A 类指近海海面、海岛、海岸、湖岸及沙漠地区；B 类是指田野、乡村、丛林、丘陵以及房屋比较稀疏的乡镇和城市郊区；C 类指有密集建筑群的城市市区；D 类指有密集建筑群且房屋较高的城市市区；我国《建筑结构荷载规范》（GB 50009—2012）是以 B 类为标准地貌。不同地貌的换算系数见表 4-18。

不同地貌的换算系数　　　　　　　　表 4-18

地貌类别	A	B	C	D
换算系数（$H=10$m）	1.38	1.00	0.74	0.62

【知识拓展】

（1）对于海面、海岛地区，还需要在上述换算系数的基础上再乘以表 4-19 的调整系数；由于海风通常自海面吹向海岸，海面的粗糙度系数较低，因而在近海距离以内（包括 5km 以内）均以 A 类地貌来考虑。但是离海岸愈远，海风愈大，因此对远离海面、海岛地区还必须再乘以大于 1 的调整系数，见表 4-19。

离海岸距调整系数　　　　　　　　表 4-19

离海岸距（km）	<40	40~60	60~100
调整系数	1.00	1.00~1.10	1.10~1.20

（2）山区地区：气流在运行中，遇到局部地形的影响，将使流速在一些地方减少，另

一些地方增大。山区附近属于 B 类地区，但由于山区复杂的地形影响，使风速有所变化，因此设计时应按表 4-20 进行调整。

山区调整系数　　　　　　　　　　　　　　　　表 4-20

地貌	山间盆地、谷地等闭塞地形	与大风方向一致的谷口、山口
调整系数	0.75～0.85	1.2～1.5

【工程案例】　某涉外工程，业主提供的地理位置和气象资料为：风速是按照美国标准测得，基本风速为 144km/h，3s 的平均风速，重现期为 50 年，离地高度为 10m 的户外开阔地形，地面粗糙度为 C 类。由于本工程设计采用我国的规范及结构计算软件，所以需要将基本风速数据换算成中国规范定义的基本风速。

设时距为 10min 的风速为 $v_{中}$，时距为 3s 的风速为 $v_{美}$，欲将 $v_{美}$ 换算为 $v_{中}$ 首先需要按图 4-2 查 3s 时距，查得 $v_{美}/v_{3600}=1.525$，则 $v_{3600}=v_{美}/1.525$，即将时距 3s 的风速 $v_{美}$ 换算为 1h 时距的风速 v_{3600}。其次，由 10min 时距查得 $v_{中}/v_{3600}=1.07$，同理可得：$v_{中}=1.07v_{3600}=1.07v_{美}/1.525=0.70v_{美}$。

再由基本风压公式 $w_0=1/2\rho v^2$ 得出：

$$W_{0中}/w_{0美}=0.49$$
$$v_{美}=144km/h=40m/s$$
$$w_{0美}=v_{美}^2/1600=1.0kN/m^2$$
$$v_{中}=0.7v_{美}=28m/s$$
$$w_{0中}=v_{中}^2/1600=0.49kN/m^2$$

4. 哪些工程需要做风洞试验，风洞试验需要注意哪些问题？

（1）风洞试验简介：风洞模拟试验是风工程研究中应用最广泛、技术也相对比较成熟的研究手段。其基本做法是，按一定的缩尺比将建筑结构制作成模型，在风洞中模拟风对建筑的作用，并对感兴趣的物理量进行测量。

用几何缩尺模型进行模拟试验，相似律和量纲分析是其理论基础。相似律的基本出发点是：一个物理系统的行为是由它的控制方程和初始条件、边界条件所决定的。对于这些控制方程以及相应的初始条件、边界条件，可以利用量纲分析的方法将它们无量纲化，这样方程中将出现一系列的无量纲参数。如果这些无量纲参数在试验和原型中是相等的，则它们就都有着相同的控制方程和初始条件、边界条件，从而二者的行为将是完全一样的。从试验得到的数据经过恰当的转换就可以运用到实际条件中去。

根据风洞试验目的的不同，建筑结构的风荷载试验可以分为刚性模型试验和气动弹性模型试验两大类。刚性模型试验主要是获取结构的表面风压分布以及受力情况，但试验中不考虑在风的作用下结构物的振动对其荷载造成的影响；弹性模型试验则要求在风洞试验中，模拟出结构物的风致振动等气动弹性效应。这两类试验目的不一样，因此试验中要求满足的相似性参数也有很大区别。气动弹性模型试验在模型制作、测量手段上都比较复杂，难度比较大，在桥梁、高耸细长结构的试验中运用较多。但是对于薄膜、薄壳、柔性大跨结构，它们的气动弹性模拟试验技术还是风工程研究中比较前沿的课题，还有很多问题有待解决。因而在实际的工程研究中运用比较少。

（2）一般设计遇有以下情况时需要提醒业主委托做风洞试验：

1）当建筑群，尤其是高层建筑群，房屋相互间距较近时，由于漩涡的相互干扰，房屋的某些部位的局部风压会显著增大，这对于比较重要的高层建筑，建议在风洞试验中考虑周围建筑物的干扰影响。

2）对于非圆形截面的柱体，同样也存在漩涡脱落等空气动力不稳定的问题，但其规律更为复杂，因此目前规范仍建议对重要的柔性结构，应在风洞试验的基础上进行设计。

3）《高层建筑混凝土结构技术规范》（JGJ 3—2010）第4.2.7条：房屋高度大于200m或有下列情况之一时，宜进行风洞试验判断确定建筑物的风荷载：

① 平面形状或立面形状复杂；

② 立面开洞或连体建筑；

③ 周围地形和环境较复杂。

4）现行《建筑结构荷载规范》中没有提供风荷载相关参数的地域也可通过风洞试验合理确定风荷载。

5）对建筑品质要求较高，即需要控制舒适度的高层建筑也宜进行风洞试验。

① 舒适度和风振加速度限值的关系

高层建筑物在风荷载作用下将产生振动，过大的振动加速度将使在高楼内居住的人们感觉不舒服，甚至不能忍受，两者的关系见表4-21。

人感与加速度关系 表4-21

不舒适的程度	建筑物的加速度	不舒适的程度	建筑物的加速度
无感觉	$<0.05g$	十分扰人	$0.05g\sim0.15g$
有感	$0.015g\sim0.05g$	不能忍受	$>0.15g$
扰人	$0.015g\sim0.05g$		

② 《高层建筑混凝土结构技术规程》（JGJ 3—2010）第3.7.6条：房屋高度不小于150m的高层混凝土建筑结构应满足风振舒适度的要求。在现行国家标准《建筑结构荷载规范》（GB 50009—2012）规定的10年一遇的风荷载标准值作用下，结构顶点的顺风向和横风向振动最大加速度计算值不应超过表4-22的限值。计算时钢筋混凝土结构阻尼比宜取 $0.01\sim0.020$。

结构顶点风振加速度限值 表4-22

使用功能	a_{lim}（m/s^2）
住宅、公寓	0.15
办公、旅馆	0.25

③ 《高层民用建筑钢结构技术规程》（JGJ 99—2015）第3.5.5条：房屋高度不小于150m的高层民用建筑钢结构应满足风振舒适度要求。在现行国家标准《建筑结构荷载规范》（GB 50009—2012）规定的10年一遇的风荷载标准值作用下，结构顶点的顺风向和横风向振动最大加速度计算值不应大于表4-23的限值。结构顶点的顺风向和横风向振动最大加速度，可按现行国家标准《建筑结构荷载规范》（GB 50009—2012）的有关规定计算，也可通过风洞试验结果判断确定。计算时钢结构阻尼比宜取 $0.01\sim0.015$。

结构顶点风振加速度限值 表 4-23

使用功能	$a_{\lim}$ （m/s^2）
住宅、公寓	0.20
办公、旅馆	0.28

对于住宅钢结构建议高度超过 80m 宜进行舒适控制计算，提醒设计时注意：

（1）对风洞试验的结果，当其与《建筑结构荷载规范》建议荷载存在较大差距时，设计人员应进行分析判断，合理确定建筑物的风荷载取值。

（2）舒适度宜以风洞试验为依据（广东规定）。

【工程案例】 某超高层建筑结构，由 1 号塔 64 层 246m 和 2 号塔 46 层 159m，在顶部连为整体组成，如图 4-4~图 4-6 所示，该工程无法直接按荷载规范查出合适的风压体系数，属于"应由风洞试验确定"的典型案例之一，所以在初步设计阶段必须委托进行风洞试验。

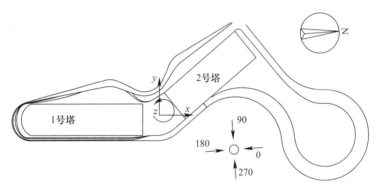

图 4-3 风向角示意图

图 4-4 风洞试验模型

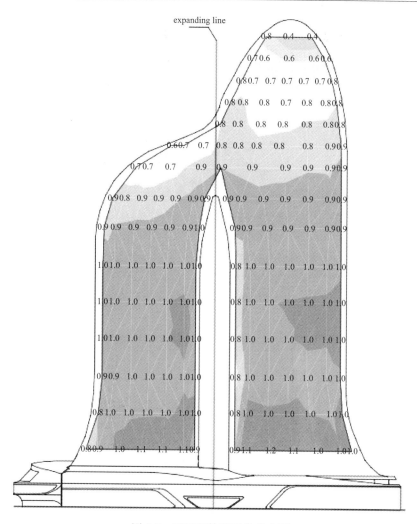

图 4-5 正风压体型系数分布图

由以上正负风压体型系数的试验结果来看，显然体型系数比《建筑结构荷载规范》给出的数值要大很多。所以对于体型复杂的结构必须进行风洞试验。

另外采用《高层建筑混凝土结构技术规程》（JGJ 3—2010）给出的公式程序计算最大顶点加速度（y 向）为 0.074m/s^2；但风洞试验结果如图 4-7 所示。

由舒适度试验结果看，y 向（即弱轴方向）的舒适度 0.22m/s^2 远远大于程序计算结果，这也就是说目前程序对于体型复杂的结构，舒适度计算不准确。

【工程案例】 某超高层工程，地上 50 层，地下 3 层，地上建筑高度 226m，地处高烈度，高风压地区，如图 4-8～图 4-11 所示。

另外采用程序计算的舒适度，加速度为 0.132m/s^2，但风洞试验结果为 0.160m/s^2。

5. 计算大型轻钢雨篷、轻型屋面结构构件时，除按《建筑结构荷载规范》（GB 50009—2012）给出的需要考虑风吸力之外是否还需要考虑风压力的作用？

通常情况下，作用于建筑物表面的风荷载分布并不均匀，在角隅、檐口、边棱处和在附属结构的部位（如阳台、雨篷等外挑构件），局部风压会超过一般部位的风压。所以规

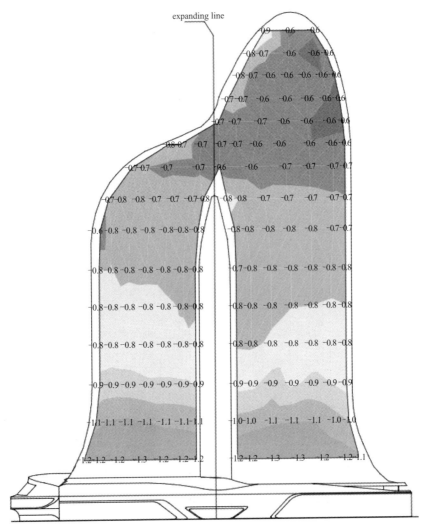

图 4-6　负风压体型系数分布图

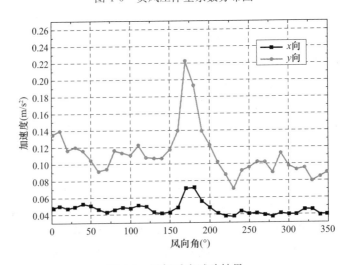

图 4-7　风舒适度试验结果

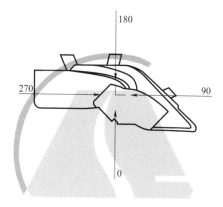

图 4-8 风向角示意图（°）

图 4-9 风洞试验模型

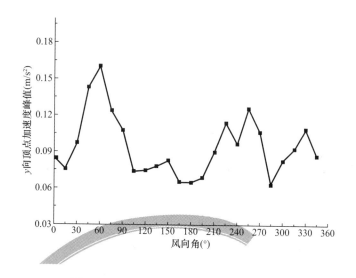

图 4-10 不同风向角 y 向顶点加速度峰值

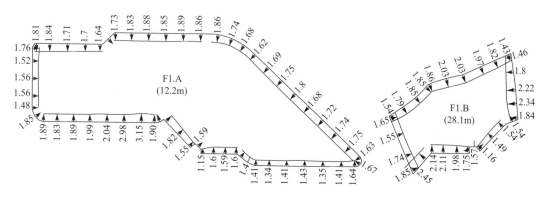

图 4-11 最高正风压峰值分布图（一）

59

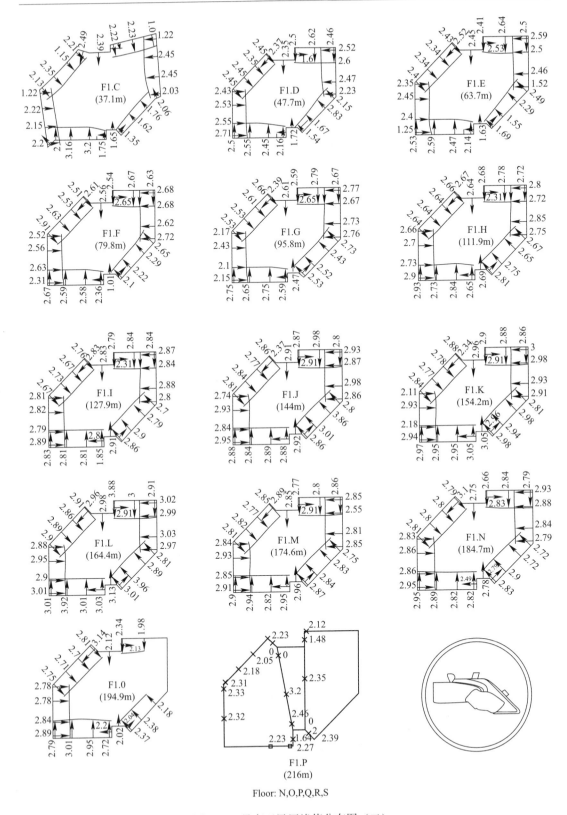

图 4-11　最高正风压峰值分布图（二）

范对这些部位的体型系数进行了调整放大，但规范仅给出这些部位的风吸力（向上作用），并未给出这些附属在主体建筑外（如阳台、雨篷等外挑构件）压力（向下作用），如图 4-12 所示。实际上有时这种向下作用的力还是不可忽视的，这个事实已经通过很多工程风洞试验得到验证。

【工程案例】　某超限高层建筑，风洞试验模型如图 4-13 所示，其中裙房屋顶级雨棚的风洞试验结果见表 4-24，试验得出了裙房屋面及雨篷正负风压体型系数。

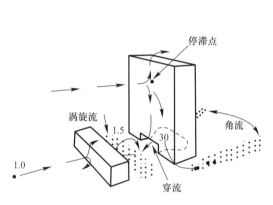

图 4-12　高层建筑周边流场分析图

图 4-13　风洞模型图

裙房屋面及雨篷正负风压体型系数　　　　　　　　　　表 4-24

作用部位	正风压体型系数（压力）	负分压体型系数（吸力）
裙房顶部	1.23	−2.92
雨篷下表面	0.86	−1.95

由表 4-24 可以看出：对于大底盘建筑，在裙房屋面设计时，还需要考虑正风压的影响，对于雨篷构件就更加应该重视这个问题。

【工程案例】　某 300m 超高层工程，风洞试验模型如图 4-14 所示，其中雨篷风洞试验结果见表 4-25。

图 4-14　风洞试验模型及周边建筑分布

雨棚风压系数 表 4-25

作用部位	正风压（压力）	负分压（吸力）
1 层雨篷	0.73	−1.27
2 层雨篷	0.66	−1.18

通过以上两个工程案例可以看出，对于高层建筑的裙房屋面及雨篷等风压力是不可以忽视的，建议设计师，如果工程没有做风洞试验，可参考《钢雨篷》07SG528-1 图集，这个图集中给出了在计算雨篷时风荷载体型系数：负风压−2.0，正风压1.0。

6. 哪些建筑工程设计需要提醒业主委托做抗震振动台试验？

全国《超限高层建筑工程抗震设防专项审查技术要点》建质［2010］109 号第九条：对超高很多或结构体系特别复杂、结构类型特殊的工程，当没有可借鉴的设计依据时，应选择整体结构模型、结构构件、部件或节点模型进行必要的抗震性能试验研究。

以下情况也宜委托做抗震振动台试验：

（1）对于规范没有列入的新的复杂结构体系；

（2）高度超过规范 A 级高度 100% 及以上的结构；

（3）特殊梁柱节点、斜撑节点、伸臂桁架节点、大悬挑节点、铸钢节点、拉索节点等；

（4）建议对于"奇奇怪怪"建筑也宜进行。

振动台试验目的：通过模型振动台试验，实测结构其动力特性，了解结构在各种地震波各级加速度作用下的动力反应，通过试验剖析结构在多遇地震、设防烈度、罕遇地震作用下结构的薄弱部位、扭转影响、结构的阵型、位移，以便在试验的基础上，对本结构设计提出改进意见及应采取的加强措施。

不论采用拟静力试验还是振动台试验，均要按《建筑抗震试验规程》（JGJ/T 101—2015）的要求认真处理好模型的相似性，才能使模型的试验结果能够推演到实际结构上；模型的比例，整体模型不宜小于 1/25，构件模型比例不宜小于 1/10，节点模型比例不宜小于 1/4。

提醒各位特别注意：模型设计和试验方案需要经过专题论证，以达到提供超限复杂结构性能设计依据的目的。

【工程案例】 北京某工程（2004 年设计）的大跨高位连体结构。

工程概况：工程位于北京市朝阳区，建筑面积 25000m²，工程为高位大跨连体结构，地下 2 层，地上 28 层，结构总长度 86.3m，宽度 14.8m，高宽比为 5.83，高度 81.99m。主体结构为两个钢筋混凝土剪力墙结构（左塔 1，右塔 2），均为 28 层，层高 4.5m，其余标准层 2.87m。两结构在标高 64.77～81.99m 处通过连接体相连成为一体。连接体部分的结构采用钢结构，下部为 5.7m 高的钢桁架转换层，钢桁架上部为 3 层钢框架结构，层高 3.827m。连接体部分跨度为 31.2m。由于当时（2004 年）我们国家对大跨高位连体研究不多，所以设计建议业主委托做振动台试验。振动台模型如图 4-15 所示。

【工程案例】 上海环球金融中心工程，工程效果图及振动台模型如图 4-16 所示。

试验研究主要内容：

（1）整体模型模拟地震振动台试验

上海环球金融中心模拟地震振动台试验整体模型为强度模型，由微粒混凝土、镀锌钢丝和镀锌丝网模拟钢筋混凝土，由铜材模拟钢结构。动力试验主要相似关系为：$S_l = 1/50$，

图 4-15 振动台试验模型 | 图 4-16 工程效果图及振动台模型图

$S_E=0.32$，$S_a=2.5$。整体模型竣工后总高度约为 10.184m，模型及配重约 14.7t。沿结构的 x 和 y 方向共布置了 40 个加速度传感器、9 个位移计和 25 个应变片。试验模拟的地震输入为 El Centro 波、San Fernando 波和上海人工 SHW2 波。

根据模型结构模拟地震振动台试验结果，结构在七度多遇到七度罕遇地震作用下，没发生明显损坏，结构动力反应满足规范要求；在特大地震作用时（8 度罕遇），从 1～5 层的周边剪力墙向巨型柱转换的 6 层处，巨型柱出现明显的破坏，7 层楼面多根钢柱出现较大变形，甚至屈服破坏，但仍满足"大震不倒"的要求。

（2）巨型柱—斜撑—带状桁架弦杆节点的静力反复加载试验

试验节点选取 53～54 层的柱-斜撑-桁架弦杆节点，在一个试件中包含 54 层和 55 层位置的两个节点，对所选择的典型节点进行 2 组不同类型试件的静力反复加载试验：纯钢骨节点试件、钢骨钢筋混凝土节点试件。试件与原型结构的缩尺比例为 1：7。每组分别进行 2 个试件的试验，共制作了 4 个试件。试验将纯钢骨节点试件加载至破坏；对钢骨钢筋混凝土的节点试件施加相当于罕遇地震水平的荷载。试验结果表明，节点设计满足小震和大震时的抗震要求，并具有较高的安全储备。节点模型如图 4-17 所示。

图 4-17 节点振动台试验模型

7. 哪些土木工程设计需要提请业主委托做地震安评？

（1）自从 2016 年 6 月 1 日开始实施第五代地震区划图《中国地震动参数区划图》（GB

18306—2015）发布实施后。中国地震局关于贯彻落实国务院清理规范第一批行政审批中介服务事项有关要求通知：中震防发［2015］59号文件明确规定，需要展开地震安全性评价确定抗震设防要求的建设工程目录（暂行），主要条款择录如下：

附录：需要开展地震安全性评价确定抗震设防要求的建设工程目录（暂行）

一、核工程

核电厂；核燃料后处理厂；核供热站；核能海水淡化工程；高放坡废物处置场；其他受地震破坏后可能引发放射性污染的核设施建设工程。

二、水利水电工程

参照行业标准《水电工程水工建筑物抗震设计规范》（NB 35047—2015），包括：坝高超过200m或库容大于100亿m^3的大（Ⅰ）型工程，以及位于基本地震动峰值加速度分区0.10g及以上地区内坝高超过100m的1、2级大坝。

三、房屋建筑工程

国家标准《建筑工程抗震设防分类标准》（GB 50223—2008）规定的特殊设防类（甲类）房屋建筑工程。

四、城市基础设施工程

国家标准《建筑工程抗震设防分类标准》（GB 50223—2008）和国家标准《城市轨道交通结构抗震设计规范》（GB 50909—2014）中规定的特殊设防类（甲类）城市基础设施工程。

五、油气储运工程

国家标准《油气输送管道线路工程抗震设计规范》（GB 50470—2008）规定的重要区段管道。

六、公路工程

参照行业标准《公路工程抗震规范》（JTGB02—2013），包括：位于基本地震峰值加速度分区0.30g及以上地区的单跨跨径超过150m的特大桥。

七、铁路工程

参照国家标准《铁路工程抗震设计规范》（GB 50111—2006），包括：穿越大江大河（主航道）的隧道；海底隧道；水深大于20m、墩高大于80m、跨度大于150m的铁路桥梁。

八、化学工业建（构）筑物

参照国家标准《化学工业建（构）筑物抗震设防分类标准》（GB 50914—2013），包括：涉及光气合成、精制、使用及存储的特殊设防（甲类）建（构）筑物和厂房。

九、水运工程

参照行业标准《水运工程抗震设计规范》（JTS 146—2012），包括：液化天然气码头和储罐区护岸。

（2）2017年地震局又补充发：中震防发［2017］10号文件《地震安全性评价管理办法（暂行）》的通知，进一步明确地震安全的管理办法。且特别说明：以前政策与本办法不一致时，以此文为准。

现择录第二章：地震安全性评价范围

第五条　下列建设工程应当进行地震安性评价：

（一）国家重大建设工程；

（二）受地震破坏后可能引发水灾、火灾、爆炸、剧毒或者强腐蚀性物质大量泄漏或者其他严重次生灾害的建设工程，包括水库大坝、堤防和贮油、贮气、贮存易燃易爆、剧毒或者强腐蚀性物质的设施以及其他可能发生严重次生灾害的建设工程；

（三）受地震破坏后可能引发放射性污染的核电站和核设施建设工程；

（四）省、自治区、直辖市认为本行政区域有重大价值或者有重大影响的其他建设工程。

（3）小结

由以上两个文件可以看出，今后需要做地震安评的建筑工程不多了，这也就避免了以往很多地方将安评范围无形扩大化的乱象。特别是对于房屋建筑工程，今后不再要求对超限高层建筑要求进行地震安评工作，以前很多地方要求建筑面积超过 $10m^2$ 或建筑高度超过 $80m$ 等均要求做安全工作。

以下举几个以前（2016 年前）做过安评工作的工程案例。

【安评工程案例】（2009 年）某涉外工业建筑工程，工程建筑面积近 5 万 m^2，投资额约 6 亿人民币；由于当地（缅甸）无任何地震资料，所以必须进行地震安评工作，图 4-18 所示。

由于当地无法提供建设场地的抗震设防烈度。于是设计院就委托国家某地震研究所对其进行安评工作；安评地震动参数见表 4-26。

图 4-18　某工程鸟瞰图

缅甸工程场地"安评"设计地震动参数   表 4-26

设计地震动参数	50 年超越概率		
	63%	10%	2%
A_{max}（m/s²）	1.1032	3.4829	5.5548
动力放大系数 β	2.25	2.25	2.25
特征周期 T_g（s）	0.45	0.50	0.55

【安评工程案例】 2011 年某超高层超限复杂结构，工程概况：为高档酒店、办公、商业等综合体建筑，总建筑面积约 17.38 万 m^2（其中地上 12.7 万 m^2、地下 4.68 万 m^2）主楼地上 50 层，高度为 226m，地下 3 层；如图 4-19 所示，安评的地震动参数见表 4-27。

【安评工程案例】 2012 年××中心大厦，工程概况：为高档酒店、办公、公寓等综合体建筑，地上由一栋 64 层公寓和一栋 46 层的酒店组成连体结构；地下 3 层，图 4-20 为工程效果图。地震安评地震动参数见表 4-28。

图 4-19　工程效果图及工程竣工图片

工程场地设计地震影响系数主要参数值（阻尼比 4%）　　　　表 4-27

谱类型	超越概率	PGA（g）	$\alpha_{\max}$	T_{g}（s）	r
50 年水平向地面	63%	0.088	0.19	0.40	
	10%	0.25	0.60	0.60	
	2%	0.43	1.0	0.80	
50 年水平向地下 17.5m	63%	0.039	0.093	0.65	
	10%	0.14	0.34	0.80	
	2%	0.28	0.67	0.90	
100 年水平向地面	63%	0.12	0.29	0.65	1.1
	10%	0.32	0.77	0.80	
	2%	0.61	1.5	0.90	
100 年水平向地下 17.5m	63%	0.064	0.15	0.70	
	10%	0.21	0.50	0.85	
	2%	0.45	1.1	1.00	

注：1. 本地域抗震设防烈度《建筑抗震设计规范》给出 8 度：小震 $\alpha_{\max}=0.16$，设防烈度 $\alpha_{\max}=0.45$，大震 $\alpha_{\max}=0.90$，地震分组为第二组。

2. 本工程安评单位还提供了地面以下 17.5m 的地震动参数。地面以下 17.5m 处设防烈度的地震影响系数仅是地面处 0.56 倍。

3. 也提供了 100 年的地震动参数；100 年设防烈度的地震影响系数是 50 年时的 1.28 倍。

图 4-20　工程效果图

某国际中心大厦（阻尼比 5%）　　　　　　　　　　　　　　　　　　表 4-28

参数	50 年超越概率			100 年超越概率		
	63%	10%	2%	63%	10%	2%
A_{max}（cm/s^2）	40	105	220	55	130	264
T_g（s）	0.35	0.45	0.49	0.40	0.50	0.53
B_m	2.60	2.48	2.27	2.60	2.60	2.27
c	0.77	0.78	0.77	0.81	0.81	0.80
α_{max}	0.104	0.260	0.500	0.143	0.338	0.600
α_{vmax}	0.068	0.169	0.325	0.093	0.220	0.390

注：1. 本地域抗震设防烈度《建筑抗震设计规范》给出 6 度：小震 $\alpha_{max}=0.040$，设防烈度 $\alpha_{max}=0.12$，地震分组为第一组。
　　2. 注意本安评报告小震、中震、大震的动力放大系数取值不同。
　　3. 本工程也给出了 100 年的地震动参数；100 年的设防烈度的地震影响系数为 50 年的 1.30 倍。

【安评工程案例】　2014 年××金融广场工程，总建筑面积近 30 万 m^2，其中有一栋 120m 的超限高层综合办公楼。图 4-21 为工程效果图，工程安评地震动参数见表 4-29。

图 4-21　工程效果图

北京某新城核心区项目场地地表水平向设计地震动参数（5%阻尼比）　　表 4-29

		A_m (gal)	β_m	α_m	T_1	T_g	γ
50 年超越概率	63%	70	2.5	0.18	0.1	0.40	0.9
	10%	210	2.5	0.54	0.1	0.55	0.9
	2%	390	2.5	0.99	0.1	0.75	0.9
70 年超越概率	63%	80	2.5	0.20	0.1	0.40	0.9
	10%	240	2.5	0.61	0.1	0.55	0.9
	2.5%	410	2.5	1.05	0.1	0.75	0.9
100 年超越概率	63%	95	2.5	0.24	0.1	0.45	0.9
	10%	275	2.5	0.70	0.1	0.60	0.9
	3%	430	2.5	1.10	0.1	0.80	0.9

注：1. 本工程同时提供了 50 年、70 年、100 年的安评地震动参数；50：70：100＝1：1.14：1.36。

　　2. 本工程《建筑抗震设计规范》给出的地震动参数为：8 度（0.20g）时，小震 α_{max}＝0.16，设防烈度 α_{max}＝0.45，大震 α_{max}＝0.90 地震分组为第一组。

特别说明：以上提供的四个安评工程案例，依据中震防发［2015］59 号文件明确规定，今后只有类似第 1 个安评工程案例需要做地震安评，其余三个均可不再做安评工作。

8. 设计单位需要对安评单位提出哪些"安评"技术要求？

今后对于建筑工程，如果遇到抗震设防类别为甲级或特别重要的建筑工程、涉外工程中遇到没有想过地震资料的地域，也需要做安评工作。

通常在业主委托地震安评单位之前，设计单位结构专业需要向业主提供相应的地震"安评"技术要求，主要包含以下内容：

（1）地震动参数应分别依据设计使用年限（50 年或 100 年）要求提供 3 种概率水准（多遇地震 63%、设防地震 10%、罕遇地震 2%～3%）的设计地震动参数，包含地震动峰值加速度 A_{max}、地震影响系数最大值 α_{max}、特征周期 T_g、衰减系数 γ。

（2）适合本场地特征的地震波选取原则及数量要求

1）波形应符合所在场地设计反应谱的特征，持续时间不小于结构基本周期的 5 倍，同时也不宜小于 15s，地震波持续时间间隔可取 0.02s；人工波必须具有实际强震记录的幅值变化特性和频率变化特性。

2）一般大量工程都可以取"2＋1"，即选用不少于 2 条天然波和 1 条拟合目标的人工地震波。

3）对于超高、大跨、体型复杂的建筑结构，需要取"5＋2"，即选用不少于 5 条天然波和 2 条拟合目标的人工地震波。

4）应请地震安评单位提供便于结构分析程序读入的格式文件。

5）如果工程需要进行罕遇地震动力弹塑性时程分析，还需要提供罕遇地震波参数。

（3）设计院需要提供以下资料给业主及安评单位：

1）工程概况介绍，包含结构体系、高度、层数等；

2）设计使用年限；

3）结构的阻尼比；

4）结构的基本周期范围（一般只提前三个周期）。

9. 如何合理设置结构缝问题?

(1) 结构缝的基本概念

"结构缝"系指为避免温度胀缩、地基沉降和地震碰撞等而在相邻两建筑物或建筑物的两部分之间设置的伸缩缝、沉降缝和防震缝等的总称。

由于结构受力和使用功能的需要,在结构设计时,需要按照一定的原则设置"结构缝",将结构划分为若干互相独立的结构体系。结构缝包含多种设缝方式,规范中规定的"伸缩缝"、"防震缝"、"沉降缝"仅是"结构缝"的主要缝。

近代建筑的高度和体量越来越大,由于混凝土在凝固过程中会产生体积变化,为了避免结构内体积变化积累过大而导致混凝土开裂,往往要设置"伸缩缝",伸缩缝是"伸缝"和"缩缝"的合称,其目的是控制结构的长度,减小由于胀缩变形在超静定结构中的积累,避免引起较大的约束应力和结构的间接裂缝。

(2) 结构缝的功能和类型

1) 膨胀缝(伸缝)

由于混凝土中某些局部体积膨胀,与其余部分造成变形差,为防止变形差值积累过大而设置结构缝加以隔离。最常见的伸缩缝多位于屋盖和山墙区域,是为防止日晒和炎热气候引起结构膨胀过大而设置的。

2) 收缩缝(缩缝)

为防止混凝土在凝固过程中体积缩小或温度下降的冷缩引起约束积累过高而设置的结构缝为缩缝。缩缝的间距应考虑混凝土收缩性能及是否为预制构件。对已经完成收缩变形的预制装配式结构,可以适当放宽。比如混凝土框架结构、现浇结构伸缩缝间距 55m,如果采用预制装配式可以放到 75m。

3) 沉降缝

地基差异较大、建筑物高度不一、荷载分布不均匀,沉降差异难以避免。在沉降差异较大区域设置的沉降缝,可以避免因而产生的次内力及裂缝。

4) 防震缝

为避免建筑物在遭受地震作用时,水平位移相互碰撞而设置隔离的空间,形成"防震缝"。防震缝与结构体型、结构材料、建筑高度、地震烈度等因素有关。

5) 体型缝

当建筑物体型庞大且形状复杂时,将其分割为形状相对简单且尺度不大的若干区段的缝是体型缝,是防止在刚度、质量变化相对较大的区域之间产生裂缝。

6) 局部缝

混凝土结构的凹角或其他形状突变部位,往往由于应力集中而引起局部裂缝。设"局部缝"的原理,是主动在这些部位开槽设缝,以消除裂缝对观感或功能方面的影响。

7) 施工缝

现浇混凝土的体量过大,受施工条件的制约而不可能一次浇筑完成,设置施工缝作为浇筑区域的临时分界,接槎即为施工缝。后浇带、加强带、跳仓法施工等也属于施工缝。

8) 拼接缝

装配式结构中预制构件之间或构件与支承结构之间存在着拼接的问题,形成拼接缝,拼接缝应该妥善地处理,使其不致形成影响观感或使用功能的裂缝。

9) 控制缝（引导缝）

现浇混凝土结构中收缩裂缝难以避免，与其不规则地随机开裂，不如通过构造措施制造薄弱截面，引导裂缝在预期的位置出现，并通过预先采取的措施（如预埋隔离片）加以控制，避免对外观和使用功能（防水、至渗等）造成影响。

10) 界面缝

混凝土结构与其他材料（如砌体墙、隔断材料）的界面不可避免地存在界面缝。一般用建筑外处理或抹面加以掩饰。

(3) 结构缝合理设置的原则

1) 结构设计应与建筑师密切合作优化建筑设计及结构布置，采取必要的结构和施工措施，尽量避免设置结构缝（防震缝、伸缩缝、沉降缝）时，应符合各规范有关设缝宽度的要求，并应根据建筑结构平面、竖向布置、地基的情况、结构类型、基础形式、抗震设防度等情况综合分析后确定。考虑到立面效果、防水处理、施工难度、结构复杂程度、使用方便性等，设计尽量调整平面尺寸和竖向布置，采取必要的构造和施工措施能不设缝就不设缝、能少设缝就少设缝；必须设缝时，则应彻底分开，将防震缝、伸缩缝、沉降缝三缝合一，缝的宽度必须满足三缝的最大值要求，防止地震时发生碰撞破坏的发生（切忌："分不彻底，连而不牢"、"藕断丝连"）。

2) 钢筋混凝土结构伸缩缝最大间距依据《混凝土结构设计规范》（GB 50010—2010）的规定，见表4-30。

钢筋混凝土结构伸缩缝最大间距（m） 表4-30

结构类别		室内或土中	露天
排架结构	装配式	100	70
框架结构	装配式	75	50
	现浇式	55	35
剪力墙结构	装配式	65	40
	现浇式	45	30
挡土墙、地下室墙壁等结构	装配式	40	30
	现浇式	30	20

几点补充说明：

1) 装配整体（含叠合）式结构

装配整体（含叠合）式结构中预制构件已经完成收缩，故间距可以适当放松，取表4-29中现浇与装配式的中间值。

2) 框架-剪力墙结构或框架-核心筒结构

框架-剪力墙结构或框架-核心筒结构由于墙体的整体约束且可能有较大收缩，因此间距应比框架适当加严，取表4-30中框架结构与剪力墙结构之间的数值。

3) 屋面无保温或隔热措施

当屋面无保温或隔热措施时，由于结构直接暴露于大气中，温度变化比较大，因此其伸缩缝间距应按表4-30中露天取值。

4) 现浇外露结构

直接暴露大气中的现浇挑檐、雨罩等外露结构不同于整体结构的内部，其所处的环境温度变化很大，极容易开裂，因此应适当减小间距不宜大于 12m。

5）地下结构

地下结构的温度和收缩能够得到有效控制。因此尽管上部框架、排架、剪力墙等分缝，但是其上部双柱或墙的地下及基础可以不断开（除沉降缝）。

6）加大伸缩缝的措施

根据近年的工程经验，采用设计、建材和施工的一些综合措施，就可以有效地减小混凝土结构的间接效应，控制裂缝。因此，可以适当放宽伸缩缝间距的限制。当然，此时不仅需要已有工程经验，还需要根据工程具体情况进行必要的分析，并经过试验验证，有充分依据的情况下，才可以放宽伸缩缝间距。《混凝土结构设计规范》在第 8.1.3 条中，简单介绍了这些措施：

① 采取减小混凝土收缩或温度变化的措施。

② 采取专门的预应力或增配构造钢筋的措施。

③ 采用低收缩混凝土材料，采取跳仓浇筑、后浇带、控制缝等措施，并加强养护。

（4）当采用下列构造措施和施工措施减少温度和混凝土收缩对结构的影响时，可适当放宽伸缩缝的间距。

1）顶层、底层、山墙和纵墙端开间等温度变化影响较大的部位；结构的形状曲折、刚度突变，孔洞凹角等部位容易在温差和收缩作用下开裂。在这些部位增加构造配筋可以控制裂缝。

2）顶层加强保温隔热措施，外墙设置外保温层。

3）每 30～40m 间距留出施工后浇带，带宽 800～1000mm，钢筋采用搭接接头，后浇带混凝土宜在 45d 后浇灌。后浇混凝土施工时的温度尽量与主体混凝土施工时的温度接近，后浇带可以选择对结构受力影响较小的部位曲折通过，尽可能不要在一个平面内。由于后浇带后浇，钢筋塔接，这时两侧结构处于悬臂状态，所以模板的支柱在本跨要加强，待后浇带浇灌后，方可拆除。但应注意：后浇带只能减少混凝土浇灌后在凝固过程中干缩的影响，不能解决建筑的温度伸缩问题，后浇带绝不能代替伸缩缝。

4）顶部楼层改用刚度较小的结构形式或顶部设局部温度缝，将结构划分为长度较短的区段。

5）采用收缩小的水泥，减少水泥用量，在混凝土中加入适宜的外加剂。

6）在建筑物两端及可能受温度变化而应力集中的部位的墙及板中，宜采用细而密的受力钢筋。

7）提高屋面、外墙的保温性能，适当增加保温层厚度。

8）对矩形平面框架—剪力墙结构，不宜在建筑物两端，设置纵向剪力墙。

9）剪力墙结构纵向两端的顶层墙水平筋，采用细直径密间距的布筋方式。

10）必要时，可以采用施加预应力的方法，使混凝土构件内建立压应力，可以用后张无粘结筋，预压应力应不小于 0.70MPa；预应力筋的间距不宜大于 1800mm（此数值引自美国混凝土规范）。

（5）几个工程案例

【工程案例 1】 2012 年北京某多栋多层住宅设计，由于种种原因无法按《规范》要求设置温度伸缩缝，结构设计在方案阶段就要求建筑考虑外墙保温层厚度比计算要求多加

20～30mm；取得了良好的性价比效果。

【工程案例 2】　2003 年北京某工程，有一栋 33.6m×84m，高 60m 的框架—剪力墙结构，当时为了解决温度伸缩问题，就在屋面板及顶层纵向框架梁里面加入了适量预应力筋，经过多年考验，取得了良好的效果。

【工程案例 3】　2000 年北京某框架结构，就是采用仅在顶层设置温度伸缩缝的处理手法，取得了良好的效果，受到业主及建筑师的好评（图 4-22）。

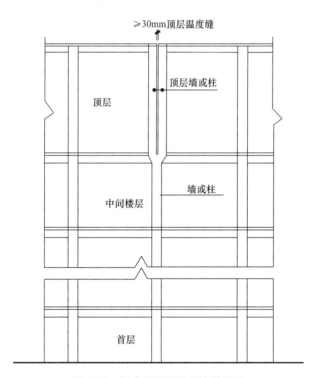

图 4-22　仅建筑顶层设温度伸缩缝

10. 钢结构温度区段长度

钢结构温度区段长度值依据《钢结构设计规范》（GB 50017—2003）的规定，见表 4-31。

钢结构温度区段长度限值（m）　　　　　　　　　　　　　表 4-31

结构情况	纵向温度区段 （垂直屋架或构架跨度方向）	横向温度区 （沿屋架或构架跨度方向）	
		柱顶为钢架	柱顶为铰接
采暖房屋及非采暖地域房屋	220	120	150
热车间及采暖地域非采暖房屋	180	100	125
露天房屋	120	—	—

注：1. 厂房柱为其他材料时，应按相应规范的规定设置伸缩缝，围护结构可根据具体情况参照有关规范单独设置伸缩缝。
　　2. 无桥式吊车房屋的柱间支撑和有桥式吊车房屋吊车梁或吊车桁架以下的柱间支撑，宜对称布置于温度区段中部。当不对称布置时，上述柱间支撑的中点（两道柱间支撑时为两支撑距离的中心）至温度区段端部的距离不宜大于表中纵向温度区段长度的 60%。
　　3. 当有充分依据或可靠措施时，表中数字可予以增减。

【知识点拓展】 对于民用建筑钢结构一般温度伸缩缝间距可达150m，高层钢结构不宜设置温度伸缩缝；当采用混凝土楼屋盖时，可仅在楼板屋面板内设置温度伸缩缝或采取其他防止楼面开裂的措施；当多层钢结构采用砌体外墙时，宜每隔60～90m在墙上设置一道上下贯通的伸缩缝。

11. 构筑物混凝土伸缩缝最大间距

构筑物混凝土结构伸缩缝最大间距见表4-32。

构筑物混凝土结构伸缩缝最大间距（m） 表4-32

构筑物名称	伸缩缝最大间距	备注
地下块式设备基础	60	
设备基础地下室	70	
电缆隧道	35	
室外电缆沟、管沟	30	非严寒、非寒冷地区
	20	严寒、寒冷地区
地下烟道	20	
地下水池（有覆土）	40	
顶面外露水池	30	非严寒、非寒冷地区
	20	严寒、寒冷地区

【知识点拓展】

（1）对圆形水池：当周长＞60m，宜设后浇带处理，并适当加强水平环向钢筋的配筋率。

（2）对矩形水池：超常时，优先采用设置永久伸缩缝处理。

（3）当采取一些有效技术措施后也可适当加大伸缩缝间距。

（4）严寒地区：累年最冷月平均温度低于或等于－10℃的地区。

（5）寒冷地区：累年最冷月平均温度高于－10℃，低于或等于0℃的地区。

12. 建筑物依据《建筑地基基础设计规范》（GB 50007—2011）的相关规定

当建筑物体型复杂、各部分之间高差、荷载差异较大，基地均匀性差，地基土压缩性差异大或基础类型不同时，通常宜考虑设置沉降缝将其分为相对能够独立沉降的几个部分。

当建筑设置沉降缝时，应符合下列规定：

（1）建筑的以下部位，宜设沉降缝：

1）建筑平面的转折部位；

2）高度差异或荷载差异处；

3）长高比过大的砌体承重结构或钢筋混凝土框架结构的适当部位；

4）地基土的压缩性有显著差异处；

5）建筑结构或基础类型不同处；

6）分期建造房屋的交界处。

（2）沉降缝应有足够的宽度，沉降缝宽度可按表4-33确定。

沉降缝最小宽度（mm） 表 4-33

房屋层数	沉降缝宽度
2～3	50～80
4～5	80～120
5层以上	不小于 120

【知识点拓展】

（1）对于多层砌体复杂结构应优先考虑采用沉降缝将其分为相对对立的几个部分。

（2）对于多、高层钢筋混凝土、混合结构、钢结构设置沉降缝，通常建筑物各部分沉降差大体上有可以三种方法进行处理：

1）"放"——设置沉降缝，让各部分自由沉降，避免出现由于不均匀沉降产生附加内力。这种"放"的方法，似乎比较省事，而实际上并非如此，设置缝后，由于上部结构须在缝的两侧均设独立的抗侧力结构，形成双墙、梁、柱等。

2）"抗"——不设沉降缝，采用端承桩或利用刚度很大的基础。前者由坚硬的基岩或砂卵石层来承受；后者则利用基础本身的刚度来抵抗沉降差。这种"抗"的方法，虽然在一些情况下能"抗"住，但基础材料用量大，不经济。

以上两种方法都是较为极端的情况。目前较为常用的方法是介乎"放"与"抗"之间的方法——即所谓"调"。

3）"调"——"放"与"抗"的完美结合，在设计与施工中采取措施，调整各部分沉降，减少其差异，降低由于沉降差产生的附加内力。如在施工中留后浇带作为临时沉降缝，等到沉降基本稳定后再连为整体，不设永久性沉降缝。

采取"调"的方法，具体有如下措施：

① 调基底压力差。主、裙楼采用不同的基础形式。主楼部分因荷载大，采用整体箱形基础或筏形基础，尽可能地降低基底压力，并加大埋深，减小基础底面处的附加压力；底层部分采用较浅的独立基础加防水板或交叉梁基础等，增加基础部分的附加压力，使主、裙楼的沉降尽可能地减少。

② 主、裙楼之间设置沉降后浇带，待主、裙楼之间沉降基本稳定后再封闭后浇带，使主、裙楼之间的沉降差尽可能地减少；条件允许时可以先施工主楼，待主楼基本建成，沉降基本稳定，再施工裙房，使后期沉降基本相近。

③ 调地基刚度。对可能产生较大压缩变形的地基进行处理，提高此部分地基刚度，减小其压缩变形，而对其他部分地基不做处理，使两者的最终沉降基本接近。

（3）对于主、裙房的建筑结构，当裙房伸出长度不大于底部长度的 15％（或 10m 左右）时可以不设缝。

（4）主楼与裙房的基础埋置深度相同或接近时，为了保证主楼的埋置深度、整体稳定性，应加强主楼与裙房的侧向约束，此时就不宜在主楼与裙房间设置永久缝，如图 4-23（a）所示。

如果主楼与裙房间必须设置缝，则此时主楼的基础埋深宜大于裙房基础埋深不小于 2m，如图 4-23（b）所示，并采取有效措施防止主楼基础开挖对裙房地基产生扰动。

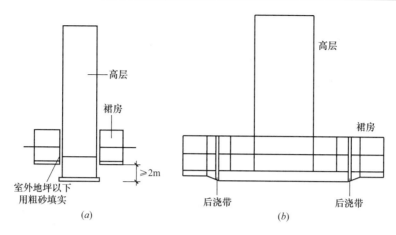

图 4-23　主楼与裙房的基础埋深

13. 关于防震缝的相关问题

现行《建筑抗震设计规范》第 3.4.5 条说明：体型复杂的建筑并不一概提倡设置防震缝。由于是否设置防震缝各有利弊，历来有观点，总的倾向是：

（1）可设缝、可不设缝时，不设缝；设置防震缝可以使结构抗震分析模型较为简单，容易估计其地震作用和采取抗震措施，但需要考虑扭转地震效应，并按规范规定确定缝宽，使防震缝两侧在预期的地震（如中震）下不发生碰撞或减轻由碰撞引起的局部损坏。

（2）当不设置防震缝时，结构分析模型相对复杂，连接处局部应力集中需要加强，而且需要仔细估计地震扭转效应等可能导致的不利影响。

（3）对于体型复杂、平立面不规则的建筑，应根据不规则程度、地基条件及技术经济等因素比较分析，确定是否设置防震缝，并分别符合下列要求：

1）当不设防震缝时，应采用符合实际的计算模型，分析判明其应力集中、变形集中或地震扭转效应等导致的易损部位，采用相应的措施。

2）当在适当部位设置防震缝时，宜形成多个较规则的抗侧力结构单元。防震缝应根据抗震设防烈度、结构材料种类、结构类型、结构单元的高度和高差以及可能的地震扭转效应情况，留有足够的宽度，其两侧的上部结构应完全脱开。

3）当设置伸缩缝和沉降缝时，其宽度应符合防震缝的要求。

（4）防震缝宽度应符合下列要求：

各类防震缝的宽度，当高度不超过 15m 时最小宽度为 100mm（钢结构为 150mm）；超过 15m 时应在 100mm 的基础上按表 4-34 增加。

伸缩缝间距增加值　　　　　　　　　　　　　　　　　　　表 4-34

抗震设防烈度		6 度	7 度	8 度	9 度
高度每增加值（m）		5	4	3	2
结构类型	框架	20	20	20	20
	框-剪	14	14	14	14
	剪力墙	10	10	10	10
	钢结构	30	30	30	30

【知识点拓展】

（1）防震缝两侧结构体系不同时，防震缝宽度应按不利的结构类型确定。

（2）防震缝两侧的房屋高度不同时，防震缝宽度可按较低的房屋高度确定。

（3）当相邻结构的基础存在较大沉降差时，宜增大防震缝的宽度。

（4）防震缝宜沿房屋全高设置；地下室、基础可不设防震缝，但在与上部防震缝对应处应加强构造和连接。

（5）结构单元之间或主楼与裙房之间如无可靠措施，不应采用牛腿托梁的做法设置防震缝。

（6）8、9度框架结构房屋防震缝两侧结构高度、刚度或层高相差较大时，可根据需要在缝两侧房屋的尽端沿全高设置垂直于防震缝的抗撞墙，如图 4-24 所示，每一侧抗撞墙的数量不宜少于两道，宜分别对称布置，墙肢长度可不大于一个柱距，框架的内力应按设置和不设置抗撞墙两种计算模型的不利情况取值；抗撞墙的抗震等级可采用四级。防震缝两侧抗撞墙的端柱和框架的边柱，箍筋应沿房屋全高加密。

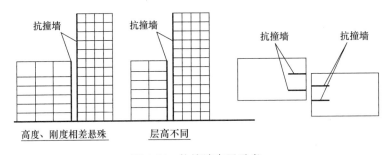

图 4-24 抗撞墙布置示意

14. 超长结构如何进行温度应力计算分析？

近年来，国内超长、超大规模建筑工程不断出现，结构设计中考虑温度作用日显重要，因未考虑温度作用分析或未采取必要构造措施，在遭遇极端气温时导致混凝土结构开裂或者钢结构破坏的事件时有发生。以往由于荷载规范没有对温度作用作明确规定，建筑结构设计中多是根据设计经验或参考其他行业的标准及国外标准来考虑温度作用，计算方法及各类参数的取值也很不规范和统一，有的甚至发生错误。为此《建筑结构荷载规范》（GB 50009—2012）补充了这方面的内容。

引起温度作用的因素主要包活气温变化、太阳辐射及使用热源等。由于建筑物大都暴露于自然环境，气温变化是引起建筑结构温度作用的主要起因；暴露于阳光下且表面颜色较暗、吸热性能好、热传递快的结构，太阳辐射引起的温度作用明显；有散热设备的厂房、烟囱、存储热料的料仓、冷库等，其温度作用由使用热源引起，应由工业或专门规范作规定。

是否需要计算温度应力对结构的影响，首先必须结合规范对各种结构体系、材料的不同区别对待，《混凝土结构设计规范》（GB 50010—2010）规定，当结构温度伸缩缝超过规范规定限值时，就宜进行温度作用计算，要进行温度应力分析就首先必须清楚以下概念：

（1）基本气温

与基本雪压和基本风压一样，基本气温是气温的基准值，是确定温度作用所需的最主要的气象参数。基本气温一般以气象台站记录所得历年的气温数据为样本，经统计得到的具有一定年超越概率的最高和最低气温。采用什么样的气温参数作为年极值气温样本数据，目前还没有统一模式。

在以往建筑结构设计实践中，采用的气温也不统一，钢结构一般采用极端最高或最低气温；混凝土结构有采用月平均最高或最低气温（大型构件），也有采用周平均气温（小型构件）。这种情况带来的后果是难以用统一尺度评判温度作用下结构的可靠性水准。温度作用分项系数及其他各项系数的取值也难统一。作为结构设计的基本气象参数，有必要加以规范和统一。

根据国内的设计经验并参考国外规范，2012 版《建筑结构荷载规范》将基本气温定义为当地 50 年一遇的月平均最高气温 T_{max} 和月平均最低气温 T_{min}。根据全国 600 多个基本气象台站最近 30 年历年的最高温度月的月平均最高气温和最低温度的月平均最低气温为样本，经统计得到各地的基本气温值。例如北京最高温度月为 8 月，则取 8 月份每天记录得到的最高气温，平均后得到月平均最高气温统计样本值；北京最低气温月为 2 月份，则取 2 月份每天记录得到的最低气温，平均后就得到月平均最低气温统计样本值。2012 版《建筑结构规范》附录 E 中首次给出各主要城市基本气温的最高和最低温度值。此外还首次绘制了全国基本气温分布图，对当地没有气温资料的场地，可通过与附近地区气象和地形条件的对比分析，按气温分布图确定基本气温值，见 2012 版《建筑结构规范》附录 E 图 E.6.4 和图 E.6.5。

由我国基本气温分布图可以看出，由于我国幅员辽阔、地形复杂、气温变化非常大，尤其是最低气温可以从−40℃一直到 15℃，变化幅度巨大。

对于热传导速率较慢且体积较大的混凝土和砌体结构，外露结构的平均温度接近当地月平均气温，规范规定的月平均最高和月平均最低气温作为基本气温一般是比较合适的。对于热传导速率较快的金属结构或体积较小的混凝土结构，它们对气温变化比较敏感，需要考虑极端气温的影响，规范规定的基本气温可能偏于不安全，必要时应对基本气温进行修正。具体修正的幅度大小与围护条件及地理位置相关，如果是围护结构保温节能建筑，室内气温受外部气温变化影响较小。因此应根据工程经验及当地极值气温与基本气温的差值酌情确定。

（2）结构平均温度的取值

合理确定结构的平均温度和初始温度，是保证结构在温度作用下的安全性和经济性的关键。从结构表面气温到结构的平均气温，是一个温度传递的过程，应按热传导的原理确定。确定结构的平均温度要考虑多种因素，如气温选取、室内外温差、太阳辐射、地下结构等。

（3）室内外温差与地下结构的影响

房屋建筑往往具有外墙（含幕墙）及保温隔热面等围护，节能设计的房屋围护更好，对于这类结构，如何由外界气温确定内部结构温度场是进行温度分析的关键。

由于房屋建筑千差万别，缺少各类建筑室内外温差的实测资料，设计人员可以根据围护条件和当地经验选定。一般夏季室内外温差和冬季室内外温差可分开确定，确定室内外温差时一般不宜考虑室内人工环境（如制冷或供热）。因为遇停电或其他事故时，制冷或供热将中断。

同一栋建筑，地面以上与地下室室内外温差应分开选定。有多层地下室时，越往下，温度变化越小。当离土体表面深度超过 10m 时，土体基本为恒温，等于年平均气温。

（4）结构初始温度

结构初始温度就是结构形成整体时的温度。对于超长结构，混凝土结构往往设有施工后浇带，钢结构则会有合拢段。

混凝土后浇带从混凝土浇捣到达到一定的弹性模量和强度一般需要 15d～30d。因此超长混凝土结构的初始温度（合拢温度）可取后浇带封闭时的月平均气温。

钢结构通过焊接或栓接合拢，时间较短，一般可取合拢时的日平均气温。当合拢时有日照时，应适当考虑日照的影响。

结构设计时，往往不能确定施工工期，即便有预估的工期，亦存在变更的可能，因此，结构初始温度（合拢温度）通常是一个区间值，这个区间值应包括施工可能出现的合拢温度，即保证在一年大部分时间内结构都可能合拢，要考虑施工的可行性。

（5）均匀温度作用

均匀温度作用是影响结构性能的主要因素，以结构的初始温度（合拢温度）为基准，结构的均匀温度作用效应考虑温升和温降两种工况。这两种工况产生的效应和可能出现的结构内力或位移有所不同，升温工况会使构件膨胀，而降温则会使构件收缩。

结构最大温升工况的均匀温度作用标准值按下式计算：

$$\Delta T_k = T_{s,max} - T_{0,min}$$

式中 ΔT_k——均匀温度作用标准值（℃）；

$T_{s,max}$——结构最高平均温度（℃）；

$T_{0,min}$——结构最低初始月平均温度（℃）。

结构最大降温工况的均匀温度作用标准值按下式计算：

$$\Delta T_k = T_{s,min} - T_{0,max}$$

式中 ΔT_k——均匀温度作用标准值（℃）；

$T_{s,min}$——结构最低平均温度（℃）；

$T_{0,max}$——结构最高初始月平均温度（℃）。

（6）均匀温度作用算例

以建在北京的某大型公共建筑工程为例，该工程有室内结构和室外结构，也有混凝土结构和钢结构两种材料。

确定均匀温度作用的步骤和方法如下：

1）收集气象资料

基本气温：最高月 36℃，最低月 －13℃。

月平均气温：最高 26℃（七月），最低 －6℃（一月）。

历年极端气温：最高 41.9℃，最低 －17℃。

2）确定结构合拢温度

可定为 10～25℃，可以保证在一年中大部分时间均可合拢，具备施工可行性。

3）确定室内外温差

夏季室内外温差取 10℃，冬季室内外温差取 15℃，不考虑人工制冷和供热。

4）确定混凝土收缩等效温降

混凝土结构设置后浇带，收缩等效温降取 －4℃。

5）确定结构最高温度、最低温度

结构最高温度 = 最高气温代表值 - 夏季室内外温差

结构最低温度 = 最低气温代表值 - 冬季室内外温差

① 对室内混凝土结构

大型公共建筑围护保温隔热较好，围护层不仅造成室内外温差，亦导致室内外热传导速率显著降低，气温代表值更接近最高（最低）月平均气温。因此，选择室外气温时，可以基本气温为基础加以调整，可近似取基本气温和经验系数 c_1（用于最高气温）、c_2（用于最低气温）的乘积。经验系数可参考最高（最低）月平均气温，根据各地的实际工程经验确定。此处暂定 $c_1=0.8$，$c_2=0.6$。

最高气温：$36 \times 0.8 = 29℃$；

最低气温：$-13 \times 0.6 = -8℃$；

结构最高温：$29 - 10 = 19℃$；

结构最低温：$-8 + 15 = 7℃$；

考虑收缩等效温降，结构最低温=$7 - 4 = 3℃$。

② 对于室内钢结构

由于围护层的存在，室外气温以基本气温为基础，考虑极端气温加以调整，可近似取基本气温和经验系数 c_3（用于高温）、c_4（用于低温）的乘积。经验系数可参考最高（最低）月平均气温，根据各地的实际工程经验确定。此处暂定 $c_3=1.08$，$c_4=1.15$。

最高气温：$36 \times 1.08 = 39℃$；

最低气温：$-13 \times 1.15 = -15℃$；

结构最高温：$39 - 10 = 29℃$；

结构最低温：$-15 + 15 = 0℃$。

③ 对于室外混凝土结构

混凝土结构柱、梁尺寸较大，而板较薄，气温代表值可近似取基本气温和经验系数 c_5（用于最高温）、c_6（用于最低温）的乘积。经验系数可参考最高（最低）月平均气温，根据各地的实际工程经验确定。此处暂定 $c_5=0.86$，$c_6=0.77$。

由于无室外温差，结构温度可取气温代表值。

最高气温：$41.9℃$；

最低气温：$-17℃$。

④ 对于室外钢结构

室外钢结构温度可取历年极端最高（最低）温度。

最高气温：$36 \times 0.86 = 31℃$；

最低气温：$-13 \times 0.77 = -10℃$。

（7）确定结构最大升温、降温

1）室内混凝土结构

结构最大升温：$\Delta T_k = T_{s,max} - T_{0,min} = 19 - 10 = 9℃$；

结构最大降温：$\Delta T_k = T_{s,min} - T_{0,max} = 3 - 25 = -22℃$。

混凝土降温时，水平构件变为拉弯构件开裂加剧，温度应力释放比升温时要多，可以对温降适当折减，此处折减系数取 0.85，结构最大降温：$-22 \times 0.85 = -19℃$。

2）室内钢结构

结构最大升温：$\Delta T_k = T_{s,max} - T_{0,min} = 29 - 10 = 19℃$；

结构最大降温：$\Delta T_k = T_{s,min} - T_{0,max} = 0 - 25 = -25℃$。

3）室外混凝土结构

结构最大升温：$\Delta T_k = T_{s,max} - T_{0,min} = 31 - 10 = 21℃$；

结构最大降温：$\Delta T_k = T_{s,min} - T_{0,max} = 14 25 = -39℃$。

混凝土降温时，水平构件变为拉弯构件开裂加剧，温度应力释放比升温时要多，可以对温降适当折减，此处折减系数取 0.85，结构最大降温：$-39 \times 0.85 = -33℃$。

4）室外钢结构

结构最大升温：$\Delta T_k = T_{s,max} - T_{0,min} = 42 - 10 = 32℃$；

结构最大降温：$\Delta T_k = T_{s,min} - T_{0,max} = -17 25 = -42℃$。

由于气温取历年极端气温，温升（温降）变异较小，室外钢结构的温度作用标准值可以适当折减，此处取折减系数为 0.78，折减后室外钢结构温度作用标准值为：

结构最大升温：$\Delta T_k = 32 \times 0.78 = 25℃$；

结构最大降温：$\Delta T_k = -42 \times 0.78 = -33℃$。

15. 超长无缝混凝土结构设计应注意的问题

设计过程中难免会遇到由于种种原因，结构超长，但又无法设缝的情况，此时设计师可以考虑采用无缝设计的思路。

（1）几个基本概念

所谓超长指：长度超过《混凝土结构设计规范》（GB 50010—2010）中第 8.1.1 条规定的钢筋混凝土结构伸缩缝的最大间距即超长混凝土结构。

超长无缝混凝土结构：无永久分缝的超长混凝土结构。

跳仓法：把超长混凝土结构划分为一定尺度的多个单元，按一定时间间隔跳跃浇筑混凝土的方法。

跳仓递推法：把超长混凝土结构划分为一定尺度的多个单元，按一定时间间隔，依次进行混凝土浇筑的方法。

膨胀加强带：在后浇条形区域部位，浇筑补偿性混凝土的部分。

（2）基本要求

1）超长混凝土结构应采取必要措施，宜少设或不设结构永久分缝。

2）超长无缝混凝土结构施工前，应收集当地当期环境和气象情况，做好各项施工准备工作。

3）采用超长无缝混凝土结构施工时，设计方案宜与施工单位协商确定。

4）施工单位应根据超长无缝混凝土结构工程设计图纸，编制施工方案，履行审批手续，并提请监理单位、建设单位会签认定。

5）超长无缝混凝土结构施工根据施工条件，可采用后浇带法、膨胀加强带法、跳仓法或跳仓递推法。

6）超长混凝土结构设计与施工应积极采用"四新技术"，采用预应力法、滑动构造法、低温补仓法、诱导缝法、综合治理法等措施，控制混凝土裂缝的产生。

说明：本条主要强调裂缝综合控制措施，混凝土结构裂缝的产生是基于材料、环境、管理等综合性问题。

7）超长无缝混凝土结构施工前，应根据需要对施工阶段混凝土浇筑体的温度、温度应力及收缩应力《超长大体积混凝土结构跳仓法技术规程》（DB11/T 1200—2015）范附录 A 验算，确定施工阶段混凝土浇筑体的升温峰值、表里温差及降温速率等控制指标，制定温控措施。

8）施工单位应做好超长无缝混凝土结构施工方案。

（3）对混凝土原材料的要求

1）水泥的选用应符合下列规定：

① 宜采用中热硅酸盐水泥、低热硅酸盐水泥、低热矿渣硅酸盐水泥；当采用硅酸盐水泥、普通硅酸盐水泥时，应掺用粉煤灰等活性掺合材料；有抗渗、抗冻融要求时，宜选用硅酸盐水泥或普通硅酸盐水泥。

② 优先选用低热水泥品种，在配置混凝土配合比时宜减少水泥用量，一般控制在 $250\sim300kg/m^3$。

③ 水泥在搅拌站的入机温度不宜大于 $60℃$，水泥 3d 水化热不宜大于 240kJ/kg，7d 水化热不宜大于 270kJ/kg。

说明：超长混凝土结构早期混凝土开裂主要是由于混凝土的温度应力与收缩，控制水泥用量及水泥水化热，目的是降低混凝土的水化温升及减小收缩。

2）粗骨料的选择，除应符合现行行业标准《普通混凝土用砂、石质量及检验方法标准》（JGJ 52—2006）的有关规定外，宜选用粒径 5～31.5mm 的砂石，并应连续级配，含泥量不应大于 1%。

3）细骨料的选择，除应符合现行行业标准《普通混凝土用砂、石质量及检验方法标准》（JGJ 52—2006）的有关规定外，宜选用中砂，其细度模数宜大于 2.3，含泥量不应大于 3%。

4）矿物掺合料的选用，粉煤灰质量除应符合现行国家标准《用于水泥和混凝土中的粉煤灰》（GB/T 1596—2017）的规定外，还应采用 Ⅱ 级以上等级粉煤灰，不得使用高钙灰；粒化高炉矿渣粉除应符合现行国家标准《用于水泥和混凝土中的粒化高炉矿渣粉》（GB/T 18046—2008）的规定外，还应采用 S95 级以上等级矿粉。其他品种的矿物掺合料质量应符合国家现行有关标准的规定。

5）减水剂宜选用聚羧酸类外加剂，不宜掺加早强型减水剂。

6）水泥进场时应对水泥品种、强度等级、包装或散装仓号、出厂日期等进行检查，并应对其强度、安定性、凝结时间、水化热等性能指标及其他必要的性能指标进行复检。

（4）对设计的基本要求

1）超长无缝混凝土结构设计，应采取有效措施，减少和避免有害裂缝的产生。

2）超长无缝混凝土结构设计方案宜根据施工现场综合情况确定，并结合施工方案进行必要调整。

3）超长无缝混凝土结构设计应依据"抗放结合"的裂缝治理思路，结合工程特点，重视结构构造方法的创新，通过减少边界约束、裂缝诱导、预应力等方法，推动新技术在工程中的应用。

4）超长无缝混凝土结构除应满足结构承载力和设计构造要求外，宜增设防止温度和收缩引起混凝土裂缝的构造配筋。

5）当有可靠经验时，可适当加大后浇带间距和跳仓法施工单元的间距，也可提前封闭后浇带或进行补仓施工。

6）当结构采用预应力时，施工方案的制定应考虑预应力张拉方案的影响。

（5）构造措施要求

1）超长无缝混凝土强度设计宜符合下列要求：

① 地下室基础底板、外墙混凝土强度等级不宜超过 C40，基础混凝土强度等级不应低于 C25，结构梁板混凝土强度等级不宜超过 C35。

② 地下室基础底板可采用 60d 或 90d 龄期强度指标作为其混凝土设计强度，并作为混凝土配合比设计、混凝土强度评定及工程验收的依据。

说明：本条文规定了超长无缝混凝土可以采用 60d 或 90d 的后期强度，这样可以减少混凝土中的水泥用量，提高掺合料的用量，以降低混凝土的水化温升。同时可以使浇筑后的混凝土内外温差减小，降温速度控制的难度降低，并进一步降低养护费用。

2）超长无缝混凝土结构采用后浇带时，宜每隔 30～40m 设置一道宽 800～1000mm 的后浇带。

3）超长无缝混凝土结构采用膨胀加强带时，膨胀加强带宜根据建筑长度、构件尺寸等因素合理布置，带宽度宜取 2m，间距不宜大于 40m。

4）超长混凝土结构可通过合理控制混凝土入模温度，采用比入模温度低且热稳定性好的混凝土进行低温补仓。

5）超长结构采用跳仓法施工时，宜布置垂直于跳仓施工缝长度方向的构造钢筋，钢筋均匀布置在上下层（或内外层）钢筋上，直径宜取 12mm，间距不大于 150mm，两端各伸出跳仓施工缝不小于 500mm，并固定于上下层（或内外层）钢筋上（图 4-25）。

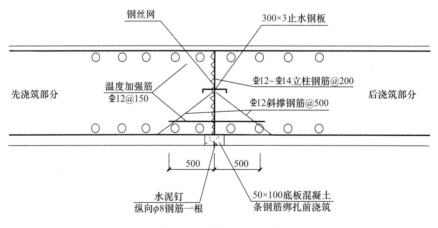

图 4-25　跳仓施工缝示意

6）超长无缝混凝土结构外墙采用诱导缝时，诱导缝可设置在柱间中心，外墙诱导缝应在墙中部增设水平附加钢筋（图 4-26）。

7）当基础置于岩石类地基上时，宜在混凝土垫层下设置褥垫层或滑动构造，滑动构造可采用涂膜防水或柔性防水（夏季）。

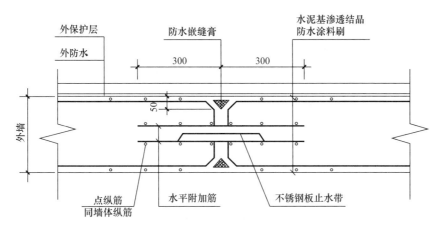

图 4-26　外墙诱导缝示意

8）超长混凝土结构中宜配置防裂钢筋，防裂钢筋可结合原有受力钢筋贯通布置，也可另行设置钢筋并与原有钢筋搭接或在周边构件中锚固。

9）当基础筏板的厚度大于 2000mm 时，宜在板厚中间部位设置直径不小于 12mm、间距不大于 300mm 的双向钢筋网。

10）当地下室外墙厚度不大于 600mm 时，水平分布钢筋除满足受力要求外，最小配筋率宜为 0.4%～0.5%，钢筋间距不宜大于 150mm。

11）地下室外墙施工缝在距基础底板上皮不大于 300mm 处留置。当地下水位高于基础底板时，在接缝处应设钢板止水带或采取保证混凝土浇筑密实的措施。

【拓展说明】

地下室外墙在基础底板交接部位，为保证防水质量，施工接头缝位置应高出底板上皮不大于 300mm，地下水位高于接缝时应采用钢板止水带。施工缝以下墙体与底板一起浇筑，混凝土浇筑前需要吊模，墙体越高越难施工。之所以把施工缝放在墙体上是为了安装止水钢板，止水钢板的宽度 300mm，墙体上翻 150mm 即可满足，考虑其他综合因素，一般取 300mm。对于止水钢板的效果只是延长了渗水长度，同时又影响了混凝土浇筑的密实度，这才是施工缝处渗水、漏水的关键，如施工过程中在混凝土浇筑前别除施工缝处的浮动石子，预铺混凝土同配合比砂浆，防止施工缝交界处跑浆、烂根等相关措施，保证了混凝土浇筑的密实度，同样可以起到防止渗水、漏水的作用，可以取消钢板止水带。

12）当外墙设有扶壁柱时，宜在扶壁柱处沿竖向原有水平分布钢筋间距之间增加直径 12mm、长度为柱每边伸出 800mm 的附加钢筋。柱两侧与墙体交接处设置为钝角或八字角，如图 4-27 所示。

【拓展说明】

在地下室外墙截面突变位置，最易产生竖向裂缝，很多工程地下室外墙扶壁柱的两侧出现竖向裂缝。为了控制裂缝，实践表明在扶壁柱两侧采取必要的附加钢筋措施是有效的。

13）楼板构造应符合下列规定：

① 楼板洞口边、较大凹凸处，应增设温度钢筋或钢筋网片。

② 根据计算结果需增设温度钢筋时，应与受力钢筋协调设计，宜采用较小直径与间距。

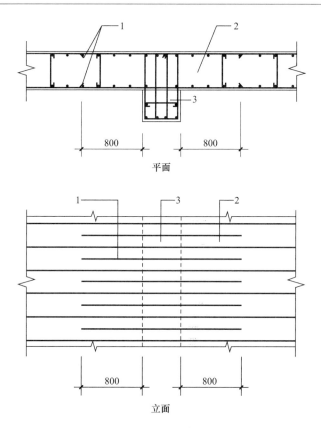

平面

立面

图 4-27 外墙扶壁柱旁附加钢筋
1—附加水平分布钢筋；2—外墙；3—扶壁柱

14）当梁、柱、墙中纵向钢筋的混凝土保护层厚度大于 50mm 时，应对保护层采取有效的防裂构造措施。保护层防裂钢筋网宜采用直径 4mm 或 6mm、间距 150mm 的双向钢筋网，防裂钢筋网距混凝土外侧不宜小于 25mm，应对防裂钢筋网片采取有效的绝缘和定位措施。

（6）对施工的要求

1）超长混凝土结构施工方法可根据工程具体情况选用后浇带法、膨胀加强带法、跳仓法、跳仓递推法或其组合。

2）混凝土运输、输送、浇筑过程中严禁加水。

3）混凝土拌合物入模温度不应低于 5℃，且不宜高于 30℃。

4）超长混凝土结构无缝施工遇炎热、冬期、大风或雨雪天气时，必须采用保证混凝土浇筑质量的技术措施。

5）超长混凝土结构裂缝控制宜采用综合治理方法，如采用骨料搭设遮阳棚、降低搅拌用水温度等混凝土拌制措施、采用低温混凝土浇筑补仓等。

6）混凝土的供应能力应满足连续浇筑的需要，制定防止出现"冷缝"的措施。

（7）基本施工方法

1）后浇带法

①超长无缝混凝土结构采用后浇带法施工时，后浇带钢筋宜采用搭接接头，非沉降

后浇带混凝土宜在 45d 后浇筑，沉降后浇带浇筑时间根据设计确定。

② 混凝土后浇带选择适宜的合拢温度，宜低温合拢。

③ 超长混凝土结构符合下列情况可采用膨胀加强带法施工：

A. 底板长度 $L \leq 60m$，或 $60m < L \leq 120m$，厚度小于 1.5m，在原设计后浇带处设置膨胀加强带。

B. 楼板长度 $60m < L \leq 120m$、厚度大于 1.5m 时或 $L > 120m$，可采用间歇式膨胀加强带，在原设计后浇带处设置膨胀加强带。

C. 楼板长度小于 120m 或墙体长度小于 60m，可采用连续式膨胀加强带，在原设计后浇带处设置膨胀加强带。

D. 楼板长度大于 120m，可采用间歇式膨胀加强带，在原设计后浇带处设置膨胀加强带。

E. 墙体长度大于 60m，应采用后浇式膨胀加强带，在原设计后浇带设处置膨胀加强带。

④ 采用膨胀加强带连续浇筑施工时，有防水要求的结构部位膨胀加强带间距宜为 25～30m，无防水要求的结构部位膨胀加强带间距宜为 40～50m。

2）跳仓法

① 跳仓法施工时，分仓最大尺寸长度不宜大于 40m，相邻仓混凝土浇筑时间间隔不宜小于 7d。

【拓展说明】

根据目前的施工技术水平（施工能力、新材料、新工艺等），跳仓分块尺寸不宜大于 40m；最大分块尺寸的确定除考虑浇筑能力外，还要考虑分块尺寸对混凝土前期收缩徐变的影响。

② 分仓尺寸和位置、施工顺序和流向应结合工程平面布置、柱网尺寸、土方开挖施工流向确定，并绘制分仓和施工流向、施工顺序平面图。

③ 采用跳仓法施工时，应综合考虑模板、钢筋等前道工序的施工组织。墙体分仓缝位置可与底板或楼板相同，也可适当减小分仓缝间距。

④ 超长无缝混凝土结构跳仓法施工应符合下列要求：

A. 分仓缝间距不宜大于 40m，分仓缝位置宜设置在柱网尺寸中部 1/3 范围内。

B. 各分仓块混凝土浇筑工程量宜相等或接近，各层顶板分仓与基础底板分仓不必在同跨。

C. 工期最短、周转材料使用最少。

D. 当梁、板内有预应力筋时，便于预应力筋敷设和张拉。

E. 分仓缝新老混凝土接合面按施工缝进行处理。

⑤ 地下室外侧墙体跳仓缝宜与底板、楼板及顶板分仓缝位置一致。混凝土墙体施工缝应采取止水措施，验收完成后地下结构应及时回填，不宜长时间暴露在自然环境中。

⑥ 当建筑物相对较狭长、不具备跳仓法施工条件时，可采用跳仓递推法施工。

⑦ 超长混凝土结构采用跳仓递推法施工应符合下列要求：

A. 采用跳仓递推法施工，相邻块混凝土可依次浇筑，间隔时间不应少于 7d。

B. 分仓尺寸不宜大于 40m，分仓缝位置设置在柱网尺寸中部 1/3 范围内。

C. 新老混凝土接合面按施工缝处理。

⑧ 当预应力结构采用跳仓法施工时，跳仓施工方案宜结合预应力的张拉顺序、张拉时间等合理安排进度计划，跳仓分隔宜避开预应力张拉端的部位。

3）其他可供参考的方法

① 超长混凝土墙体结构采用诱导缝法时，宜符合下列要求：

A. 超长墙体可采用每隔 30～40m 设置诱导缝，减少温度后浇带和施工缝。

B. 超长混凝土结构诱导缝构造措施宜符合《超长大体积混凝土结构跳仓法技术规程》（DB11/T 1200—2015）相关构造要求。

C. 诱导缝法可与后浇带法结合使用。

② 滑动构造法是通过滑动构造的方法，允许混凝土结构在水平方向有一定变形，以减少混凝土裂缝的构造方法。滑动构造法宜符合下列要求：

A. 在坚硬地基条件下，滑动构造法可通过防水层、隔振垫替代。

B. 可在结构环向或纵向设置可滑移的构造或机构，实现水平方向一定变形。

C. 混凝土水平结构及底板可采用减少水平方向约束的构造方法或设置滑动支承等措施，减少温度后浇带与施工缝。

③ 混凝土裂缝综合治理法是采用材料优选法、优化配比法、构造加强法、滑动构造法、工艺优化法和预应力技术等多种措施集于一体的治理混凝土裂缝的方法。宜符合下列要求：

A. 裂缝综合治理法一般用于要求较高的工程和工程部位。

B. 混凝土优化配比法包括：采用热稳定性好的水泥和骨料、减少水泥用量、添加外加剂或附加料及优化混凝土各组分比例等。

C. 实际工程中可根据需要采用两种或两种以上方法进行组合使用。

④ 在建筑的顶层、底层、山墙和纵墙端开间等温度变化较大的部位宜适当提高配筋率。

⑤ 地下结构混凝土施工完成后，不宜长时间在自然环境中裸露，防水及验收完成后应及时进行回填。

16. 关于工程地勘报告的正确应用问题

依据《建筑工程质量管理条例》第五条 从事建设工程活动，必须严格执行基本建设程序，坚持先勘察、后设计、再施工的原则。

第二十一条 设计单位应当根据勘察成果文件进行建设工程设计。

工程地质勘察报告包括各土层的简单描述、勘探单位的结论及建议、地下水对混凝土及钢材的腐蚀性评价、抗浮设计水位及设防水位、地基土的冰冻深度等。

17. 工程抗浮设防水位及设防水位的合理确定及相关问题

工程结构的抗浮水位是为工程抗浮设计提供依据的一个经济性指标；抗浮水位的确定实际是一个十分复杂的问题，即与场地工程地质、水文地质的背景条件有关，更取决于建筑整个使用期间地下水位的变化趋势。而后者又受人为作用和政府的水之源政策控制。因此抗浮设防水位实际是一个技术经济指标。

建议设计注意以下两点：

（1）对于场地水文地质复杂或抗浮设防水位取值高低对基础结构设计及建筑投资有较大影响等情况，设计应提出进行专门水文地质勘察的建议。

（2）对于新回填场地，注意提醒地勘部门由于填平场地地下水位是否有变化。

工程设防水位，主要是为确定地下结构抗渗等级及地下建筑防水措施的一个依据，以前的"相关规范"在这方面说法不一，有的是根据地下结构埋深确定，有的是依据水头高度与外墙的高厚比确定抗渗等级；本次规范修订"相关规范"均统一到依据工程埋深确定地下结构的抗渗等级，见表 4-35。

地下结构混凝土抗渗等级 表 4-35

工程埋置深度 H（m）	抗渗等级
$H<10$	P6
$10 \leqslant H<20$	P8
$20 \leqslant H<30$	P10
$H \geqslant 30$	P12

【知识点拓展】

（1）一般地质勘探并没有对抗浮设防水位进行专门的论证分析，如果工程需要专门的分析论证，需要设计提请业主单独另行委托进行；比如北京金融街、国家体育场、国家大剧院等工程就进行过抗浮水位专家论证会，使抗浮水位有所降低，为业主节约建设投资。

（2）在填方、挖方整平场地，往往抗浮水位会随地面变化而变化，需要提醒勘探单位进行明确。

【工程案例】 某工程勘探单位提供的抗浮设防水位在自然地面以下 2.6m，设计提醒勘探单位，这块场地今后需要回填 3m，勘探单位针对这个情况经过分析论证，建议抗浮水位按原地面以下 1.6m（比原报告上升 1m）考虑。

（3）地下工程地下水设防高度：已经在《地下工程防水技术规范》（GB 50108—2008）中明确规定，不属于工程勘察的内容；《地下工程防水技术规范》第 3.1.3 条：地下工程的防水设计，应根据地表水、地下水、毛细管水等的作用，以及由于人为因素引起的附近水文地质改变的影响确定。单建式的地下工程，应采用全封闭、部分封闭的防排水设计；附建式的全地下或半地下工程的防水设防高度，应高出室外地坪高程 500mm 以上。

（4）由现行规范关于地下结构混凝土抗渗等级确定来看，抗渗等级已经与设防水位高度没有直接关系了，仅与结构埋深有关。也就是说设放水位高低已经不那么重要了；只要建筑有防水要求，地下结构就应采用抗渗混凝土。

（5）由《地下工程防水技术规范》（GB 50108—2008）来看，无论地下建筑防水等级是几级，结构自防水都是必须的（且为强条），然后再依据不同的建筑防水等级确定再做几道建筑防水。

（6）《地下工程防水技术规范》（GB 50108—2008）防水混凝土的施工配合比应通过试验确定，试配混凝土的抗渗等级应比设计要求提高 0.2MPa。

（7）《地下工程防水技术规范》（GB 50108—2008）第 4.8.3 条：地下工程种植顶板结构应符合下列规定：

1 种植顶板应为现浇防水混凝土，结构找坡，坡度宜为 1‰～2‰；

2 种植顶板厚度不应小于 250mm，最大裂缝宽度不应大于 0.20mm，并不得贯通；

3 种植顶板的结构荷载设计应按国家现行标准《种植屋面工程技术规程》JGJ 155 的有关规定执行。

（8）依据《种植屋面工程技术规程》（JGJ 155—2013）明确要求地下结构顶板厚度不应小于 250mm，可以作为一道防水设防。这是由于地下建筑顶板的土壤与周界土相连，土中水是互通的，无处排放。

18. 地下水腐蚀性等级的合理选取问题

我们国家的地下结构越来越多，深度也越来越深，地下水的腐蚀性也越来越得到大家关注。为了保证结构的耐久性设计需求，设计人员就需要针对不同的腐蚀性等级采取不同的防护措施。具体措施详见《工业建筑防腐蚀设计规范》（GB 50046—2008）（以下简称《防腐规范》）相关条款。

通常水和土对建筑材料的腐蚀性按《岩土工程勘察规范》（GB 50021—2001）（2009版）［以下简称《勘察规范》（2009 版）］划分：强腐蚀、中等腐蚀、弱腐蚀、微腐蚀四个等级。

但需要注意，我们往往看到地勘单位是这样提供，地下水或土对混凝土及钢筋的有两种情况下的腐蚀性评价：

（1）地下结构长期浸水下，地下水对混凝土及钢筋的腐蚀性情况；

（2）地下结构在干湿交替状态对混凝土及钢筋的腐蚀性情况。

【知识点拓展】

（1）《勘察规范》将原规范的"无腐蚀"修改为"微腐蚀"，主要是认为原"无腐蚀"的提法不确切，在长期化学、物理作用下，总是有腐蚀性的。

（2）往往在干湿交替状态的腐蚀性要比地下结构长期浸水严重得多。干湿交替：是指水位变化和毛细水升降时，建筑材料的干湿变化情况。干湿交替和气候区与腐蚀性的关系十分密切。相同浓度的盐类，在干旱区和润湿区，其腐蚀程度是不同的。前者可能是强腐蚀，而后者可能是弱腐蚀或无腐蚀。冻融交替也是影响腐蚀的重要因素。

（3）全国各地审图机构，对地下结构腐蚀性要求采取的措施是不一致的。

比如《天津地区施工图审查规定》明确：只考虑浸水状态下地下水对混凝土及钢筋的腐蚀性问题，不考虑干湿交替状态下地下水对混凝土的腐蚀性。而有些地区则要求按地勘单位提供的各种状态下最严重的腐蚀性考虑采取措施。

（4）氯离子含量腐蚀问题

脱钝以后的钢筋，在有水、氧气的酸性环境中由于电化学作用而生锈，并逐渐发展为腐蚀。试验研究及工程实践均表明：如果存在氯离子，会大大促进电学反应的速度。最可怕的是氯离子作为催化剂并不会因反应而被消耗，少量氯离子即可造成长久、持续的锈蚀，直至其完全被腐蚀为止。由于氯离子会严重影响混凝土结构的耐久性，必须严加防范。《混凝土结构设计规范》（GB 50010—2010）中根据不同的环境类别规定了氯离子占胶凝材料总量的百分比的限量。完全没有氯离子很难做到，例如自来水中加漂白粉就含有氯。只要严格限制不使用含功能性氯化物的外加剂（例如含氯化钙的促凝剂等），就不会超出规定的限值。

（5）碱骨料的影响问题

一般情况下碱性环境有利于保护钢筋免遭锈蚀，但如碱性浓度太大又长期处于受到水作用的环境中，则就可能引起碱性骨料与水反应体积膨胀，发生碱骨料反应。碱骨料反应会引起混凝土结构的膨胀裂缝，因此要加以控制。但是对于绝大多数Ⅰ类环境中的房屋混凝土结构，可以不作碱含量限制。只有对于经常处于水作用环境中的土木土程混凝土结构，才应按《混凝土结构设计规范》(GB 50010—2010) 要求考虑碱含量的控制。

【工程案例】 2012 年山东某工程《地勘报告》提供，本工程属 II 类环境类型，按最不利组合综合判定场区地下水对混凝土结构有微腐蚀性；对钢筋混凝土结构中的钢筋在干湿交替水位条件下有弱腐蚀性，在长期浸水条件下有微腐蚀性。

经过与山东省当地审图单位沟通，审图要求地下结构的防腐蚀按"干湿交替的环境下具弱腐蚀性"考虑采取防腐蚀措施。

为此设计依据《防腐规范》的相关规定采取以下措施：

(1) 最低混凝土强度等级 C30，最小水泥用量 $300kg/m^3$，最大水灰比 0.50，最大氯离子含量 0.1%。

(2) 裂缝宽度小于 0.2mm。

(3) 保护层厚：墙、板 30mm、梁柱 35mm、地下外墙及基础 50mm。

(4) 基础及垫层的外防护：垫层采用 C20 混凝土 100mm 厚，垫层顶及外墙外侧涂刷沥青冷底子油 2 遍，沥青胶泥涂层，厚度 $\geq 300\mu m$。

(5) 同时设计要求：严禁直接用地下水搅拌混凝土，严禁直接用地下水养护混凝土。

【工程案例】 2012 年天津某新城购物广场，建筑面积 $82000m^2$，其中地下建筑面积 $28500m^2$。

《地勘报告》提供：无干湿交替作用时，该区域地下水对混凝土及钢筋均为微腐蚀性；在干湿交替水位条件下对混凝土有弱腐蚀性，对钢筋具有弱腐蚀性。

经过与当地审图单位沟通，天津地区审图规定，不考虑干湿情况。

通过以上两个工程案例，可以看出同样的腐蚀等级，在不同的地区设计要求采取的措施是有所差异的，当然工程的造价也是不同的。

(6) 这就需要设计人员遇到地下水有腐蚀性时，首先需要和当地相关部门沟通，了解地方的一些特殊规定，然后采取有针对性的防腐蚀措施。

(7) 提醒大家，对于地下水有腐蚀性的工程，结构设计说明应对施工单位提出以下施工要求：

1) 施工中严禁用地下水直接搅拌混凝土。

2) 施工中严禁用地下水直接养护混凝土。

3) 地下水位较高或地下水具有酸性腐蚀介质时，不得用灰土回填承台和地下室侧墙周围，也不得用灰土做超挖部分的垫层回填处理。

4) 当地下水或土对水泥类材料的腐蚀等级为强腐蚀、中等腐蚀时，不宜采用水泥粉煤灰碎石桩、夯实水泥土桩、水泥土搅拌法等含有水泥的加固方法，但硫酸根离子介质腐蚀时，可以采用抗硫酸盐水泥。

(8) 腐蚀环境下桩基础选择应注意：

1) 腐蚀环境下宜采用预制钢筋混凝土桩。

2) 腐蚀性等级为中、弱时，可采用预应力混凝土管桩或混凝土罐注桩。

19. 如何正确理解场地特征周期及场地卓越周期的问题？

场地特征周期是：在抗震设计时用的地震影响系数曲线中，反映地震震级、震中距和场地类别等因素的下降段起始点对应的周期值。场地的特征周期与覆盖层厚度、剪切波速、场地地震分组等有关。

场地卓越周期是：根据覆盖层厚度和各土层地脉动测试时域曲线及频谱分析曲线进行分析计算的周期，表示场地土的振动特性。地震时地基产生多种周期的振动，其中振动次数（振次）最多的周期即为该地基的卓越周期。地震波是由多种频率不同的波组成的，当这些波从基岩传到建筑物的基础土层时，由于界面的反射作用，有的被消减，有的被放大，其中被放大得最多的波的周期称为卓越周期。

震害经验表明，当结构自震周期与场地卓越周期 T_s 接近，地震时可能发生共振，导致建筑的震害加重。研究表明，在大地震时，由于土壤发生大变形或液化，土的应力-应变关系为非线性，导致土层剪切波速 V_s 发生变化。因此，在同一地点，地震时场地的卓越周期 T_s，将因震级大小、震源机制、震中距离的变化而变化。如果仅从数值上比较，场地脉动周期最短，卓越周期 T_s 其次，特征周期 T_g 最长。

因此，对于建筑抗震设计，不能做出"刚一些好"，还是"柔一些好"这样的简单结论，应该结合结构的具体高度、体系和场地条件进行综合判断。无论如何，重要的是我们的设计要进行合理的变形限制，将变形限制在规范许可的范围内，要使结构具有足够的刚度，设置部分剪力墙的结构有利于减小结构变形和提高结构承载力；同时，应根据场地条件来合理设计结构，硬土地基上的结构可适当柔一些，软土地基上的结构可适当刚一些。可通过改变建筑结构的刚柔来调整结构的自振周期，使其偏离场地的卓越周期 T_s，较理想的结构是自振周期比场地卓越周期更长，如果不可能，则结构自振周期应比场地卓越周期短得较多，这是因为在结构出现少量裂缝后，周期会加长，要考虑结构进入开裂和弹塑性状态时，结构自振周期加长后与场地卓越周期的关系，如图 4-28 所示，如果可能发生类似共振，则应采取有效措施。因此，在进行建筑设计前，应取得场地土动力特性的勘察资料。

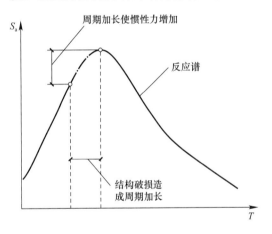

图 4-28 结构自振周期加长后
与场地土的卓越周期关系

【知识点拓展】

（1）设计人员请切记勿将场地的卓越周期误认为是场地的特征周期，这样会给工程埋下安全隐患。以下用一些工程统计场地卓越周期与特征周期对比资料说明，一般均小于场地的特征周期，见表 4-36。

场地特征周期与卓越周期对比（s）   表 4-36

周期	场地类别	I_0	I	II	III	IV
特征周期 T_g	地震分组 第一组	0.20	0.25	0.35	0.45	0.65
	第二组	0.25	0.30	0.40	0.55	0.75
	第三组	0.30	0.35	0.45	0.65	0.90
卓越周期 T_s			<0.2	0.25～0.35	0.4～0.6	0.6～0.8

（2）工程地勘单位理应提供各场地的卓越周期而不是场地的特征周期。

1）提供场地卓越周期是为了提醒设计人员，设计时注意使结构自振周期尽量远离场地卓越周期，以免地震时又发生结构共振问题；依据共振原理，避免共振现象，建议最好使结构的自振周期远离场地卓越周期10％以上；如果地勘单位没有提供场地卓越周期，也可按日本金井清教授所提出的经验公式：$T_s = 4H/V_s$ 计算的周期。

式中　H——覆盖层厚度；

V_s——土层平均剪切波速。

由这个公式可以看出：场地覆盖层越厚，土层平均剪切波速越小（场地越软），场地的卓越周期越大。

【工程案例】　2011年宁夏某大厦，本工程场地类别为Ⅱ类，抗震设防烈度8度（0.20g），地震分组为第二组，特征周期为 $T_g = 0.40s$，场地实测的卓越周期见表4-37。

本场地地脉动卓越周期　　　　　　　　　　　　　　　表4-37

点号	东西向（s）		南北向（s）		竖直向（s）	
	频率（Hz）	时间（s）	频率（Hz）	时间（s）	频率（Hz）	时间（s）
M_1	2.70	0.37	2.65	0.38	2.77	0.36
M_2	3.15	0.33	3.12	0.33	3.08	0.33
M_3	2.64	0.38	2.58	0.39	2.60	0.39
建议值	2.83	0.36	2.78	0.37	2.81	0.36

由表4-36可知，每个方向的卓越周期均小于场地特征周期0.40s。

【工程案例】　2011年太原某工程地勘提供，场地卓越周期：东西方向为0.358s，南北方向为0.356s，竖直方向为0.347s。场地类别Ⅲ类，8度0.20g，第一组；场地地震动反应谱特征周期值为0.45s。

由此可知，每个方向的卓越周期均小于场地特征周期0.45s。

2）对于一般建筑，场地的特征周期往往都是需要设计人员依据场地分类，设计地震分组依据《建筑抗震设计规范》来确定。

3）按工程地勘单位提供的场地分类时还应注意，覆盖层厚度及剪切波速都不是严格的数值，往往有±15％的误差属于勘察工作的正常范围，当上述两个因素距相邻两类场地分界处处于上述误差范围时，允许设计人员根据覆盖层厚度、剪切波速采用插入法确定合理的场地特征周期。

4）以下举例说明如何合理确定场地覆盖层厚度及等效剪切波速问题。

【算例1】　某建筑工程，地勘报告提供的波速测试成果如图4-29所示，求等效剪切波速，并判别建筑场地类别。

地层深度（m）	岩土名称	地层柱状图	剪切波速度v_s（m/s）
2.5	填土		120
5.5	粉质黏土		180
7.0	黏质粉土		200
11.0	砂质粉土		220
18.0	粉细砂		230
21.0	粗砂		290
48.0	卵石		510
51.0	中砂		380
58.0	粗砂		420
60.0	砂岩		800

图4-29　工程柱状图

第一步：先确定覆盖层厚度

根据《建筑抗震设计规范》第 4.1.4 条第 1 款的规定，建筑场地覆盖层厚度，"一般情况下，应按地面至剪切波速大于 500m/s 且其下卧各层岩土的剪切波速均不小于 500m/s 的土层顶面的距离确定"。

根据上述规定并依据柱状图中 v_s 值，该场地的覆盖层厚度为 58m，大于 50m，且大于 $1.15 \times 50 = 57.5$。

第二步：计算等效剪切波速。

（1）计算深度 d_0

根据《建筑抗震设计规范》第 4.1.5 条规定，计算土层等效剪切波速时，计算深度 d_0 取覆盖层厚度和 20m 两者的较小值。本例中，覆盖层厚度为 58m，因此，$d_0 = 20$m。

（2）等效剪切波速

根据《建筑抗震设计规范》第 4.1.5 条公式：

$$v_{se} = d_0/t$$

$$t = \sum_{i=1}^{n}(d_i/v_{si}) = \frac{2.5}{120} + \frac{3.0}{180} + \frac{1.5}{200} + \frac{4.0}{220} + \frac{7.0}{230} + \frac{2}{290}$$

$$= 0.0998\text{s}$$

$$v_{se} = \frac{20}{0.0998} = 200.4 > 1.15 \times 150 = 172.5\text{m/s}$$

第三步：判定场地类别。

根据《建筑抗震设计规范》第 4.1.6 条规定，该场地应为Ⅲ类场地。

【算例 2】 某高层建筑工程，地勘报告提供波速测试成果柱状图如图 4-30 所示。求等效剪切波速，并判别建筑场地类别。

地层深度(m)	岩土名称	地层柱状图	剪切波速度 v_s (m/s)
6.0	填土		130
12.0	粉质黏土		150
17.0	粉细砂		155
22.0	粗砂		160
27.0	圆砾		420
51.0	卵石		450
55.0	砂岩		780

图 4-30 工程地勘柱状图

第一步：先确定覆盖层厚度。

根据《建筑抗震设计规范》第 4.1.4 条第 2 款规定，当地面 5m 以下存在剪切波速大于其上部各土层剪切波速 2.5 倍的土层，且该层及其下卧各层岩土的剪切波速均不小于 400m/s 时，场地覆盖层厚度可按地面至该土层顶面的距离确定。

本例中，粗砂层波速为 160m/s，圆砾层波速为 420m/s>2.5×160=400m/s，而且，圆砾层以下各土层波速均大于 400m/s，因此，该场地覆盖层厚度为 22m。

第二步：计算等效剪切波速。

（1）计算深度 d_0

根据《建筑抗震设计规范》第 4.1.5 条规定，计算土层等效剪切波速时，计算深度 d_0 取覆盖层厚度和 20m 两者的较小值。本例中，覆盖层厚度为 22m，因此，$d_0 = 20$m。

（2）等效剪切波速

根据《建筑抗震设计规范》第 4.1.5 条公式：

$$v_{se} = d_0/t$$

$$t = \sum_{i=1}^{n}(d_i/v_{si}) = \frac{6}{130} + \frac{6}{150} + \frac{5}{155} + \frac{3}{160}$$

$$= 0.046 + 0.04 + 0.032 + 0.019 = 0.137s$$

$$v_{se} = \frac{20}{0.137} = 145.99 \quad \begin{array}{l} < 150\text{m/s} \\ > 0.85 \times 150 = 127.5\text{m/s} \end{array}$$

第三步：判定场地类别。

根据《建筑抗震设计规范》第 4.1.6 条规定，该工程场地一般勘探单位会确定为Ⅲ类。但注意：由于该工程场地的等效剪切波速值位于Ⅱ、Ⅲ类场地的分界线附近，因此，工程设计时，场地特征周期应按规定插值确定，以使设计经济性更加合理。

特征周期的插入也可参考《建筑工程抗震性态设计通则》（试用）（CECS 160：2004）附录 B 场地分类和场地特征周期 T_g（单位：s），

20. 哪些建筑需要进行施工及使用阶段沉降观测？

首先明确，不是所有建筑都要设置沉降观测的，对于是否需要进行沉降观测，设计人员应详见《建筑地基基础设计规范》（GB 50007—2011）第 10.3.8 条的规定：

《建筑地基基础设计规范》第 10.3.8 条（强条）：下列建筑物应在施工期间及使用期间进行沉降变形观测：

1 地基基础设计等级为甲级建筑物；

2 软弱地基上的地基基础设计等级为乙级建筑物；

3 处理地基上的建筑物；

4 加层、扩建建筑物；

5 受邻近深基坑开挖施工影响或受场地地下水等环境因素变化影响的建筑物；

6 采用新型基础或新型结构的建筑物。

【知识点拓展】

（1）这里的软弱地基是指：压缩层主要由淤泥、淤泥质土、冲填土、杂填土或高压缩性土层（即 $a_{1\sim2} \geqslant 0.5\text{MPa}^{-1}$）构成的地基。

（2）这里的处理地基是指：除天然地基及桩基础之外的所有经过人工处理的地基。

（3）受邻近深基坑开挖施工影响（包含地下降水），这个时候主要是对临近周围的建筑进行观测。

（4）所谓新型基础或新型结构是指现行规范没有的基础及结构形式。

（5）这个要求为强制性条文，本条所指的建筑物沉降观测包括从施工开始，整个施工期间和使用期间对建筑进行的沉降观测。并以实测资料作为建筑物地基基础工程质量检查的依据之一，建筑施工期间的观测日期和次数，应结合施工进度确定，建筑物竣工后的第一年内，每隔 2～3 个月观测一次，以后适当延长至 4～6 个月，直至达到沉降变形稳定标准为止。

（6）对于地基基础设计等级为甲级的建筑物，如果地基持力层为基岩是否仍然需要沉降观测？曾经有个地方审图要求设计单位对建在基岩上的建筑进行沉降观测，理由是"规范没有说持力层为基岩"不做沉降观测。

重庆市《建筑地基基础设计规范》（DBJ 50-047-2006）第 9.1.6 条：土质地基上对沉

降敏感的建筑物及填土地基上的建筑物都应进行地基变形观测。岩石地基上的建筑物可不进行沉降观测。

对于基岩地基，应区分基岩的风化情况区别对待，如果是完整的未风化或微风化岩石，完全没有必要再进行沉降观测；但对于全风化或强风化的岩石地基需要结合上部建筑情况，可以要求进行沉降观测。

21. 哪些工程需要进行健康监测?

何为健康监测？利用现场的、无损的、实时的方式采集结构与环境信息，分析结构反应的各种特征，获取结构因环境、损伤或退化而造成的改变。

建筑物从施工到使用过程期间，混凝土或钢结构的重点部位的受力、变形以及受到的风荷载和温度变化等都是影响其结构健康的因素，通过进行长期的健康检测，可以准确及时地记录和掌握这些参数的演变情况，从而可对其结构安全性、耐久性作出判别。近年来，随着大型建筑的增多和高科技的应用，建筑物健康检测正向一体化、自动化、数字化、智能化的方向发展。

高层建筑施工过程监测工作是确保高层建筑工程施工安全和质量的重要工作内容，监测各项观测数据资料为高层施工结构分析的正确性及指导施工提供数据保障。但由于施工监测存在经济代价大、工作量大、周期长、现场操作难度大等不利情况，因此，《建筑工程施工过程结构分析与监测技术规范》（JGJ/T 302—2013）对其作出明确规定：

（1）以下建筑需要进行施工过程分析：

1）建筑高度不小于250m的超高层建筑；

2）跨度不小于60m的柔性大跨结构或跨度不小于120m的刚性大跨结构；

3）带有不小于18m的悬挑楼盖或50m悬挑屋盖结构工程；

4）设计文件有要求的工程。

【知识点拓展】

（1）针对建筑高度不小于250m超高层建筑提出应进行施工模拟分析的几点考虑：

1）《高层建筑混凝土结构技术规程》（JGJ 3—2010）第5.1.9条规定"复杂高层建筑及房屋高度大于150m的其他高层建筑结构，应考虑施工过程的影响"，进行施工过程模拟分析的技术要求比考虑施工过程影响的技术要求要高，因此进行施工过程模拟分析的结构高度限值应比150m高度要大。

2）施工过程模拟分析方法较为复杂，计算工作量及分析难度大，对软件以及技术人员的要求较高，国内新建的250m以上的高层建筑的所占比例相对较小，涉及面限定在较小范围时，可操作性更强些。

3）国内目前设计现状是，常规高层建筑高度小于200m时，通常不进行施工过程结构分析；当高度超过250m时，则较多的建筑物进行施工过程结构分析。超过250m或接近250m进行了较精细施工过程结构分析的部分高层建筑工程案例有：75层337m高的天津津塔，结构较为规则，采用框架-钢板剪力墙体系；290m高香港长江中心，采用钢筋混凝土内筒体和钢管混凝土柱与钢梁组成外框的混合结构体系；81层330m高北京国贸三期，外框型钢混凝土框架筒与内部型钢混凝土内筒组成的筒中筒结构；128层632m高的上海中心，采用巨柱外框＋内核心筒体系，508m高台湾101大楼采用巨型框架-核心筒（支撑筒）；648m高的深圳平安金融中心，采用巨型支撑框架-核心筒；目前（2017年）在建设的中国尊 528m 高，巨柱斜撑外框同钢板剪力墙内筒体系。

4）鉴于以上几点，为尽可能与国内设计人员习惯做法保持一致，提高重大工程施工过程的结构安全性和建筑外形的合理控制，在涉及面相对较小的前提下，提出了对超过 250m 的超高层建筑要求进行施工过程分析的要求。

（2）关于大跨或悬挑结构的限值规定是基于以下考虑：

1）施工过程对大跨结构最终受力状态的影响，与多种因素有关，仅依靠跨度进行讨论是不全面的，为此对刚性大跨度结构和柔性大跨结构进行了区分对待。

2）规定中的"柔性结构"是指索网结构（平面索网、曲面索网）、索膜结构、部分刚度较小的张拉索杆结构等结构形式。这些结构形式不但刚度相对较小，而且其刚度与预应力水平、预应力建立过程、结构拓扑等因素有着密切关系，所以施工过程对结构的受力状态有较大影响，根据既有工程经验，规定当柔性结构跨度大于 60m 时应进行施工过程结构分析。

3）规定中"刚性结构"是指网格结构、实腹梁（含拱）等结构形式由于这类结构形式的刚度较大，跨度较小时非线性效应不明显，根据既有工程经验，规定当柔性结构跨度大于 120m 时应进行施工过程结构分析。

（3）设计文件有要求的工程，宜由设计人员根据建筑物以下所列两方面复杂性的程度来确定是否需要进行施工过程模拟分析：

1）建筑造型和功能引起的结构复杂性，结构复杂包括多方面，如建筑造型复杂（建筑外形扭转、建筑物整体向外倾斜等）、特殊施工方法（如构件延迟安装、大悬挑结构采用逐步悬臂外延施工、高空连桥整体提升等）、特殊结构体系（如悬挂结构等）、结构受力复杂（含托换多层剪力墙或柱的大跨转换结构）。由于具体指标无法量化确定，由设计师自行确定，并提出要求。

2）施工过程中结构受力及变形的复杂性，主要体现在：

① 施工过程中结构受力状态与一次整体结构成型加载分析结果存在较大差异。

② 施工过程中，结构位形与设计目标位形或一次整体结构成型加载分析结果存在较大差异。

因结构构造造型或受力、变形复杂、高度小于 250m 进行施工过程结构分析的高层建筑案例有：234m 高的 CCTV 新台址主楼，具有高位连体、超高悬挑、结构双向倾斜等复杂结构特性，如图 4-31 所示；148m 高陕西法门寺合十舍利塔，双手合十造型，型钢混凝土结构，先向外倾斜 54°，再向内收 54°，如图 4-32 所示。

（2）下列建筑工程应进行施工过程结构检测：

1）建筑高度不小于 300m 的超高层建筑；

2）跨度不小于 60m 的柔性大跨结构或跨度不小于 120m 的刚性大跨结构；

3）带有不小于 25m 的悬挑楼盖或 50m 悬挑屋盖结构工程；

4）设计文件有要求的工程；

5）建筑物采用非常规施工方法（如逆作法等），或结构存在结构大跨转换、大悬挑、有较大连体结构、斜柱等复杂结构部位。

（3）施工过程结构检测工作应按表 4-38 的检测内容，根据结构受力特点确定检测项目。

图 4-31　CCTV 新台址主楼　　　　　　　图 4-32　法门寺舍利塔

施工过程检测内容　　　　　　　　　　　　表 4-38

结构类型	变形监测			应力监测	环境监测	
	基础沉降	结构竖向变形	结构平面变形		温度	风
高层建筑	★	▲	▲	★	★	▲
刚性大跨结构	▲	★	○	★	★	○
柔性大跨结构	▲	★	▲	★	★	○
长悬臂结构	▲	★	○	★	★	○
高空连体或大跨转换结构	○	★	▲	★	★	○

注：★应监测项；▲宜监测项；○可监测项。

　　具有不同结构受力特点的结构应采用不同的监测项，表 4-38 的确定原则主要基于以下几点考虑：

　　1）对大跨度或大跨转换结构、长悬臂结构、高空连体、竖向变形值是施工期间结构安全性控制的一个非常重要的指标，提出了应进行监测的技术要求。

　　2）对长悬臂结构、高空连体、大跨转换结构施工期间安全性关注的重点为局部结构体，重点关注其相对支承部位的相对竖向变形即可。因此，对基础沉降的监测要求可以适当放松。

　　3）应力监测是直观了解构件受力状态的最佳手段，是实现施工期间结构安全性的一个重要的方法，因此，对所有要进行施工期间安全性控制的结构均提出应进行应力监测的技术要求。需要注意的是，对于混凝土结构，混凝土收缩和徐变对应力监测结果有较为显著的影响，因此，应力监测时宜制作无约束的混凝土试块，安装同型号的应力传感器，准确记录混凝土初始开始的应变全过程发展曲线，为后期数据分析处理，以及监测与施工过程结构分析结果对比提供基础数据。

　　4）环境变化尤其是温度作用对超高、超大跨结构的影响非常显著，环境温度值的测量可以为后期数据分析处理，以及监测与施工过程结构分析结果对比提供基础数据，风荷载具有瞬时性，而在施工期间，结构通常为弹性体，风荷载影响较小，可相对放松其监测要求；对于超高层建筑，为了解风荷载沿高度方向的分布，进而进一步提高高层建筑风荷载取值的准确合理性，提出了高层建筑宜进行风荷载监测的技术要求，以更好积累基础数据。

（4）施工过程中宜对下列构件或节点进行选择性监测：

经设计单位、建设单位协商后，应对施工过程中结构安全性突出的重要构件和节点进行监测，内容包括应力、变形、沉降、振动、加速度等。

1）应力变化显著或应力水平高的构件；

2）结构重要性突出的构件或节点；

3）变形显著的构件或节点；

4）施工过程中需要准确了解或严格控制结构内力或变形的构件或节点；

5）设计文件要求的构件或节点。

如：北京奥运场馆鸟巢、水立方、国家体育馆、央视大楼等都要求对其施工过程进行健康监测。

（5）设计如果遇到以下工程宜要求进行健康监测：

建筑物采用非常规施工方法（如逆作法等），或结构存在结构大跨转换、大悬挑、有较大连体结构、斜柱等复杂结构部位，或同材料主承重构件（尤其是钢筋混凝土构件）轴向平均应力水平存在较大差异时。

（6）结构施工过程分析与监测工作是一项涉及设计、施工、监测与监理等单位的多方面协调工作，基于设计文件的合理性、施工过程分析的准确性、监测数据的真实性、监理过程的严肃性、对异常情况处理的及时有效性，只有建设单位才能组织各相关单位协同工作，并对项目建设全过程负责。

所以，结构施工过程分析与监测应由建设单位负责，并组织各相关单位具体实施，做到责任明确、过程可控、结构可靠，实施过程中各方应明确职责、密切配合，确保施工过程分析合理准确、监测数据真实可靠、施工过程安全可控，符合设计文件规定。

1）建设单位职责

① 委托专业单位进行结构施工过程分析与监测工作。

② 向专业单位提供设计文件、施工方案等技术资料。

③ 组织相关单位审核结构施工过程分析结果、监测方案和监理报告。

④ 组织相关单位对监测报告异常状况进行处理。

2）施工过程分析单位职责

① 根据设计文件、施工方案等技术资料，进行施工过程结构分析。

② 根据计算分析结果提交分析报告，对结构在施工过程的安全性进行评价，并提出结构施工监理应关注的结构部位和相应的监测预警值。

3）勘察和设计单位职责

① 根据设计计算结果，在设计文件中明确结构需要监测的部位和相应技术要求，并提出监测预警值。

② 参与施工过程结构分析工作，对施工过程结构分析结果报告和监测方案进行审核。

③ 根据施工过程结构和监测数据，核查施工图纸，必要时进行图纸修改。

④ 对监测反馈的报警数据进行核对或确认，提出处理意见。

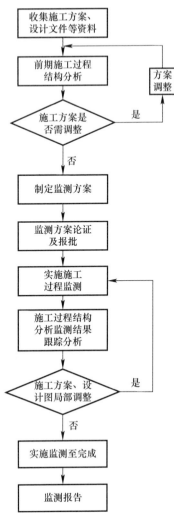

图 4-33 工作流程图

4）施工单位职责

① 编制施工组织设计及结构施工方案，明确不同施工阶段工况及施工荷载。

② 根据结构施工过程分析结果，对施工方案进行优化或调整。

③ 当监测发现的结构异常确认后，及时采取有效、可靠的措施进行处置。

5）专业监测单位职责

① 根据设计文件要求和施工过程结构分析结果制定监测方案。

② 根据审核通过的监测方案实施施工过程监测工作，按期提交监测结果和报告。

③ 对监测发现的结构反应异常情况及时通报相关单位，并提交相关数据为异常情况处理提供依据。

6）监理单位职责

① 审核监理人员资质，对重要环节进行旁站监理。

② 监督、检查检测实施方案的执行情况，定期审核监测报告。

③ 监督、检查施工单位包含加固措施的施工技术方案的落实情况，及时进行核对、签认。

（7）施工过程结构分析与监测工作程序可按如图 4-33 所示实施。

22. 关于钢筋混凝土结构抗震等级合理选取的相关问题

（1）如何正确合理选择结构的抗震等级？

钢筋混凝土房屋的抗震等级是重要的设计参数，抗震等级不同，不仅计算时相应的内力调整系数不同，对配筋、配箍、轴压比、剪压比的构造要求也有所不同，体现了不同延性要求和区别对待的设计原则。影响抗震等级的因素共有设防烈度、设防类别、结构类型和房屋高度四个。此外，某些场地类别还要适当调整构造措施的抗震等级。

（2）确定抗震等级应考虑哪些主要因素？

1）设防烈度是基本因素，同样高度和设防类别的房屋，其抗震等级随烈度的高低而不同。

2）不同结构类型，其主要抗侧力部件不同，该部件的抗震等级也不同：框架-抗震墙结构中的框架，与框架结构中的框架抗震等级可能不同；框架-抗震墙结构中的抗震墙，其抗震等级也可能与抗震墙结构中的抗震墙不同。在板柱-抗震墙结构中的框架，其抗震等级与《建筑抗震设计规范》表 6.1.2 中"板柱的柱"相同。

3）对于设防类别为"乙类"的建筑，除了建筑规模较小的房屋外，要按提高一度确定其抗震等级（抗震措施的抗震等级）。

4）对于Ⅰ类场地，除6度设防外，"丙类"建筑要按设防烈度确定的抗震等级进行内力调整，并按降低一度确定的抗震等级采取抗震构造措施；"乙类"建筑要按提高一度确定的抗震等级进行内力调整，并按设防烈度确定的抗震等级采取抗震构造措施。对于Ⅳ类场地，同样的抗震等级，构造要求有部分提高，如框架柱轴压比和纵向钢筋总配筋量的要求有所提高。

5）划分抗震等级的高度分界比较粗略，在高度分界值附近，抗震等级允许酌情调整。规范未明确规定各类结构的高度下限，因此，对层数很少的抗震墙结构，其变形特征接近剪切型，与高度较高的抗震墙结构的设计方法和构造要求有所不同，其抗震等级也允许有所调整。

6）处于Ⅰ类场地的情况，要注意区分内力调整的抗震等级和构造措施的抗震等级。对设计基本地震加速度为 0.15g 和 0.30g 且处于Ⅲ、Ⅳ类场地的混凝土结构，按规范规定提高"半度"确定其抗震构造措施时，只需要提高构造措施的抗震等级。

7）主楼与裙房无防震缝时，主楼在裙房顶板对应的相邻上下楼层（共 2 个楼层）的构造措施应适当加强，但并不要求各项措施均提高一个抗震等级。

8）"甲、乙类"建筑提高一度查《建筑抗震设计规范》中表 6.1.2 确定抗震等级时，当房屋高度大于表中规定的高度时，应采取比一级更有效的抗震构造措施。

9）裙房与主楼相连，除应按裙房本身确定抗震等级外，还不应低于主楼的抗震等级。当主楼为部分框支抗震墙结构体系时，其框支层框架应按部分框支抗震墙结构确定抗震等级，裙楼仍可按框架—抗震墙体系确定抗震等级，若低于主楼框支框架的抗震等级，则与框支框架直接相连的非框支框架应适当加强抗震构造措施。当主楼为抗震墙结构、裙房为纯框架且楼盖面积不超过同层主楼面积时，裙楼的抗震等级不应低于整个结构按框架—抗震墙结构体系和主楼高度确定的框架部分的抗震等级；主楼抗震墙的抗震等级，按加强部位以上和加强部位区别对待的原则，主楼上部的墙体按总高度的抗震墙结构确定抗震等级，而主楼下部（高度范围至裙房顶以上一层）的抗震墙，抗震等级可按裙房高度的框架—抗震墙结构和主楼高度的抗震墙结构两者的较高等级确定。裙房为框架—抗震墙结构，面积较大，属乙类建筑，主楼为丙类建筑，裙房的抗震等级，按裙房高度的乙类建筑和主楼高度的丙类建筑两者的较高等级确定。

10）场地条件对抗震等级的影响

一般来讲，混凝土结构构件的抗震等级属于结构抗震措施的范畴，是抗震设防标准的内容。而抗震设防标准通常是与建筑的场地条件无关的。但地震的宏观震害表明，相同的地震强度下，不同的场地条件震害的程度却大不一样。正因如此，《建筑抗震设计规范》在第 3.3.2 条和第 3.3.3 条分别作出规定，对Ⅰ类场地及 0.15g 和 0.30g 的Ⅲ、Ⅳ类场地条件下的设防标准进行了局部调整，而且调整的内容仅限于结构构件的抗震构造措施。因此，从严格意义上讲，钢筋混凝土结构构件应有两个抗震等级，即抗震措施的抗震等级和抗震构造措施的抗震等级。

（3）规范给出主要结构的抗震等级选用表

《建筑抗震设计规范》（GB 50011—2010）6.1.2 钢筋混凝土房屋应根据设防类别、烈度、结构类型和房屋高度采用不同的抗震等级，并应符合相应的计算和构造措施要求。丙类建筑的抗震等级应按表 6.1.2 确定。

现浇钢筋混凝土房屋的抗震等级　　　　　　　　　　　　　　　　　表 6.1.2

结构类型			6		7			8			9	
框架结构	高度(m)		≤24	>24	≤24	>24		≤24	>24		≤24	
	框架		四	三	三	二		二	一		一	
	大跨度框架		三		二			一				
框架-抗震墙结构	高度(m)		≤60	>60	≤24	25～60	>60	≤24	25～60	>60	≤24	24～50
	框架		四	三	四	三	二	三	二	一	一	
	抗震墙		三		三	二		二	一		一	
抗震墙结构	高度(m)		≤80	>80	≤24	25～80	>80	≤24	25～80	>80	≤24	24～60
	剪力墙		四	三	四	三	二	三	二	一	二	一
部分框支抗震墙结构	高度(m)		≤80	>80	≤24	25～80	>80	≤24	25～80			
	抗震墙	一般部位	四	三	四	三	二	三	二			
		加强部位	三	二	三	二	一	二	一			
	框支层框架		二		二	一		一				
框架-核心筒结构	框架		三		二			一				
	核心筒		二		二			一				
筒中筒结构	外筒		三		二			一				
	内筒		三		二			一				
板柱-抗震墙结构	高度(m)		≤35	>35	≤35	>35		≤35	>35		—	
	框架、板柱的柱		三	二	二	二		一	一			
	抗震墙		二	二	二	二		二	一			

注：1. 建筑场地为Ⅰ类时，除6度外应允许按表内降低一度所对应的抗震构造措施，但相应的计算要求不应降低；

　　2. 接近或等于高度分界时，应允许结合房屋不规则程度及场地、地基条件确定抗震等级；

　　3. 大跨度框架指跨度不小于18m的框架；

　　4. 高度不超过60m的框架-核心筒结构按框架-抗震墙的要求设计时，应按表中框架-抗震墙结构的规定确定其抗震等级。

23. 如何正确理解关于高度分界数值的不连贯问题？

根据《工程建设标准编写规定》（住房和城乡建设部，建标〔2008〕182号）的规定，"标准中标明量的数值，应反映出所需的精确度"，因此，规范（规程）中关于房屋高度界限的数值规定，均应按有效数字控制，规范中给定的高度数值均为某一有效区间的代表值。比如，24m代表的有效区间为23.5～24.4m。正因如此，《建筑抗震设计规范》中的"25～60"与《混凝土结构设计规范》中的">24且≤60"表述的内容是一致的。

实际工程操作时，房屋总高度按有效数字取整数控制，小数位四舍五入。因此对于框架-抗震墙结构、抗震墙结构等类型的房屋，高度在24～25m时应采用四舍五入的方法来确定其抗震等级。例如，7度区的某抗震墙房屋，高度为24.4m取整时为24m，抗震墙抗震等级为四级，如果其高度为24.8m，取整时为25m，落在25～60m区间，抗震墙的抗震等级为三级。

24. 如何正确理解关于高度"接近"的问题？举工程案例说明。

《建筑抗震设计规范》、《混凝土结构设计规范》以及《高层建筑混凝土结构技术规程》关于抗震等级的规定中均有这样的表述："接近或等于高度分界时，应允许结合房屋不规则程度及场地、地基条件确定抗震等级"，其中关于"接近高度分界"并没有进一步的补充说明，实际工程如何把握，往往是困扰工程设计人员的一个问题。

规范、规程作此规定的原因是，房屋高度的分界是人为划定的一个界限，是一个便于工程管理与操作的相对界限，并不是绝对的。从工程安全角度来说，对于场地、地基条件较好的均匀、规则房屋，尽管其总高度稍微超出界限值，但其结构安全性仍然是有保证的；相反地，对于场地、地基条件较差且不规则的房屋，尽管总高度低于界限值，但仍可能存在安全隐患。因此，《高层建筑混凝土结构技术规程》明确规定，当房屋的总高度"接近或等于高度分界时，应结合房屋不规则程度及场地、地基条件适当确定抗震等级"。

这一规定的宗旨是，对于不规则且场地地基条件较差的房屋，尽管其高度稍低于（接近）高度分界，抗震设计时应从严把握，按高度提高一档确定抗震等级；对于均匀、规则且场地地基条件较好的房屋，尽管其高度稍高于（接近）高度分界，但抗震设计时亦允许适当放松要求，可按高度降低一档确定抗震等级。

实际工程操作时，"接近"一词的含义可按以下原则进行把握：如果在现有楼层的基础再加上（或减去）一个标准层，则房屋的总高度就会超出（或低于）高度分界，那么现有房屋的总高度就可判定为"接近于"高度分界。

【工程案例】 某位于7度区的7层钢筋混凝土框架结构，平面为规则的矩形，长×宽尺寸为36m×18m，柱距6m，总高度25.6m，其中首层层高4.6m，其他各层层高均为3.5m。该建筑位于Ⅰ类场地，基础采用柱下独立基础，双向设有基础拉梁。试确定该房屋中框架的抗震等级。

【解析】

（1）该建筑的总高位25.6m，去掉一个标准层后高度为25.6－3.5＝22.1m<24m，接近24m分界。

（2）该建筑平面为规则的矩形，长宽尺寸为36m×18m，柱距6m，结构布置均匀、规则。

（3）Ⅰ类场地，基础采用柱下独立基础，双向设有基础拉梁，场地、基础条件较好。

综上分析，该建筑中框架的抗震等级可按7度，≤24m查表，抗震等级为三级。

【工程案例】 某6层钢筋混凝土框架结构位于7度区Ⅳ类场地，地下有不小于30m厚的淤泥冲积层。结构计算分析时楼层最大扭转位移比为1.45。该建筑总高度22.8m，其中首层层高4.8m，其他各层层高均为3.6m。试确定该房屋中框架的抗震等级。

【解析】

（1）该建筑的总高位22.8m，加上一个标准层后高度为22.8＋3.6＝26.4m>24m，接近24m分界。

（2）楼层最大扭转位移比为1.45，属于扭转特别不规则结构。

（3）Ⅳ类场地且地下有不小于30m厚的淤泥冲积层，场地条件较差。

综上分析，该建筑中框架的抗震等级应按7度，>24m查表，抗震等级应为二级。

25. 考虑不同设防烈度、设防类别、场地类别等抗震等级汇总表

为了大家应用方便，依据《建筑抗震设计规范》第3.3.2、3.3.3、6.1.2条以及《建筑工程抗震设防分类标准》第3.0.3条等规定，给出了不同设防类别、不同场地条件下现浇钢筋混凝土结构抗震等级选用表4-39～表4-44。

丙类现浇钢筋混凝土房屋的抗震等级选用表（1）：Ⅰ类场地

表 4-39

结构类型		6 度	7 度 (0.10g)	7 度 (0.15g)	8 度 (0.20g)	8 度 (0.30g)	9 度 (0.40g)
框架结构	高度 (m)	≤24；>24	≤24；>24	≤24；>24	≤24；>24	≤24；>24	≤24
	框架	四(四)；三(三)	三(四)；二(三)	三(四)；二(三)	二(三)；一(二)	二(三)；一(二)	一(二)
	大跨度框架	三(三)	二(三)	二(三)	一(二)	一(二)	一(一)
框架-抗震墙结构	高度 (m)	≤60；>60	≤24；25~60；>60	≤24；25~60；>60	≤24；25~60；>60	≤24；25~60；>60	≤24；25~50
	框架	四(四)；三(三)	四(四)；三(四)；二(三)	四(四)；三(四)；二(三)	三(四)；二(三)；一(二)	三(四)；二(三)；一(二)	二(三)；一(二)
	抗震墙	三(三)；三(三)	三(四)；二(三)；二(三)	三(四)；二(三)；二(三)	二(三)；一(二)；一(二)	二(三)；一(二)；一(二)	一(二)；一(一)
抗震墙结构	高度 (m)	≤80；>80	≤24；25~80；>80	≤24；25~80；>80	≤24；25~80；>80	≤24；25~80；>80	≤24；25~60
	剪力墙	四(四)；三(三)	四(四)；三(四)；二(三)	四(四)；三(四)；二(三)	三(四)；二(三)；一(二)	三(四)；二(三)；一(二)	二(三)；一(二)
部分框支抗震墙结构	高度 (m)	≤80；>80	≤24；25~80；>80	≤24；25~80；>80	≤24；25~80；>80	≤24；25~80	—
	抗震墙 一般部位	四(四)；三(三)	四(四)；三(四)；二(三)	四(四)；三(四)；二(三)	三(四)；二(三)	三(四)；二(三)	—
	抗震墙 加强部位	三(三)；二(二)	三(四)；二(三)；一(二)	三(四)；二(三)；一(二)	二(三)；一(二)	二(三)；一(二)	—
	框支层框架	二(二)	二(二)	二(二)	一(二)	—	—
框架-核心筒结构	框架	三(三)	二(三)	二(三)	一(二)	一(二)	一(一)
	核心筒	二(二)	二(二)	二(二)	一(二)	一(二)	一(一)
筒中筒结构	外筒	三(三)	二(三)	二(三)	一(二)	一(二)	一(一)
	内筒	三(三)	二(三)	二(三)	一(二)	一(二)	一(一)
板柱抗震墙结构	高度 (m)	≤35；>35	≤35；>35	≤35；>35	≤35；>35	—	—
	框架、板柱的柱	三(三)；二(二)	二(三)；二(二)	二(三)；二(二)	一(二)；一(二)	—	—
	抗震墙	二(二)；二(二)	二(二)；一(二)	二(二)；一(二)	一(二)；一(一)	—	—

注：
1. 括号内数值为抗震构造措施的抗震等级。
2. 编制依据：《建筑抗震设计规范》第 6.1.2、3.3.2 条。

丙类现浇钢筋混凝土房屋的抗震等级选用表（2）：Ⅱ类场地

表 4-40

结构类型		设防烈度										
		6度		7度 (0.10g)		7度 (0.15g)		8度 (0.20g)		8度 (0.30g)		9度 (0.40g)
框架结构	高度 (m)	≤24	>24	≤24	>24	≤24	>24	≤24	>24	≤24	>24	≤24
	框架	四(四)	三(三)	三(三)	二(二)	三(三)	二(二)	二(二)	一(一)	二(二)	一(一)	一(一)
	大跨度框架	三(三)		二(二)		二(二)		一(一)		一(一)		一(一)
框架-抗震墙结构	高度 (m)	≤60	>60	≤60	>60	≤60	>60	≤60	>60	≤60	>60	≤50
	框架	四(四)	三(三)	三(三)	二(二)	三(三)	二(二)	二(二)	一(一)	二(二)	一(一)	一(一)
	剪力墙	三(三)		二(二)		二(二)		一(一)		一(一)		一(一)
抗震墙结构	高度 (m)	≤80	>80	≤80	>80	≤80	>80	≤80	>80	≤80	>80	≤60
	剪力墙	四(四)	三(三)	三(三)	二(二)	三(三)	二(二)	二(二)	一(一)	二(二)	一(一)	一(一)
部分框支抗震墙结构	高度 (m)	≤80	>80	≤80	>80	≤80	>80	≤80	>80	≤80		
	抗震墙 一般部位	四(四)	三(三)	三(三)	二(二)	三(三)	二(二)	二(二)	一(一)	二(二)		
	抗震墙 加强部位	三(三)	二(二)	二(二)	一(一)	二(二)	一(一)	一(一)				
	框支层框架	二(二)		二(二)		二(二)		一(一)				
框架-核心筒结构	框架	三(三)		二(二)		二(二)		一(一)		一(一)		一(一)
	核心筒	二(二)		二(二)		二(二)		一(一)		一(一)		一(一)
筒中筒结构	外筒内筒	三(三)		二(二)		二(二)		一(一)		一(一)		一(一)
板柱-抗震墙结构	高度 (m)	≤35	>35	≤35	>35	≤35	>35	≤35	>35	≤35	>35	
	框架、板柱的柱	三(三)	二(二)	二(二)	二(二)	二(二)	二(二)	二(二)	一(一)	二(二)	一(一)	
	抗震墙	二(二)	二(二)	二(二)	二(二)	二(二)	二(二)	二(二)	一(一)	二(二)	一(一)	

注：1. 括号内数值为抗震构造措施的抗震等级。
2. 编制依据：《建筑抗震设计规范》第 6.1.2 条。

103

丙类现浇钢筋混凝土房屋的抗震等级选用表（3）：Ⅲ、Ⅳ类场地

表 4-41

结构类型		设防烈度 6度		7度(0.10g)		7度(0.15g)		8度(0.20g)		8度(0.30g)		9度(0.40g)
框架结构	高度（m）	≤24	>24	≤24	>24	≤24	>24	≤24	>24	≤24	>24	≤24
	框架	四(四)	三(三)	三(三)	二(二)	三(二)	二(一)	二(二)	一(一)	二(一)	一(特一)	一(一)
	大跨度框架	三(三)		二(二)		二(一)		一(一)		一(特一)		一(一)
框架-抗震墙结构	高度（m）	≤60	>60	25~60	>60	25~60	>60	25~60	>60	25~60	>60	≤24
	框架	四(四)	三(三)	三(三)	二(二)	三(二)	二(一)	二(二)	一(一)	二(一)	一(特一)	一(一)
	抗震墙	三(三)		二(二)		二(一)		一(一)		一(特一)		一(一)
抗震墙结构	高度（m）	≤80	>80	25~80	>80	25~80	>80	25~80	>80	25~80	>80	≤24
	剪力墙	四(四)	三(三)	三(三)	二(二)	三(二)	二(一)	二(二)	一(一)	二(一)	一(特一)	一(一)
部分框支抗震墙结构	高度（m）	≤80	>80	25~80	>80	25~80	>80	25~80	>80	25~80	>80	—
	抗震墙（一般部位）	四(四)	三(三)	三(三)	二(二)	三(二)	二(一)	二(二)	一(一)	二(一)	一(特一)	—
	抗震墙（加强部位）	三(三)	二(二)	二(二)	一(一)	二(一)	一(特一)	一(一)	一(一)	一(特一)	一(特一)	—
	框支层框架	二(二)		二(二)		二(一)		一(一)		一(特一)		—
框架-核心筒结构	框架	三(三)		二(二)		二(一)		一(一)		一(一+)		一(一+)
	核心筒	二(二)		二(二)		二(一)		一(一)		一(一+)		一(一+)
筒中筒结构	外筒	三(三)		二(二)		二(一)		一(一)		一(一+)		一(一+)
	内筒	三(三)		二(二)		二(一)		一(一)		一(一+)		一(一+)
板柱-抗震墙结构	高度（m）	≤35	>35	≤35	>35	≤35	>35	≤35	>35	≤35	>35	—
	框架、板柱的柱	三(三)	二(二)	二(二)	二(二)	二(一)	二(一)	一(一)	一(一)	一(特一)	一(特一)	—
	抗震墙	三(三)	二(二)	二(二)	二(二)	二(一)	二(一)	一(一)	一(一)	一(特一)	一(特一)	—

注：1. 括号内数值为抗震构造措施的抗震等级。
2. 编制依据：《建筑抗震设计规范》第 6.1.2、3.3.3 条。
3. （一-）表示采取的一级构造措施为一级偏严，即在规范规定的一级构造措施的基础上适当加强配筋（配箍）构造。

表 4-42

甲、乙类现浇钢筋混凝土房屋的抗震等级选用表（1）：Ⅰ类场地

结构类型		设防烈度					
		6 度	7 度 (0.10g)	7 度 (0.15g)	8 度 (0.20g)	8 度 (0.30g)	9 度 (0.40g)
框架结构	高度 (m)	≤24 ／ >24	≤24 ／ >24	≤24 ／ >24	≤24 ／ >24	≤24 ／ >24	≤24
	框架	三(四) ／ 二(三)	二(三) ／ 一(二)	二(三) ／ 一(二)	一(二) ／ 一(一)	一(二) ／ 一(一)	特一(一)
	大跨度框架	二(三)	一(二)	一(二)	一(一)	一(一)	特一(一)
框架-抗震墙结构	高度 (m)	≤24 ／ 25~60 ／ >60	≤24 ／ 25~60 ／ >60	≤24 ／ 25~60 ／ >60	≤24 ／ 25~60 ／ >60	≤24 ／ 25~50 ／ >50	≤24 ／ 25~50 ／ >50
	框架	三(四) ／ 三(四) ／ 二(三)	二(三) ／ 二(三) ／ 一(二)	二(三) ／ 二(三) ／ 一(二)	一(二) ／ 一(二) ／ 一(一)	一(二) ／ 一(二) ／ 一(一)	特一(一)
	抗震墙	二(三)	一(二)	一(二)	一(一)	一(一)	特一(一)
抗震墙结构	高度 (m)	≤24 ／ 25~80 ／ >80	≤24 ／ 25~80 ／ >80	≤24 ／ 25~80 ／ >80	≤24 ／ 25~80 ／ >80	≤24 ／ 25~80 ／ >80	≤24 ／ 25~60 ／ >60
	剪力墙	三(四) ／ 二(三) ／ 一(二)	二(三) ／ 一(二) ／ 一(一)	二(三) ／ 一(二) ／ 一(一)	一(二) ／ 一(一) ／ 一(一)	一(二) ／ 一(一) ／ 一(一)	特一(一)
部分框支抗震墙结构	高度 (m)	≤24 ／ 25~80 ／ >80	≤24 ／ 25~80 ／ >80	≤24 ／ 25~80 ／ >80	≤24 ／ 25~80	≤24 ／ 25~80	—
	抗震墙 一般部位	三(四) ／ 二(三)	二(三) ／ 一(二)	二(三) ／ 一(二)	一(二) ／ 一(一)	一(二) ／ 一(一)	—
	抗震墙 加强部位	二(三) ／ 一(二)	一(二) ／ 一(二)	一(二) ／ 一(二)	一(一) ／ 一(一)	一(一) ／ 一(一)	—
	框支层框架	二(二)	一(二)	一(二)	一(一)	一(一)	—
框架-核心筒结构	框架	二(三)	一(二)	一(二)	一(一)	一(一)	特一(一)
	核心筒	二(二)	一(二)	一(二)	一(一)	一(一)	特一(一)
筒中筒结构	外筒	二(三)	一(二)	一(二)	一(一)	一(一)	特一(一)
	内筒	二(三)	一(二)	一(二)	一(一)	一(一)	特一(一)
板柱抗震墙结构	高度 (m)	≤35 ／ >35	≤35 ／ >35	≤35 ／ >35	≤35 ／ >35	≤35	—
	框架、板柱的柱	二(三) ／ 一(二)	一(二) ／ 一(二)	一(二) ／ 一(二)	一(一) ／ 一(一)	一(一)	—
	抗震墙	二(三) ／ 一(二)	一(二) ／ 一(二)	一(二) ／ 一(二)	一(一) ／ 一(一)	一(一)	—

注：
1. 括号内数值为抗震构造措施的抗震等级。
2. 编制依据：《建筑抗震设计规范》第 6.1.2、3.3.2 条、第 6.1.3 条第 4 款；《建筑工程抗震设防分类标准》第 3.0.3 条。

甲、乙类现浇钢筋混凝土房屋的抗震等级选用表（2）：Ⅱ类场地

表 4-43

结构类型		设防烈度 6度	7度 (0.10g)	7度 (0.15g)	8度 (0.20g)	8度 (0.30g)	9度 (0.40g)
框架结构	高度(m)	≤24 ｜ >24	≤24 ｜ >24	≤24 ｜ >24	≤24 ｜ >24	≤24 ｜ >24	≤24
	框架	三(三) ｜ 二(二)	二(二) ｜ 一(一)	二(二) ｜ 一(一)	一(一) ｜ 一(一)	一(一) ｜ 一(一)	一(一)
	大跨度框架	二(二)	一(一)	一(一)	一(一)	一(一)	一(一)
框架-抗震墙结构	高度(m)	≤24 ｜ 25~60 ｜ >60	≤24 ｜ 25~60 ｜ >60	≤24 ｜ 25~60 ｜ >60	≤24 ｜ 25~50 ｜ >50	≤24 ｜ 25~50 ｜ >50	≤24 ｜ 25~50
	框架	三(三) ｜ 二(二)	二(二) ｜ 一(一)	二(二) ｜ 一(一)	一(一) ｜ 一(一)	一(一) ｜ 一(一)	一(一)
	抗震墙	三(三) ｜ 二(二)	二(二) ｜ 一(一)	二(二) ｜ 一(一)	一(一) ｜ 一(一)	一(一) ｜ 一(一)	一(一)
抗震墙结构	高度(m)	≤24 ｜ 25~80 ｜ >80	≤24 ｜ 25~80 ｜ >80	≤24 ｜ 25~80 ｜ >80	≤24 ｜ 25~80 ｜ >80	≤24 ｜ 25~60 ｜ >60	≤24 ｜ 25~60
	剪力墙	三(三) ｜ 二(二)	二(二) ｜ 一(一)	二(二) ｜ 一(一)	一(一) ｜ 一(一)	一(一) ｜ 一(一)	一(一)
部分框支抗震墙结构	高度(m)	≤24 ｜ 25~80 ｜ >80	≤24 ｜ 25~80 ｜ >80	≤24 ｜ 25~80 ｜ >80	≤24 ｜ 25~80	—	—
	抗震墙 一般部位	三(三) ｜ 二(二)	二(二) ｜ 一(一)	二(二) ｜ 一(一)	一(一) ｜ 一(一)	—	—
	抗震墙 加强部位	二(二) ｜ 一(一)	一(一) ｜ 一(一)	一(一) ｜ 一(一)	一(一) ｜ 一(一)	—	—
	框支层框架	二(二)	一(一)	一(一)	一(一)	—	—
框架-核心筒结构	框架	二(二)	一(一)	一(一)	一(一)	一(一)	一(一)
	核心筒	二(二)	一(一)	一(一)	一(一)	一(一)	一(一)
筒中筒结构	外筒	二(二)	一(一)	一(一)	一(一)	一(一)	一(一)
	内筒	二(二)	一(一)	一(一)	一(一)	一(一)	一(一)
板柱-抗震墙结构	高度(m)	≤35 ｜ >35	≤35 ｜ >35	≤35 ｜ >35	≤35 ｜ >35	≤35 ｜ >35	—
	框架、板柱的柱	二(二) ｜ 二(二)	一(一) ｜ 一(一)	一(一) ｜ 一(一)	一(一) ｜ 一(一)	一(一) ｜ 一(一)	—
	抗震墙	二(二) ｜ 一(一)	二(二) ｜ 一(一)	二(二) ｜ 一(一)	一(一) ｜ 一(一)	一(一) ｜ 一(一)	—

注：1. 括号内数值为抗震构造措施的抗震等级。

2. 编制依据：《建筑抗震设计规范》第6.1.2条、第6.1.3条第4款；《建筑工程抗震设防分类标准》第3.0.3条。

甲、乙类现浇钢筋混凝土房屋的抗震等级选用表（3）：Ⅲ、Ⅳ类场地

表 4-44

结构类型		设防烈度					
		6度	7度(0.10g)	7度(0.15g)	8度(0.20g)	8度(0.30g)	9度(0.40g)
框架结构	高度(m)	≤24 / >24	≤24 / >24	≤24 / >24	≤24 / >24	≤24 / >24	≤24
	框架	三(三) / 二(二)	二(二) / 一(一)	二(一) / 一(一)	一(一) / 一(一)	一(一) / 一(特一)	一(特一)
	大跨度框架	二(二)	一(一)	一(一)	一(一)	一(特一)	一(特一)
框架-抗震墙结构	高度(m)	≤24 / 25~60 / >60	≤24 / 25~60 / >60	≤24 / 25~60 / >60	≤24 / 25~50 / >50	≤24 / 25~50 / >50	≤24 / 25~50
	框架	三(三) / 二(二) / 一(一)	二(二) / 一(一) / 一(一)	二(一) / 一(一) / 一(一)	一(一) / 一(一) / 一(一)	一(特一) / 一(特一) / 一(特一)	一(特一) / 一(特一)
	剪力墙	三(三) / 二(二)	二(二) / 一(一)	二(一) / 一(一)	一(一) / 一(一)	一(特一) / 一(特一)	一(特一)
抗震墙结构	高度(m)	≤24 / 25~80 / >80	≤24 / 25~80 / >80	≤24 / 25~80 / >80	≤24 / 25~80 / >80	≤24 / 25~80 / >80	≤24 / 25~60
	剪力墙	三(三) / 二(二)	二(二) / 一(一)	二(一) / 一(一)	一(一) / 一(一)	一(特一) / 一(特一)	一(特一)
部分框支抗震墙结构	高度(m)	≤24 / 25~80 / >80	≤24 / 25~80 / >80	≤24 / 25~80 / >80	≤24 / 25~80 / >80	≤24 / 25~80 / >80	—
	抗震墙 一般部位	三(三) / 二(二)	二(二) / 一(一)	二(一) / 一(一)	一(一) / 一(一)	一(特一) / 一(特一)	—
	抗震墙 加强部位	二(二) / 一(一)	一(一) / 一(一)	一(一) / 一(一)	一(一) / 一(一)	一(特一) / 一(特一)	—
	框支层框架	二(二)	一(一)	一(一)	一(一)	一(特一)	—
框架-核心筒结构	框架	二(二)	一(一)	一(一)	一(一)	一(特一)	一(特一)
	核心筒	二(二)	一(一)	一(一)	一(一)	一(特一)	一(特一)
筒中筒结构	外筒	二(二)	一(一)	一(一)	一(一)	一(特一)	一(特一)
	内筒	二(二)	一(一)	一(一)	一(一)	一(特一)	一(特一)
板柱-抗震墙结构	高度(m)	≤35 / >35	≤35 / >35	≤35 / >35	≤35 / >35	≤35 / >35	—
	框架、板柱的柱	二(二)	一(一)	一(一)	一(一)	一(特一)	—
	抗震墙	二(二)	一(一)	一(一)	一(一)	一(特一)	—

注：
1. 括号内数值为抗震构造措施的抗震等级。
2. 编制依据：《建筑抗震设计规范》第 3.3.3、6.1.2 条；《建筑工程抗震设防分类标准》第 3.0.3 条。

26. 带转换层高层建筑结构的抗震等级如何合理确定？

在高层建筑结构的底部，当上部楼层部分竖向构件（剪力墙、框架柱）不能直接连续贯通落地时，应设置结构转换层，形成带转换层的高层建筑结构。规范对带托墙转换层的剪力墙结构（部分框支剪力墙结构）及带托柱转换层的筒体结构的设计作出规定。对于带转换层的高层建筑结构的抗震等级，应按表4-45采用。

带转换层高层建筑结构的抗震等级　　　　　　　　　　　　表4-45

设防烈度		6度		7度						8度			
基本加速度		0.05g		0.10g			0.15g			0.20g		0.30g	
场地类别	高度(m) 构件	≤80	>80	≤24	25~80	>80	≤24	25~80	>80	≤24	25~80	≤24	25~50
Ⅰ类	非底部加强部位剪力墙	四	三	四	三(四)	二(三)	四	三(四)	二(三)	三(四)	二(三)	三(四)	二(三)
	底部加强部位剪力墙	三	二	三	二(三)	一(二)	三	二(三)	一(二)	二(三)	一(二)	二(三)	一(二)
	框支框架	二	二	二	二	一(二)	二	二	一(二)	一(二)	一(二)	一(二)	一(二)
Ⅱ类	非底部加强部位剪力墙	四	三	四	三	二	四	三	二	三	二	三	二
	底部加强部位剪力墙	三	二	三	二	一	三	二	一	二	一	二	一
	框支框架	二	二	二	二	一	二	二	一	一	一	一	一
Ⅲ、Ⅳ类	非底部加强部位剪力墙	四	三	四	三	二	四	三(二)	二(二*)	三(二)	二(二*)	三(二*)	二(一*)
	底部加强部位剪力墙	三	二	三	二	一	三	二(一)	一(一*)	二(一)	一(一*)	二(一*)	一(一*)
	框支框架	二	二	二	二	一	二	二(一)	一(一*)	一(一*)	一(一*)	一(一*)	一(一*)

注：1. 框支框架是指：框支梁及相连框支柱；其他不含框支梁的框架（框架梁）为非框支框架。
　　2. 框支柱高度为：框支层至基础顶面（无地下室）或至嵌固端（有地下室）。
　　3. 当建筑场地为Ⅰ类时，应允许按表中括号内抗震等级采用抗震构造措施；当场地为Ⅲ、Ⅳ时，宜按表中括号内抗震等级采用抗震构造措施；表中一*、二*、三*表示应分别比一、二、三级抗震等级采取更有效的抗震构造措施。
　　4. 部分框支抗震墙结构中，当转换层位置在3层及3层以上时，框支柱、落地抗震墙底部加强部位的抗震等级宜按表中规定提高一级采用，已经为特一级时可以不再提高。
　　5. 本表适合于不落地剪力墙面积超过同层剪力墙面积10%的部分框支转换结构，对于不落地剪力墙面积少于总面积10%以下的转换结构，由于不属于部分框支转换结构，所以整体抗震等级仍然可按剪力墙结构确定，但对于转换梁及框支柱均需要按转换构件进行加强处理。
　　6. 接近或等于高度分界时，应结合房屋不规则程度及场地、地基条件确定抗震等级。

27. 多层剪力墙结构抗震等级如何确定？

目前工程界采用多层剪力墙结构的情况越来越多，但《建筑抗震设计规范》给出的抗震等级并没有很清楚地区分多层与高层建筑，这就给设计人员带来不便，为此我们参考相关资料及工程经验汇总出多层剪力墙结构的抗震等级表4-46供设计人员参考使用。

多层剪力墙结构抗震等级   表 4-46

设防烈度			6 度	7 度		8 度		9 度
建筑类型	建筑高度	场地类别	0.05g	0.10g	0.15g	0.20g	0.30g	0.40g
丙类建筑	非住宅≤24m	I	四	四	四	三(四)	三(四)	二(三)
		II	四	四	四	三	三	二
		III、IV	四	四	四(三)	三	三(二)	二
	住宅类 25m≤H≤80m	I	四	三(四)	三(四)	二(三)	二(三)	一(二)
		II	四	三	三	二	二	一
		III、IV	四	三	三(二)	二	二	一(一)
乙类建筑	≤24m	I	四	三(四)	三(四)	二(三)	二(三)	一(二)
		II	四	三	三	二	二	一
		III、IV	四	三	三(二)	二	二(一)	一

注：表中括号内抗震等级仅用于按其采用抗震构造措施的抗震等级；表栏中无括号的抗震等级表示抗震措施与抗震构造措施的抗震等级一致。

28. 关于大跨度框架结构如何界定？如何确定其抗震等级问题？如何加强抗震设计？

所谓大跨度框架，按规范规定指的是跨度不小于 18m 的框架。与普通框架（跨度小于 18m）相比，大跨度框架的特点是：跨度大、荷载重、横梁刚度大（截面高度大），地震破坏时多以柱端出现塑性铰模式为主，因此，规范规定大跨度框架的抗震等级较普通框架稍高。

大家需要注意的是，此处的框架指的是结构构件，不是结构体系。当框架结构中存在跨度≥18m 的框架（构件）时，就应注意采取加强措施。实际操作时可结合具体工程情况，提高一级采取抗震措施或抗震构造措施。

比如框架结构顶层，由于建筑功能需求，采取单跨框架以获得较大的空间，这种情况经常遇到，首先说明"该结构不属于单跨框架结构"。但与单跨框架相关的柱（大跨柱相邻下一层）和屋面梁均需采取加强措施；同时，若顶层框架跨度大于 18m，则相关框架尚应按《建筑抗震设计规范》第 6.1.2 条的大跨度框架确定抗震等级（图 4-34）。

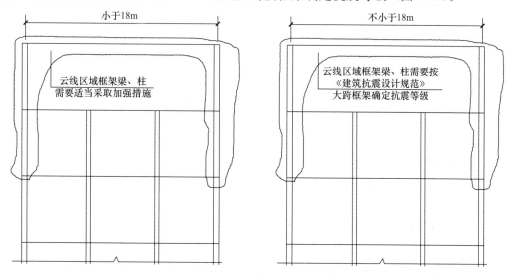

图 4-34 框架结构顶层大空间结构需要加强部位

29. 如何正确理解和掌握裙房抗震等级不低于主楼的抗震等级问题？用工程案例说明遇有特殊情况如何确定？

高层建筑往往带有裙房，有时裙房的平面面积较大，设计时，裙房与主楼在结构上可以完全设缝分开，也可以不设缝连为整体，规范规定：裙房与主楼相连，除应按裙房本身确定抗震等级外，还不应低于主楼的抗震等级；主楼结构在裙房顶层及相邻上下各一层应适当加强抗震构造措施。裙房与主楼分离时，应按裙房本身确定其抗震等级。

当主楼与裙房相连时，可能会遇到以下几种情况：

主楼为部分框支抗震墙（剪力墙）结构体系时，其框支层框架应按部分抗震墙结构确定抗震等级，裙房仍可按框架—抗震墙体系确定抗震等级。此时，裙房中与主楼框支层框架直接相连的非框支框架，当其抗震等级低于主楼框支层框架的抗震等级时，则应适当加强抗震构造措施。

【工程案例】 部分框支抗震墙结构的裙房抗震等级合理选取。

某 7 度区（0.10g），钢筋混凝土高层房屋，标准设防"丙类"建筑，主楼为部分框支抗震墙结构，沿主楼周边外扩 2 跨为裙房，裙房采用框架体系，主楼高度为 100m，裙房屋面标高为 24m。依据上述信息，确定裙房部分的抗震等级。注：经对转换墙体面积判断属于部分框支抗震墙结构，如图 4-35 所示。

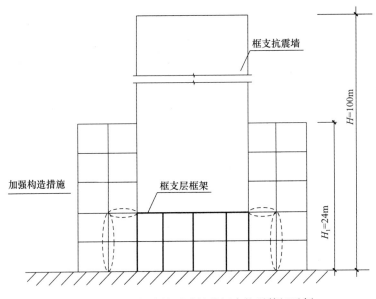

图 4-35　部分框支抗震墙结构裙房抗震等级示例

【解析过程】

【说明】 按抗震规范的规定，当主楼为部分框支抗震墙结构体系时，其框支层框架应按部分框支抗震墙结构确定抗震等级，裙楼可按框架-抗震墙体系确定抗震等级。此时，裙楼中与主楼框支层框架直接相连的非框支框架，当其抗震等级低于主楼框支层框架的抗震等级时，则应适当加强抗震构造措施。

（1）相关范围认定：本工程裙房为主楼周边外扩 2 跨，小于 3 跨，应按相关范围内的相关规定确定抗震等级。

（2）框支层框架的抗震等级：按 7 度 100m 高的部分框支抗震墙结构确定，经查《建筑抗震设计规范》表 6.1.2，应为一级。

（3）裙房抗震等级：按裙房本身确定，按 7 度 24m 高的框架-抗震的框架确定，查《建筑抗震设计规范》表 6.1.2，为四级；按主楼确定，按 7 度 100m 高的框架-抗震墙结构的框架确定，查《建筑抗震设计规范》表 6.1.2，为二级。

【认定结论】 综上所述，裙房的抗震等级应为二级，低于主楼框支层框架的抗震等级，因此，与主楼框支层框架直接相连的裙房框架，应适当加强抗震构造措施。

【工程案例】 剪力墙结构的裙房抗震等级如何合理确定？

某 7 度区 （0.10g），钢筋混凝土高层房屋，抗震设防标准为"丙类"建筑，主楼为抗震墙结构，沿主楼周边外扩 2 跨为裙房，裙房采用框架体系，主楼高度为 74m，裙房屋面标高为 24.4m。依据上述信息，确定房屋各部分的抗震等级 （图 4-36）。

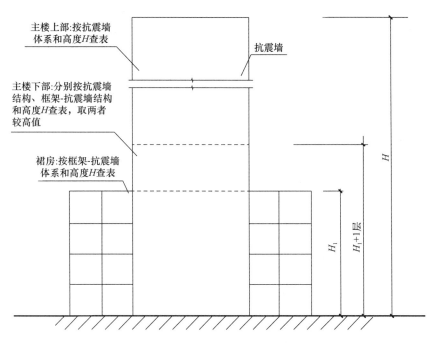

图 4-36 抗震墙结构裙房抗震等级示例

【解析过程】

【说明】 裙房为纯框架且楼层面积不超过同层主楼面积，主楼为抗震墙结构。此时裙楼框架的地震作用可能大部分由主楼的抗震墙承担，其抗震等级不应低于整个结构按框架-抗震墙结构体系和主楼高度确定的框架部分的抗震等级；主楼抗震墙的抗震等级，上部的墙体按总高度的抗震墙结构确定抗震等级；而主楼下部 （高度范围至裙房顶以上一层）的抗震墙，抗震等级可按主楼高度的框架-抗震墙结构和主楼高度的抗震墙结构二者的较高等级确定。

（1）相关范围认定：本工程裙房为主楼周边外扩 2 跨，小于 3 跨，应按相关范围内的相关规定确定抗震等级。

（2）裙房抗震等级：按裙房本身确定，按 7 度 24.4m 高的框架-抗震的框架确定，查

《建筑抗震设计规范》表6.1.2，为四级；按主楼确定，按7度74m高的框架-抗震墙的框架确定，查《建筑抗震设计规范》表6.1.2，为二级。

综上所述，裙房的抗震等级应为二级。

（3）主楼墙体的抗震等级

上部：裙房顶一层以上，按7度74m高的抗震墙结构确定，查《建筑抗震设计规范》表6.1.2，为三级。

下部：裙房顶一层以下，按7度74m高的抗震墙结构确定，查《建筑抗震设计规范》表6.1.2，为三级；按7度74m高框架-抗震墙结构中的抗震墙确定，查《建筑抗震设计规范》表6.1.2，为二级。

【认定结论】 综上所述，主楼下部墙体的抗震等级应为二级。

【工程案例】 抗震设防类别为乙类裙房的抗震等级。

某7度区（0.10g）钢筋混凝土高层建筑，主楼为办公用房，采用框架-核心筒结构，高120m。主楼两侧为裙房，地下一层，地上四层，功能为购物中心，裙房部分建筑面积约为1.8万m²，采用框架-抗震墙结构，裙房屋面标高为20m，裙房部分柱矩为8m。如图4-37所示为该建筑的剖面简图，依据上述信息，确定房屋各部分的抗震等级。

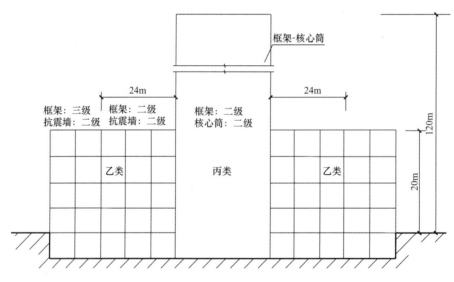

图4-37 建筑剖面示意简图

【解析过程】

【说明】 裙房为框架-抗震墙结构，人流密集，且面积较大，属于乙类建筑，设计时地震作用主要由裙房自身承担，主楼为丙类建筑。裙房的抗震等级，相关范围以外，按框架-抗震墙结构、裙房高度和乙类建筑查表；相关范围以内，按框架-抗震墙结构、裙房高度、乙类建筑查表，再按框架-抗震墙结构、主楼高度、丙类建筑查表，取二者的较高等级。

（1）相关范围认定：本工程裙房面积较大，取主楼周边3跨（计24m）作为裙房的相关范围。

（2）抗震设防类别认定：主楼，一般的办公用房，应为标准设防类，即丙类；裙房，商业用房，且建筑面积达 1.8 万 m²，按《建筑工程抗震设防分类标准》规定，属于重点设防类，即乙类。

（3）主楼抗震等级认定：7 度、钢筋混凝土框架-核心筒结构、120m，丙类查《建筑抗震设计规范》表 6.1.2，框架为二级，核心筒为二级。

（4）裙房抗震等级认定：相关范围以外：按 7 度、框架-抗震墙结构、20m，乙类查表，框架为三级，抗震墙为二级。相关范围以内：按裙房本身确定，7 度、20m 乙类框架-抗震墙结构查表，框架为三级，抗震墙为二级；按主楼确定，按 7 度、120m 丙类框架-抗震墙的框架查表，框架为二级，抗震墙为二级。

【认定结论】 综上所述，裙房相关范围以内的抗震等级，框架为二级，抗震墙为二级。

【工程案例】 抗震设防类别为乙类裙房的抗震等级。

某 7 度区钢筋混凝土高层建筑，主楼高 120m，采用框架-核心筒结构。主楼两侧为 20m 高的四层裙房，采用框架-抗震墙结构。主楼底部四层及裙房（包括一层地下室）用做多层商场，商场部分建筑面积约为 1.8 万 m²，裙房柱矩为 8m，主楼 5 层及以上部分用做综合办公。如图 4-38 所示为该建筑的剖面简图，依据上述信息，确定房屋各部分的抗震等级。

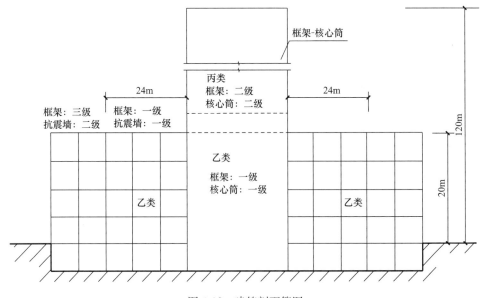

图 4-38 建筑剖面简图

【解析过程】

【说明】 裙房及主楼下部为人流密集区域，且面积较大，属于乙类设防，主楼上部主要作为办公用房使用，属于丙类设防。裙房的抗震等级，相关范围以外，按框架-抗震墙结构、裙房高度和乙类建筑查表；相关范围以内，按框架-抗震墙结构、主楼高度、乙类建筑查表。主楼的抗震等级，下部区域（裙房顶上一层以下）：按框架-核心筒抗震墙结构、主楼高度、乙类建筑查表；上部区域，按框架-核心筒抗震墙结构、主楼高度、丙类建筑查表。

（1）相关范围认定：本工程裙房面积较大，取主楼周边3跨（计24m）作为裙房的相关范围。

（2）抗震设防类别认定：主楼上部，一般的办公用房，应按标准设防即丙类考虑；

主楼上部及裙房，商业用房，且建筑面积达1.8万 m^2，按《建筑工程抗震设防分类标准》规定，属于重点设防类，即乙类。

（3）主楼抗震等级认定：上部区域（5层以上）：按7度、框架-核心筒结构、120m，丙类查表，框架为二级，核心筒为二级；下部区域（5层及以下）：按7度、框架-核心筒结构、120m，乙类查表，框架为一级，核心筒为一级。

（4）裙房抗震等级认定：相关范围以外：按7度、框架-抗震墙结构、20m，乙类查表，框架为三级，抗震墙为二级；相关范围以内：按裙房本身确定，7度、20m乙类框架-抗震墙结构查表，框架为三级，抗震墙为二级；按主楼确定，按7度、120m乙类框架-抗震墙的框架查表，框架为一级，抗震墙为一级。

【认定结论】 综上所述，裙房相关范围以内的抗震等级，框架为一级，抗震墙为一级。

30. 地下人防结构设计应注意哪些问题？

《编制深度规定》要求结构设计说明需要明确：人防地下室的设计类别、防常规武器抗力级别和防核武器抗力级别。

（1）防空抗力等级的确定

《人民防空地下室设计规范》（GB 50038—2005）适用于新建或改建的属于下列抗力级别范围内的甲、乙类防空地下室及居住小区内的结合民用建筑易地修建的甲、乙类单建掘开式人防工程设计：

1）防常规武器抗力级别5级和6级；

2）防核武器抗力级别4级、4B级、5级、6级和6B级。

具体工程的抗力级别应由建筑专业人员依据人防规划确定。

（2）几个与人防结构设计有关的名词

1）防空地下室

具有预定战时防空功能的地下室。在房屋中室内地面低于室外地平面的高度超过房间净高1/2的地下室。

2）人员掩蔽工程

主要用于保障人员掩蔽的人防工程（包括防空地下室）。按照战时掩蔽人员的作用，人员掩蔽工程共分两等：一等人员掩蔽所，指供战时坚持工作的政府机关、城市生活重要保障部门（电信、供电、供水、食品等）、重要厂矿企业和其他战时有人员进出要求的人员掩蔽工程；二等人员掩蔽所，指战时留城的普通居民掩蔽所。

3）冲击波、冲击超压波、土中压缩波

冲击波：空气冲击波的简称。武器爆炸在空气中形成的具有空气参数强间断面的纵波。

冲击超压波：冲击波压缩区域内超过周围大气的压力值。

土中压缩波：武器爆炸作用下，在土中传播并使其受到压缩的波。

4）防护单元、抗爆单元

防护单元：在防空地下室中，其防护设施和内部设备均能自成体系的使用空间；

抗爆单元：在防空地下室（或防护单元）中，用抗爆隔墙分隔的使用空间。

5）人防围护结构

防空地下室中承受空气冲击波或土中压缩波直接作用的顶板、墙体和底板的总称。

6）防空外墙、人防临空墙

防空外墙：防空地下室中一侧与室外岩土接触，直接承受土中压缩波作用的墙。

人防临空墙：一侧直接受空气冲击波作用，另一侧为防空地下室内部的墙体。

7）口部建筑

口部地面建筑的简称。在防空地下室室外出入口通道出地面段上方建造的小型地面建筑物。

8）防倒塌棚架

设置在出入口通道出地面段上方，用于防止口部堵塞的棚架。棚架能在预定的冲击波和地面建筑物倒塌荷载作用下不致坍塌。

（3）人防结构设计应注意的几个问题

依据《人民防空地下室设计规范》（GB 50038—2005）及全国结构技术措施《防控地下室》2009 版：

1）人防顶板可以采用现浇空心楼盖、无梁楼盖、双向密肋楼盖。

2）人防顶板不得采用无粘结预应力结构。这主要是考虑无粘结预应力结构，由于预应力筋伸长率小，塑性变形性能差，且易由于锚固端、张拉端的开裂破坏导致整个结构构件丧失承载能力。

3）为了防止核辐射，当采用现浇空心板、密肋板其顶板厚度不宜小于 100mm，折算厚度不小于 200mm。

4）人防结构底板可以采用筏板、桩筏基础，也可采用独立柱基＋抗水板。

5）人防荷载下双向板应采用塑性设计。

6）由于人防荷载属于偶然荷载，所以人防荷载仅需要对结构强度进行验算；可以不进行地基承载力、变形、裂缝、挠度等的验算。

7）人防设计分为"甲级"和"乙级"人防工程，"甲级"人防设计需要考虑核武器爆炸荷载和常规武器爆炸荷载作用；"乙级"人防工程仅需要考虑常规武器爆炸荷载。也就是说"甲级"人防工程需要分别按核武器爆炸荷载和常规武器爆炸荷载进行包络设计。

8）目前全国各地对人防的设计规定也不一样，有的地方需要人防设计专业院完成人防设计；有的地方则没有特殊要求，均由主体设计单位完成人防设计；另外各地对能够进行人防计算的软件认知度也不一样，这就需要设计单位在初步设计阶段与当地有关部门进行沟通确认。

31. 建筑防火分类等级和耐火等级

（1）说明

根据住房和城乡建设部《关于印发（2007 年工程建设标准规范修订、修订计划（第一批）的通知》（建标【2007】125 号文）和《关于调整〈建筑设计防火规范〉、〈高层民用建筑设计防火规范〉修订项目计划的函》（建标【2009】94 号），由公安部天津消防研究所、四川消防研究所会同有关单位，在《建筑设计防火规范》（GB 50016—2006）和《高层民用建筑设计防火规范》（GB 50045—1995）（2005 年版）的基础上，经整合修订为:《建筑设计防火规范》（GB 50016—2014）。

（2）结构设计需要熟知的几个主要术语

1）耐火极限：在标准耐火试验条件下，建筑构件、配件或结构从受到火的作用时起，至失去承载能力、完整性或隔热性时止所用时间，用小时表示（h）。

2）防火墙隔墙：建筑内防止火灾蔓延至相邻区域且耐火极限不低于规定要求的不燃烧墙体。

3）防火墙：防止火灾蔓延至相邻建筑或相邻水平防火分区且耐火极限不低于3.00h的不燃烧墙体。

4）避难层：建筑内用于人员暂时躲避火灾及其烟气危害的楼层（房间）。

（3）厂房和仓库的耐火等级

厂房和仓库的耐火等级可分为一、二、三、四级，相应建筑构件和燃烧性能及耐火极限，除相关规范另有规定外，不应低于表4-47的规定。

厂房和 建筑耐火极限（h） 表4-47

构件名称		耐火等级			
		一级	二级	三级	四级
墙	防火墙	不燃性 3.00	不燃性 3.00	不燃性 3.00	不燃性 3.00
	承重墙	不燃性 3.00	不燃性 2.50	不燃性 2.00	难燃性 0.50
	楼梯间和前室的墙、电梯井的墙	不燃性 2.00	不燃性 2.00	不燃性 1.50	难燃性 0.50
	疏散走道两侧的隔墙	不燃性 1.00	不燃性 1.00	不燃性 1.00	难燃性 0.25
	非承重外墙房间隔墙	不燃性 0.75	不燃性 0.50	不燃性 0.50	难燃性 0.25
柱		不燃性 3.00	不燃性 2.50	不燃性 2.00	难燃性 0.50
梁		不燃性 2.00	不燃性 1.50	不燃性 1.00	难燃性 0.50
楼板		不燃性 1.50	不燃性 1.00	不燃性 0.75	难燃性 0.50
屋顶承重构件		不燃性 1.50	不燃性 1.00	难燃性 0.50	可燃性
疏散楼梯		不燃性 1.50	不燃性 1.00	难燃性 0.75	可燃性
吊顶（包括吊顶搁栅）		不燃性 0.25	难燃性 0.25	难燃性 0.15	可燃性

（4）民用建筑分类和耐火等级

民用建筑根据其建筑高度和层数可分为单层、多层民用建筑和高层民用建筑。高层民用建筑根据其高度、使用功能和楼层的建筑面积可分为一类和二类。民用建筑的分类应符合表4-48的规定。

民用建筑分类　　　　　　　　　　　表 4-48

名称	高层民用建筑		单、多层民用建筑
	一类	二类	
住宅建筑	建筑高度大于 54m 的住宅建筑（包括设置商业服务网点的住宅建筑）	建筑高度大于 27m，但不大于 54m 的住宅建筑（包括设置商业服务网点的住宅建筑）	建筑高度不大于 27m 的住宅建筑（包括设置商业服务网点的住宅建筑）
公共建筑	（1）建筑高度大于 50m 的公共建筑； （2）任一楼层建筑面积大于 1000m² 的商店、展览、电信、邮政、财贸金融建筑和其他多种功能组合的建筑； （3）医疗建筑、重要公共建筑； （4）省级及以上的广播电视和防灾指挥调度建筑、网局级和省级电力调度建筑； （5）藏书超过 100 万册的图书馆、书库	除一类高层公共建筑外的其他高层公共建筑	（1）建筑高度大于 24m 的单层公共建筑； （2）建筑高度大于 24m 的其他公共建筑

注：1. 表中未列入的建筑，其类别应根据本表类比确定。
　　2. 除《建筑设计防火规范》（GB 50016—2014）规定外，宿舍、公寓等非住宅类居住建筑的防火要求，应符合《建筑设计防火规范》有关公共建筑的规定。
　　3. 裙房的防火要求应符合《建筑设计防火规范》有关高层民用建筑的规定。
　　4. 对民用建筑进行合理分类是一个较为复杂的问题，现行国家标准《民用建筑设计通则》（GB 50352—2005）将民用建筑分为居住建筑和公共建筑两大类，其中居住建筑包括住宅建筑、宿舍建筑等。在防火方面，除住宅建筑外，其他类型居住建筑的火灾危险性与公共建筑接近，其防火要求绝大部分需要按公共建筑的有关规定执行。因此，《建筑设计防火规范》将民用建筑分为住宅建筑和公共建筑两大类，并进一步按照建筑高度分为高层民用建筑和单、多层民用建筑。
　　5. 对于住宅建筑，《建筑设计防火规范》以建筑高度 27m（9 层）作为区分多层和高层住宅建筑的高度［注意这点与结构区分多层住宅及高层住宅以 28m（18 层）为界有差异］，对于高层住宅建筑又以 54m 划分为一类和二类。
　　6. 对于公共建筑，《建筑防火设计规范》以高度 24m 作为区分多层与高层公共建筑的高度，在高层建筑中将性质重要、火灾危险性大、疏散和扑救难度大的建筑定为一类。这类高层建筑有的同时具备上述几方面的因素，有的则具有较为突出的一、两个方面的因素。
　　7. 由于裙房与高层建筑是一个整体，为保证安全，除裙房与相邻建筑的防火间距外，裙房的其他防火要求应与高层主体一致，不应低于主体结构。

（5）民用建筑的耐火等级可分为一、二、三、四级。除符合相关规定外，不同耐火等级建筑相应构件的燃烧性能和耐火极限不应低于表 4-49 的规定。

不同耐火等级建筑相应构件的燃烧性能和耐火极限（h）　　　表 4-49

构件名称		耐火等级			
		一级	二级	三级	四级
墙	防火墙	不燃性 3.00	不燃性 3.00	不燃性 3.00	不燃性 3.00
	承重墙	不燃性 3.00	不燃性 2.50	不燃性 2.00	难燃性 0.50
	梯楼间和前室的墙、电梯井的墙、住宅建筑单元之间的分户墙	不燃性 2.00	不燃性 2.00	不燃性 1.50	难燃性 0.50
	疏散走道两侧的隔墙	不燃性 1.00	不燃性 1.00	不燃性 1.00	难燃性 0.25
	房间隔墙	不燃性 0.75	不燃性 0.50	难燃性 0.50	难燃性 0.25

续表

构件名称	耐火等级			
	一级	二级	三级	四级
柱	不燃性 3.00	不燃性 2.50	不燃性 2.00	难燃性 0.50
梁	不燃性 2.00	不燃性 1.50	不燃性 1.00	难燃性 0.50
楼板	不燃性 1.50	不燃性 1.00	不燃性 0.75	难燃性 0.50
屋顶承重构件	不燃性 1.50	不燃性 1.00	难燃性 0.50	可燃性
疏散楼梯	不燃性 1.50	不燃性 1.00	难燃性 0.75	可燃性
吊顶（包括吊顶搁栅）	不燃性 0.25	难燃性 0.25	难燃性 0.15	可燃性

注：1. 除《建筑设计防火规范》（GB 50016—2014）规定，以木柱承重且墙体采用不燃材料的建筑以外，其耐火等级应按四级确定。
　　2. 住宅建筑构件的耐火极限和燃烧性能可按现行国家标准《住宅建筑规范》（GB 50368—2005）的规定执行。

（6）民用建筑的耐火等级应根据其建筑高度、使用功能、重要性和火灾扑救难度等确定，并应符合下列规定：

1）地下或半地下建筑（室）和一类高层建筑的耐火等级不应低于一级。

2）单、多层重要公共建筑和二类高层建筑的耐火等级不应低于二级。

（7）建筑高度大于100m的民用建筑，其楼板的耐火极限不应低于2.00h。

一、二级耐火极限建筑的上人平屋顶，其屋面板的耐火极限分别不应低于1.500h和1.00h。

近年来，高层民用建筑在我国呈现快速发展之势，建筑高度大于100m的超高层建筑越来越多，火灾也呈现多发态势，火灾后果严重。如：如图4-39所示，2017年6月14日英国伦敦西部的一栋大楼当地时间凌晨发生火灾，熊熊烈火将整栋大楼围住。有40辆消防车及200多名消防员在现场参与救火。世界各国对超高层建筑的防火要求均有所区别，

图4-39　英国某大楼火灾

建筑高度分段也不同。如我们国家现行标准按 24m、32m、50m、100m 和 250m，新加坡按 24m 和 60m，英国规范按 18m、30m 和 60m，美国按 23m、37m、49m 和 128m 等分别进行规定，构件耐火、安全疏散和消防救援等均与建筑高度有关。对于建筑高度大于 100m 的建筑，其主要承重构件的耐火等级极限要求对比情况见表 4-50。

世界几个国家高度大于 100m 的建筑主要承重构件耐火极限的要求（h）　　表 4-50

构件名称	中国	美国	英国	法国
柱	3.00	3.00	2.00	2.00
承重墙	3.00	3.00	2.00	2.00
梁	2.00	2.00	2.00	2.00
楼板	2.00	2.00	2.00	2.00

32. 钢结构防火涂料应用相关问题

钢结构耐火性差、怕火烧、未加保护的钢结构在火灾温度作用下，只需要 15min，自身温度就可达 540℃以上，这个温度下钢材的力学性能，如屈服点、抗压强度、弹性模量等都将迅速下降，在纵向压力和横向拉力作用下，钢结构不可避免地扭曲变形、垮塌毁坏，火灾教训深刻。我国一些城市过去建造的钢结构建筑，由于缺乏有效的防火措施，防火设计不完善，留下不少火灾隐患。如：1973 年 5 月 3 日天津市体育馆火灾，由于烟头掉入通风管道引燃甘蔗渣板和木板等可燃物，火灾迅速蔓延，320 多名消防指战员赶赴现场扑救，由于可燃材料火势很猛，钢结构耐火能力差，仅烧了 19min，3500m² 的主馆屋顶拱形屋架全部塌落，致使原定次日举行的全国体操表演比赛无法进行，直接经济损失 160 多万元。

又如 1960 年 2 月重庆天原化工厂火灾、1969 年 12 月上海文化广场火灾、1983 年 12 月北京友谊宾馆剧场火灾等。但由于钢结构具有强度高、自重轻、吊装方便、施工速度快、抗震性能好等优点，80 年代以来，我国的钢结构建筑发展较快，如商贸大厦、礼堂、影剧院、体育馆、电视塔及各种高耸结构、工业厂房等均广泛应用钢结构。特别是近年在超高层建筑的应用、住宅中也在推广应用。

随着钢结构建筑的迅猛发展，随之而来的防火保护技术问题日趋突出。过去的传统方法是在钢结构表面浇筑混凝土、涂抹水泥砂浆或用不燃板材包覆等。自 20 世纪 70 年代以来，国外采用防火涂料喷涂保护钢结构，代替了传统防火措施，技术上大大前进一步。我国从 20 世纪 80 年代初期起，从国外引进了一些钢结构防火涂料，如北京体育馆综合训练馆、北京西苑饭店、北京京广中心、北京昆仑饭店、北京香格里拉饭店、北京友谊宾馆、上海锦江饭店、深圳发展中心等，分别应用了英国的 P20 防火涂料、美国 50 号钢结构膨胀防火涂料和日本的矿纤维喷涂材料等。

自 20 世纪 80 年代中期起，我国有关单位先后研究开发出厚涂型和薄涂型的两类钢结构防火涂料，在设计、生产、施工和消防监督部门的通力合作下、分别应用于第十一届亚运会体育馆、北京王府井百货大楼、新北京图书馆、京城大厦、中央彩电中心等重大工程。达到规范的要求，有的还经受了实际火灾考验。如：北京中国国际贸易中心全钢结构建筑采用 LG 钢结构防火涂料喷涂保护，整个建筑物尚未竣工和投入使用前，1989 年 3 月 1 日凌晨该建筑物宴会厅内发生火灾，堆放在屋内的 1345 包玻璃纤维毡保温隔热材料包装纸箱着火，燃烧近 3h，玻璃纤维被融成团块，顶上现浇混凝土楼板被烧炸裂露出了钢筋，由于钢梁和钢柱上喷涂有 25mm 厚的 LG 防火涂层，尽管涂层表面被 1000℃ 左右的高温烧成了釉状，但涂层内部还无明显变化，仍牢固地附着在钢基层上，除掉涂层、防锈漆仍保持鲜红颜色。钢结构安然无恙。

结构设计应以《钢结构防火涂料应用技术规范》（CECS 24—1990）为参考，进行钢结构工程，依据建筑防火等级要求及各部位功能需要，选择合理的防火涂料。

（1）钢结构防火涂料分为薄涂型和厚涂型两类，其产品均应通过国家检测机构检测合格，方可使用。

（2）薄涂型钢结构防火涂料的主要技术指标见表 4-51。

薄涂型钢结构防火涂料性能 表 4-51

项目		指标		
粘结强度（MPa）		≥0.15		
抗弯性		挠曲 $L/100$，涂层不起层、脱落		
抗震性		挠曲 $L/200$，涂层不起层、脱落		
耐水性（h）		≥24		
耐冻融循环性（次）		≥1.5		
涂层厚度（mm）		3	5.5	7
耐火极限	耐火时间不低于（h）	0.5	1.0	1.5

（3）厚涂型钢结构防火涂料的主要技术指标见表 4-52。

厚涂型钢结构防火涂料性能 表 4-52

项目		指标				
粘结强度（MPa）		≥0.04				
抗压强度（MPa）		≥0.30				
干密度（kg/m³）		≤500				
热导率［W/(m·K)］		≤0.116［0.1kcal/(m·h·℃)］				
耐水性（h）		≥24				
耐冻融循环性（次）		≥1.5				
涂层厚度（mm）		15	20	30	40	50
耐火极限	耐火时间不低于（h）	1.0	1.5	2.0	2.5	3.0

（4）选用钢结构防火涂料时，应符合下列规定：

1）室内裸露钢结构、轻钢屋盖钢结构及有装饰要求的钢结构，当规定其耐火极限在 1.5h 及以下时，宜选用薄涂型钢结构防火涂料。

2）室内隐蔽钢结构，高层全钢结构及多层厂房钢结构，当规定其耐火极限在 1.5h 以上时，应选用厚涂型钢结构防火涂料。

3）露天钢结构，应选用适合室外用的钢结构防火涂料。

（5）钢结构防火涂料的涂层厚度，可按下列原则之一确定：

1）按照有关规定对钢结构不同构件耐火极限的要求，根据标准耐火试验数据选定相应的涂层厚度。

2）根据标准耐火试验数据，参照《钢结构防火涂料应用技术规范》（CECS 24—

1990）附录三计算确定涂层厚度。

3）建筑物中承重钢结构需做防火保护，需符合国家《建筑防火设计规范》（GB 50016—2014）的相关规定。

33. 木结构防火等级及耐火极限

建筑构件的燃烧性能和耐火极限应符合表 4-53 的规定。

木结构建筑构件的燃烧性能和耐火极限   表 4-53

构件名称	燃烧性能	耐火极限（h）
防火墙	不燃性	3.00
承重墙、住宅建筑单元之间的墙和分户墙、楼梯间的墙	难燃性	1.00
电梯井墙	不燃性	1.00
非承重外墙、疏散走道两侧的隔墙	难燃性	0.75
房间隔墙	难燃性	0.50
承重柱、梁	可燃性	1.00
楼板	难燃性	0.75
屋顶承重构件	可燃性	0.50
疏散楼梯	难燃性	0.50
吊顶	难燃性	0.15

注：1. 当同一座木结构建筑存在不同高度的屋顶时，较低部分的屋顶承重构件和屋面不应采用可燃性构件，采用难燃性屋顶承重构件时，其耐火极限不应小于 0.75h。

2. 轻型木结构建筑的屋顶，除防水层、保温层及屋面板外，其他部分均应视为屋顶承重构件，且不应采用可燃性构件，耐火极限不应低于 0.50h。

3. 当建筑的层数不超过 2 层时，防火墙间建筑面积小于 600m² 且防火间的建筑长度小于 60m 时，建筑构件的燃烧性能和耐火极限可按《建筑防火设计规范》有关四级耐火极限等级要求确定。

4. 电梯井内一般敷设有电线电揽，也可能成为火灾竖向蔓延的通道，具有较大的火灾危险性，但木结构建筑的楼层通常较低，即使与其他结构类型组合建造的木结构建筑，其建筑高度也不大于 24m。因此，在表中，将电梯井的墙体确定为不燃性墙体，并比照规范对木结构建筑中承重墙的耐火极限要求确定了其耐火极限，即不应低于 1.00h。

5. 木结构建筑中的梁和柱，主要采用胶合木或重型木构件，属于可燃性材料。国内外进行的大量相关耐火试验表明，胶合木或重型木构件受火作用时，会在木材表面形成一定厚度的炭化层，并可因此降低木材内部的烧蚀速度，且炭化速率在标准耐火试验条件下基本保持不变。因此，设计可根据不同种木材的炭化速率、构件的设计耐火极限和设计荷载来确定梁和柱的设计截面尺寸，只要该截面尺寸保留了在实际火灾时间内可能被焚烧的部分，承载力就可满足设计要求。此外，为便于工程中尽可能地体现胶合木或原木的美感，本条规定允许梁和柱采用不经防火处理的木构件。

34. 湿陷性黄土场地结构设计相关问题

（1）说明

为确保湿陷性黄土地区建筑物（包括构筑物）的安全与正常使用，做到技术先进，经济合理，保护环境，特制定《湿陷性黄土地区建筑规范》（GB 50025—2004）。

（2）规范适用范围

1）本规范适用于湿陷性黄土地区建筑工程的勘察、设计、地基处理、施工、使用与维护。

2）在湿陷性黄土地区进行建设，应根据湿陷性黄土的特点和工程要求，因地制宜，采取以地基处理为主的综合措施，防止地基湿陷对建筑物产生危害。

3）湿陷性黄土地区的建筑工程，除应执行本规范的规定外，尚应符合有关现行的国家强制性标准的规定。

（3）与结构设计有关的几个主要术语

1）湿陷性黄土：在一定的压力下受水浸湿、土体结构迅速破坏，并产生显著附加下沉的黄土。

2）自重湿陷性黄土：在上覆土的自重压力下受水浸湿、发生显著附加下沉的湿陷性黄土。

3）非自重湿陷性黄土：在上覆土的自重压力下受水浸湿、不发生显著附加下沉的湿陷性黄土。

4）湿陷变形：湿陷性黄土或具有湿陷性的其他土（如欠压实的素填土、杂填土等），在一定压力下，下沉稳定后，受水浸湿所产生的附加下沉。

5）湿陷起始压力：湿陷性黄土浸水饱和，开始出现湿陷时的压力。

（4）湿陷性黄土场地的建筑物应根据其重要性、地基受水浸湿可能性的大小和在使用期间对不均匀沉降限制的严格程度按下表 4-53 划分。

拟建在湿陷性黄土场地上的建筑物，应根据其重要性、地基受水浸湿可能性的大小和在使用期间对不均匀沉降限制的严格程度，分为甲、乙、丙、丁四类，见表 4-54。

湿陷性黄土分类　　　　　　　　　　　　　　　　　　　　　　　表 4-54

建筑物分类	各类建筑的划分
甲类	高度大于 60m 和 14 层及 14 层以上体型复杂的建筑
	高度大于 50m 的构筑物
	高度大于 100m 的高耸结构
	特别重要的建筑
	地基受水浸湿可能性大的重要建筑
	对不均匀沉降有严格限制的建筑
乙类	高度为 24～60m 的建筑
	高度为 30～50m 的构筑物
	高度为 50～100m 的高耸结构
	地基受水浸湿可能性较大的重要建筑
	地基受水浸湿可能性较大的一般建筑
丙类	除乙类以外的一般建筑和构筑物
丁类	次要建筑

注：1. 地基受水浸湿可能性的大小，可归纳为以下三种：
　　（1）地基受水浸湿可能性大，是指建筑物内的地面经常有水或可能积水、排水沟较多或地下管道很多。
　　（2）地基受水浸湿可能性较大，是指建筑物内局部有一般给水、排水或暖气管道。
　　（3）地基受水浸湿可能性小，是指建筑物内无水暖管道。
　　2. 重要性划分标准：
　　（1）《湿陷性黄土地区建筑规范》（GB 50025—2004）把高度大于 60m 和 14 层及 14 层以上体型复杂的建筑划为甲类，把高度为 24～60m 的建筑划为乙类。这样，甲类建筑的范围不致随部分建筑的高度增加而扩大。
　　（2）凡是划为甲类建筑，地基处理均要求从严，不允许留剩余湿陷量，各类建筑的划分，可结合 GB 50025—2004 附录 E 的建筑举例进行类比。
　　（3）高层建筑的整体刚度大，具有较好的抵抗不均匀沉降的能力，但对倾斜控制要求较严。
　　（4）埋地设置的室外水池，地基处于卸荷状态，GB 50025—2004 对水池类构筑物不按建筑物对待，未作分类。

（5）防止或减小建筑物地基浸水湿陷的设计措施，可分为下列三种：

1）地基处理措施

消除地基的全部或部分湿陷量，或采用桩基础穿透全部湿陷性黄土层，或将基础设置在非湿陷性黄土层上。

2）防水措施

① 基本防水措施：在建筑物布置、场地排水、屋面排水、地面防水、散水、排水沟、管道敷设、管道材料和接口等方面，应采取措施防止雨水或生产、生活用水的渗漏。

② 检漏防水措施：在基本防水措施的基础上，对防护范围内的地下管道，应增设检漏管沟和检漏井。

③ 严格防水措施：在检漏防水措施的基础上，应提高防水地面、排水沟、检漏管沟和检漏井等设施的材料标准，如增设可靠的防水层、采用钢筋混凝土排水沟等。

3）结构设计主要措施

防止和减小建筑物地基浸水湿陷的设计措施，可分为地基处理、防水措施和结构措施三种。

① 在三种设计措施中，消除地基的全部湿陷量或采用桩基础穿透全部湿陷性黄土层，主要用于甲类建筑；消除地基的部分湿陷量，主要用于乙、丙类建筑；丁类属次要建筑，地基可不处理。

② 防水措施和结构措施，一般用于地基不处理或消除地基部分湿陷量的建筑，以弥补地基处理的不足。

4）湿陷性黄土场地的建筑物沉降观测要求

对甲类建筑和乙类中的重要建筑，应在设计文件中注明沉降观测点的位置和观测要求，并应注明在施工和使用期间进行沉降观测。

35. 关于绿色建筑结构专业相关知识

在建筑的全寿命周期内，最大限度地节约资源（节能、节地、节水、节材）、保护环境和减少污染，为人们提供健康、适用和高效的使用空间，与自然和谐共生的建筑。

依据《民用建筑绿色设计规范》（JGJ/T 229—2010）规定，与结构专业有关的内容如下：

（1）结构设计使用年限不应小于现行国家标准《建筑结构可靠度设计统一标准》（GB 50068—2001）的规定。结构构件的抗力及耐久性应满足设计使用年限的要求。

现行国家标准《建筑结构可靠度设计统一标准》（GB 50068—2001），根据建筑的重要性对其结构设计使用年限作了相应规定，这个规定是最低标准，结构设计不能低于此标准，但业主可以要求提高结构设计使用年限，此时结构构件的抗力及耐久性设计应满足相应设计使用年限的要求。

结构生命周期越长，单位时间内对资源消耗、能源消耗和环境影响越小，绿色性能越好。而我国建筑的平均使用寿命与国外相比普遍偏短，因此提倡适当延长结构生命周期。

（2）新建建筑宜适当提高结构的可靠度及耐久性水平，包括荷载设计标准、抗风压及抗震设防水准等。

国家规范规定的结构可靠度指标是最低要求，可以根据业主要求适当提高结构的荷载富裕度、抗风抗震设防水准及耐久性水平等。这也是提高结构的适应性、延长建筑寿命的一个方面。

（3）达到或即将达到结构设计使用年限的建筑，应根据国家现行有关标准的要求，进行结构安全性、适应性、耐久性等结构可靠性评定。根据结构可靠性评定要求，采取必要的加固、维修处理措施后，可按评估使用后续使用年限。

要区分"结构设计使用年限"和"建筑寿命"之间的不同。结构设计使用年限到期，并不意味建筑寿命到期。只是需要进行全面的结构技术检测鉴定，根据鉴定结果，进行必要的维修加固，满足结构可靠度及耐久性要求后仍可继续使用，以延长建筑寿命。

（4）因建筑功能改变、结构加层、改建、扩建导致建筑整体刚度及结构构件的承载力不能满足现行结构设计要求，或需要提高抗震设防标准等级时，应优化结构整体及结构构件的加固方案，并应优先采用结构体系加固方案。

有时采用结构体系加固方案，如加剪力墙（或支撑）将纯框架结构改造为框架—剪力墙（支撑）结构等，可大大减少构件加固的数量，减少材料消耗及对环境的影响。

对需要加固的构件，在保证安全及耐久性的前提之下，应采用节财、节能、环保的加固设计及施工技术，目前结构构件的各种加固方法较多，所采用的加固设计方案应符合节约资源、节约能源及环保的绿色原则。

（5）在保证安全性与耐久性的情况下，应通过优化结构设计控制材料的用量，并符合下列要求：

1）根据受力特点选择材料用量较少的结构体系。

2）在高层和大跨结构中，合理采用钢结构、钢与混凝土混合结构，以及钢与混凝土组合构件。

3）对于有变形控制的钢结构，应首先调整并优化钢结构布置和构件截面，增加钢结构刚度，对由强度控制的钢结构，应优先选择高强钢材。

4）在较大跨度混凝土楼盖结构中，合理采用预应力混凝土技术、现浇混凝土空心楼板等技术。

5）宜采用节材节能一体化的新型结构体系。

建筑材料用量中绝大部分是结构材料，在设计过程中应根据建筑功能、层数、高度、跨度、荷载等情况，优化结构体系、平面布置、构件类型及截面尺寸的设计，充分利用不同结构构件的强度、刚度及延性等特性，减少对材料尤其是不可再生资源的消耗。

对于场地浅层土承载力偏低、压缩性偏大，但深层土承载力较高，压缩性较小时，采用天然地基可避免基础埋深过大；也可采用人工超处理地基减少对建筑材料的消耗；预制桩或预应力空心管桩等在节省材料方面均有优势。

（6）应合理采用高性能结构材料，并应符合下列规定：

1）高层混凝土结构的墙柱及大跨度结构的水平构件宜采用高性能混凝土（C50～C80）。

2）高层钢结构和大跨空间结构宜选用轻质高强钢材。

3）受力钢筋宜选用高强钢筋（如 HRB400，HRB500）。

目前全国各地都依据当地情况对绿色住宅及公共建筑作出相应的要求，比如北京市：

（1）对住宅工程（一星标准），2013 年北京市对住宅工程（一星标准）作出如下要求：

1）材料要求

① 应说明现浇混凝土结构全部采用预拌混凝土。

② 应说明砂浆采用预拌砂浆。

2）计算书要求

对于 6 层以上的钢筋混凝土结构，应满足以下任一项要求，并提供其计算书。

① 钢筋混凝土结构中的钢筋使用 HRB400 级（或以上）钢筋占钢筋总重的 70％以上的计算书。计算书见【工程案例】。

【工程案例】 本工程共有 2 栋住宅楼，分别统计出各楼及总的钢筋用量，见表 4-55～表 5-57。

某工程 1 号楼钢筋占总重的计算表格（t）　　　　　　表 4-55

钢筋种类	用量	折算为 HRB400	小计	备注
HPB300	1460.55	—	1460.55	
HRB335	1936.12	—	1936.12	
HRB400	14022.65	14022.65	14022.65	不折算

某工程 2 号楼钢筋占总重的计算表格（t）　　　　　　表 4-56

钢筋种类	用量	折算为 HRB400	小计	备注
HPB300	1000.01	—	1000.01	
HRB335	2000.35	—	2000.35	
HRB400	10600.30	10600.30	1060.30	不折算

某工程总体高强钢筋计算表格（t）　　　　　　表 4-57

钢筋种类	用量	折算为 HRB400	小计	备注
HPB300	2460.56		2460.56	
HRB335	3936.47		3936.47	
HRB400	24622.95	24622.95	24622.95	不折算
合计		24622.95	31019.98	

HRB400 及以上钢筋占受力钢筋总质量的 79.4％

结论：HRB400 及以上钢筋占受力钢筋总质量比大于 70％，满足。

② 混凝土结构竖向承重结构中采用强度等级在 C50（或以上）混凝土用量占竖向承重结构中混凝土总重比例超过 50％的计算书。

（2）北京市对公共建筑作出以下要求：

1）材料要求

① 应说明现浇混凝土结构全部采用预拌混凝土。

② 应说明砂浆采用预拌砂浆。

2）计算书

对于 6 层以上的钢筋混凝土结构（6 层以下建筑及钢结构建筑不参评），应满足以下任一项要求，并提供其计算书：

① 钢筋混凝土主体结构使用 HRB400 级（或以上）钢筋占钢筋总重的 70％以上的计算书。

② 混凝土承重结构中采用强度等级在 C50（或以上）混凝土用量占承重结构中混凝土总重比例超过 70％的计算书。

（3）2017 年 10 月 1 日，又对以下建筑提出绿色二星要求：

　　1) 要求：按照《北京市民用建筑节能管理办法》（市政府令第 256 号）、《中共北京市委北京市人民政府关于全面深化改革提升城市规划建设管理水平的意见》的要求，2017 年 10 月 1 日起，我市新建政府投资公益性建筑（政府投资的学校、医院、博物馆、科技馆、体育馆等满足社会公众公共需要的公益性建筑）和大型公共建筑（单体建筑面积超过 2 万 m² 的机场、车站、宾馆、饭店、商场、写字楼等大型公共建筑）全面执行绿色建筑二星级及以上标准。

　　2) 依据标准：北京市《绿色建筑评价标准》（DB11/T 825—2015）。

　　3) 结构专业主要需要关注以下几条：

　　① 不得采用国家和北京市禁止和限制使用的建筑材料及制品。

　　② 混凝土结构中梁、柱纵向受力普通钢筋应采用不低于 400MPa 级的热轧带肋钢筋。

　　③ 现浇混凝土应全部采用预拌混凝土，建筑砂浆应全部采用预拌砂浆。

36. 主要结构材料的合理选择

　　(1) 混凝土强度等级、防水混凝土的抗渗等级、防冻混凝土的抗冻等级，轻骨料混凝土的密度等级；注明混凝土耐久性的基本要求。

　　(2) 砌体的种类及其强度等级、干密度，砌体砂浆的种类及等级，砌体结构施工质量等级；设计可靠度与施工质量控制等级有关，如对施工质量要求为 B 级时，则材料分项系数为 1.6；如对施工质量要求为 C 级时，则材料分项系数为 1.8。

　　(3) 钢筋种类、钢绞线或高强度钢丝种类及对应的产品标准，其他特殊要求：

　　1) 对于抗震等级为一、二、三级的框架结构和斜撑构件（含梯段），其纵向受力钢筋采用普通钢筋时，钢筋的抗拉强度实测值与屈服强度实测值的比值不应小于 1.25；钢筋的屈服强度实测值与强度标准值的比值不应大于 1.3；且钢筋在最大拉力下的总伸长率实测值不应小于 9%。

　　2) 参照《钢筋混凝土用钢　第 1 部分：热扎光圆钢筋》（GB 1499.1—2008），以及《钢筋混凝土用钢　第 2 部分：热扎带肋钢筋》（GB 1499.2—2007）。

4.2.3　基础及地下结构工程方面的相关问题

1. 设计说明及基础方案选择

　　(1) 了解工程地质及水文地质概况，各主要土层的压缩模量及承载力特征值等；对不良地基的处理措施及技术要求，抗液化措施及要求，地基土的冰冻深度等。

　　(2) 注明基础形式和基础持力层，采用桩基时应简述桩型、桩径、桩长、桩端持力层及桩进入持力层的深度要求，设计所采用的单桩承载力特征值（必要时尚应包括竖向抗拔承载力和水平承载力）等。

　　(3) 桩基的设计与施工，应综合考虑工程地质与水文地质条件、上部结构类型、使用功能、荷载特征、施工技术条件与环境；并应重视地方经验，因地制宜，注重概念设计，合理选择桩型、成桩工艺和承台形式，优化布桩，节约资源；强化施工质量控制与管理。

　　(4) 对于计算时可能出现拉力的桩，如高耸结构的桩基础，有时外围的桩会出现拉力；抗浮桩等必须注意裂缝宽度的限制要求。

　　(5) 掌握地下结构的抗浮（防水）设计水位及抗浮措施，施工期间的降水要求及终止降水的条件等；设计一般要求：在施工阶段必须将地下水降至地下室地板以下 500～1000mm 处，待上部结构的重量（结构自重）能够抵抗水的浮力时方可停止降水。

（6）基坑、承台四周回填土要求：

《建筑桩基技术规范》（JGJ 94—2008）3.4.6 抗震设防区桩基的设计原则应符合下列规定：

承台和地下室侧墙周围应采用灰土、级配砂石、压实性较好的素土回填，并分层夯实，也可采用素混凝土回填。

（7）基础大体积混凝土的施工要求：

大体积混凝土的施工要求应符合《大体积混凝土施工规范》（GB 50496—2009）的有关规定。

（8）当有人防地下室时，应图示人防部分与非人防的分界范围。

2. 基础平面图

（1）绘出定位轴线、基础构件（包括承台、基础梁等）的位置、尺寸、底标高、构件编号，基础底标高不同时，应绘出放坡示意图；表示施工后浇带的位置及宽度。

（2）标明砌体结构墙与墙垛、柱的位置与尺寸、编号，混凝土结构可另绘制结构墙、柱平面定位图，并注明截面变化关系尺寸。

（3）标明地沟、地坑和已定设备基础的平面位置、尺寸、标高，预留孔与埋件的位置、尺寸、标高。

（4）需要进行沉降观测时注明观测点位置。

不是所有建筑都要设置沉降观测的，对于是否需要进行沉降观测，详见《建筑地基基础设计规范》（GB 50007—2011）。

（5）基础设计说明应包括基础持力层及基础进入持力层的深度、地基的承载力特征值、持力层验槽要求、基底及基槽回填土的处理措施与要求，以及对施工的有关要求等。

必须注明：基础施工完成后，必须尽快回填四周的回填土，要求回填土夯实系数不小于 0.94。

（6）对于工程所在地的地下水对混凝土或混凝土中的钢筋具有腐蚀的环境还需要注明以下问题：

1）设计需要依据《工业建筑防腐蚀设计规范》（GB 50046—2008）的相关要求对地下结构进行防护处理。

2）同时需要注明：施工时严禁直接采用地下水搅拌混凝土。

3）严禁直接使用地下水施工养护混凝土。

（7）采用桩基时，应绘出桩位平面位置、定位尺寸及桩编号；若需要先做试桩时，应单独先绘制试桩定位平面图；对于采用工程桩进行试桩的工程，应选择施工中存在问题的桩，具有代表性的桩，不允许事先指定试桩的位置。

（8）当采用人工复合地基时，应绘出复合地基的处理范围和深度，置换桩的平面布置及其材料和性能要求、构造详图；注明复合地基的承载能力特征值及变形控制等有关参数和检测要求。

当复合地基另由有设计资质的单位设计时，基础设计方应对经处理的地基提出承载力特征值和变形控制要求及相应的检测要求。

1）承载力特征值的要求，依据各建筑的荷载情况而定。

2）变形控制要求主要依据《建筑地基基础设计规范》（GB 50007—2011）的规定。

3）对于复合地基在承载力计算时应注意以下问题：

《建筑地基处理技术规范》（JGJ 79—2012）：

3.0.4　经处理后的地基，当按地基承载力确定基础底面积及埋深而需要对本规范确定的地基承载力特征值进行修正时，应符合下列规定：

① 大面积压实填土地基，基础宽度的地基承载力修正系数应取零；基础进学的地基承载力修正系数，对于压实系数大于 0.95；黏粒含量 $\rho_c \geqslant 10\%$ 的粉土，可取 1.5；对于干密度大于 2.1t/m³ 的级配砂石可取 2.0。

② 其他处理地基，基础宽度的地基承载力修正系数应取零，基础埋深的地基承载力修正系数应取 1.0。

4）复合地基的检测要求见《建筑地基处理技术规范》（JGJ 79—2012）附录 B 复合地基静载荷试验要点。

3. 基础详图绘制的主要内容

（1）无筋扩展基础应绘出剖面、基础圈梁、防潮层位置，并标注总尺寸、分尺寸、标高及定位尺寸。

（2）扩展基础应绘出平、剖面及配筋、基础垫层，标注总尺寸、分尺寸、标高及定位尺寸等。

（3）桩基应绘出承台梁剖面或承台板平面、剖面、垫层、配筋，标注总尺寸、分尺寸、标高及定位尺寸，桩构造详图（可另图绘制）及桩与承台的连接构造详图。

（4）筏板基础、箱基可参照现浇楼面梁、板详图的方法表示，但应绘出承重墙、柱的位置。当要求设后浇带时应表示其平面位置并绘制构造详图。对箱基和地下室基础，应绘出钢筋混凝土墙的平面、剖面及其配筋，当预留孔洞、预埋件较多或复杂时，可另绘墙的模板图。

（5）基础梁可参照现浇楼面梁详图方法表示。

（6）附加说明基础材料的品种、规格、性能、抗渗等级、垫层材料、杯口填充材料、钢筋保护层厚度及其他对施工的要求。注：对形状简单、规则的无筋扩展基础、扩展基础、基础梁和承台板，也可用列表方法表示。

4.2.4　钢筋混凝土工程方面的相关问题

（1）各类混凝土构件的环境类别及受力钢筋的保护层厚度，环境类别及保护层厚度分别见《混凝土结构设计规范》（GB 50010—2010）的有关规定。

（2）钢筋的锚固长度、搭接长度、连接方式及要求，各类构件的锚固要求，钢筋的锚固长度、搭接长度、连接方式及要求见《混凝土结构设计规范》（GB 50010—2010）的相关规定。

（3）梁、板的起拱要求及拆模条件：

1）对跨度较大的现浇梁、板，考虑到自重的影响，适度起拱有利于保证构件的形状和尺寸。

2）《混凝土结构工程施工质量验收规范》（GB 50204—2015）规定：对跨度不小于 4m

的现浇钢筋混凝土梁、板，其模板应按设计要求起拱；当设计无具体要求时，起拱高度宜为跨度的 1/1000～3/1000。应特别注意规定的起拱高度未包括设计要求的高度值，而只考虑模板本身在荷载下的下垂。

3）但需要注意：起拱度不应大于结构设计对梁的挠度规定值，主要结构构件的挠度值见表 4-58。

混凝土受弯构件的挠度限值　　　　　　　　　　　　　　表 4-58

构件类型		挠度限值
吊车梁	手动吊车	$l_0/500$
	电动吊车	$l_0/600$
屋盖、楼盖楼梯构件	当 $l_0 < 7\text{m}$ 时	$l_0/200$（$l_0/250$）
	当 $7\text{m} \leqslant l_0 \leqslant 9\text{m}$ 时	$l_0/250$（$l_0/300$）
	当 $l_0 > 9\text{m}$ 时	$l_0/300$（$l_0/400$）

注：1. 表中 l_0 为构件的计算跨度；计算悬臂构件的挠度限值时，其计算跨度 l_0 按实际悬臂长度的 2 倍取用。
　　2. 表中括号内的数值适用于使用上对挠度有较高要求的构件。
　　3. 如果构件制作时预先起拱，且使用上也允许，则在验算挠度时，可将计算所得的挠度值减去起拱值；对预应力混凝土构件，尚可减去预加力所产生的反拱值。
　　4. 构件制作时的起拱值和预加力所产生的反拱值，不宜超过构件在相应荷载组合作用下的计算挠度值。

（4）施工后浇带的施工要求（包括对后浇时间要求）：

《高层建筑混凝土结构技术规程》（JGJ 3—2010）规定：当采用刚性防水方案时，同一建筑的基础应避免设置变形缝。可沿基础长度每隔 30～40m 留一道贯通顶板、底板及墙板的施工后浇缝，缝宽不宜小于 800mm，且宜设置在柱距三等分的中间范围内。后浇缝处底板及外墙宜采用附加防水层；后浇缝混凝土宜在其两侧混凝土浇灌完毕 45d 后再进行浇灌，其强度等级应提高一级，且宜采用早强、补偿收缩的混凝土。

（5）特殊构件施工缝的位置及处理要求。

4.2.5　钢结构工程方面的相关问题

（1）概述采用钢结构的部位及结构形式、主要跨度等。

（2）钢材材料：钢材牌号和质量等级及所对应的质量标准。

1）抗震设防区的钢结构的钢材应符合下列规定：

① 钢材的屈服强度实测值与抗拉强度实测值的比值不应大于 0.85。

② 钢材应有明显的屈服台阶，且伸长率不应小于 20%。

③ 钢材应有良好的焊接性和合格的冲击韧性。

2）采用焊接连接的钢结构，当钢板厚度大于等于 40mm 且承受沿板厚方向的拉力时，受拉试件板厚方向截面收缩率，不应小于国家标准《厚度方向性能钢板》（GB/T 5313—2010）关于 Z15 级规定的容许值。

3）材料选择见《钢结构设计规范》（GB 50017—2003）有关规定。

（3）焊接方法及材料：各种钢材的焊接方法及对所采用焊材的要求；见《钢结构设计规范》（GB 50017—2013）的有关规定。

（4）螺栓材料：注明螺栓种类、性能等级，高强度螺栓的接触面的处理方法，摩擦面抗滑移系数，以及各类螺栓所对应的产品标准。

（5）焊缝的质量等级及焊缝质量检查要求：

1）需要计算疲劳结构中的对接焊缝（包括 T 形对接与角接组合焊缝），受拉的横向焊缝应为一级，纵向对接焊缝应为二级，应符合《钢结构设计规范》（GB 50017—2013）的相关规定。

2）在不需要计算疲劳的构件中，凡要求与母材等强的对接焊缝，受拉时不应低于二级。因一级或二级对接焊缝的抗拉强度正好与母材的相等，而三级焊缝只有母材强度的 85%。

3）对角焊缝以及不焊透的对接与角接组合焊缝，由于内部探伤困难，不能要求其质量等级为一级或二级。因此，对需要验算疲劳结构的此种焊缝，只能规定其外观质量标准应符合二级。

4）重级工作制和 $Q \geqslant 50t$ 的中级工作制吊车梁腹板与上翼缘之间以及吊车桁架上弦杆与节点板之间的 T 形接头焊缝处于构件的弯曲受压区，主要承受剪应力和轮压产生的局部压应力，没有受到明确的拉应力作用，按理不会产生疲劳破坏，但由于承担轨道偏心等带来的不利影响，国内外均发现连接及附近经常开裂。《钢结构设计规范》（GB 50017—2003）规定"应予焊透，质量等级不低于二级"。

5）"需要验算疲劳结构中的横向对接焊缝受压时应为二级"、"不需要计算疲劳结构中与母材等强的受压对接焊缝宜为二级"，是根据工程实践和参考国外标准规定的。美国《钢结构焊接规范》AWS 中，对要求熔透的与母材等强的对接焊缝，不论承受动力荷载或静力载，亦不分受拉或受压，均要求无损探伤，而我国的三级焊缝不要求探伤。由于对接焊缝中存在很大残余拉应力，且在某些情况常有偶然偏心力作用（如吊车轨道的偏移），使名义上为受压的焊缝受力复杂，常难免有拉应力存在。

6）轻钢结构设计规程对梁柱接头处焊缝质量等级为二级。

7）钢矿仓的主要受拉焊缝要求为二级。

8）高强度螺栓的要求见《钢结构高强度螺栓连接技术规程》（JGJ 82—2011）。

9）轻型梯形钢屋架 05G515（15～36m）规定，对接焊缝的质量等级应符合二级外观质量标准的要求，其他焊缝应符合三级要求；但普通梯形钢屋 05G511（18～36m），对接焊缝的质量等级应符合二级质量标准的要求，其他焊缝应符合三级要求。

10）除以上要求外，对于一、二级焊缝的探伤结果应符合表 4-59 的要求。

一、二级焊缝质量等级要求 表 4-59

焊缝质量等级		一级	二级
内部缺陷 超声波探伤	评定等级	II	III
	检验等级	B 级	B 级
	探伤比例	100%	20%
内部缺陷 射线探伤	评定等级	II	III
	检验等级	AB 级	AB 级
	探伤比例	100%	20%

【知识点拓展】

（1）对工厂制作构件的焊缝，应按每条焊缝计算百分比，且探伤长度应不小于 200mm；当焊缝长度不足 200mm 时，应对整条焊缝进行探伤。

（2）对现场安装焊缝，应按同一类型、同一施焊条件的焊缝条数计算百分数比例，且探伤长度应不小于 200mm，并不应少于一条焊缝。

（3）在《焊缝无换检测 超声检测技术、检测等级和评定》（GB/T 11345—2013）中检验等级分为 A、B、C 三个级别，评定等级分为Ⅰ、Ⅱ、Ⅲ、Ⅳ 四个级别。所谓检验等级就是指检验方法，分为 A、B、C 三个级别，它体现了检验工作的完善程度，按 A-B-C 逐级提高，其检验工作的难度系数也逐级提高（A 为 1，B 为 5~6，C 为 10~12）。

（4）钢结构制作、安装要求、对跨度较大的钢构件必要时提出起拱要求。

1）在结构设计说明中需要对钢结构制作、安装提出要求。

《钢结构设计规范》（GB 50017—2003）的规定：为改善外观和使用条件，可以将横向受力构建预先起拱，起拱大小应视实际需要而定，一般为恒荷载标准值加 1/2 活荷载标准值所产生的挠度值。当仅为改善外观条件时，构件的挠度应取恒载和活荷载标准值作用下的挠度值减去起拱度。

2）但应用时请注意以下几点：

① 起拱的目的是为了改善外观和符合使用条件，因此起拱的大小应视实际需要而定，不能硬性规定单一的起拱值。例如：大跨度的吊车梁的起拱度应与安装吊车轨道时的平直度要求相协调；位于飞机库大门上面的大跨度桁架的起拱度，应与大门顶部的吊挂条件相适应。

② 构件制作时的起拱值，不宜超过构件在相应荷载组合作用下的计算挠度值。

③ 对无特殊要求的结构，一般起拱度可以用恒载加 1/2 活荷载标准值所产生的挠度值；

④ 对于跨度≥15m 的三角屋架或跨度≥24m 的梯形屋架及平行弦桁架起拱度可取 1/500。

⑤ 对跨度大于 30m 的斜梁，宜起拱。起拱度可取 1/500。

（5）涂装要求：注明除锈方法和除锈等级以及对应的标准；注明防腐漆的种类、干漆膜最小厚度和产品要求；注明各类钢结构所要求的耐火极限的要求。

1）在结构设计说明中需要对涂装要求、钢结构所要求的耐火极限提出具体要求。

2）结构的涂装要求，可以依据《工业建筑防腐蚀设计规范》（GB 50046—2008）确定腐蚀性分级，再依据不同的腐蚀性等级选用合理的防腐蚀涂装。

3）钢结构所要求的耐火极限，依据《建筑设计防火规范》（GB 50016—2014）的有关规定确定。

4.2.6 结构设计主要控制指标的合理选择问题

1. 结构计算如何合理选择质量偶然偏心和双向地震作用的问题？

（1）规范是如何规定的？

《建筑抗震设计规范》（GB 50011—2010）5.1.1-3 条（强条）：质量和刚度分布明显不对称的结构，应计入双向水平地震作用下的扭转效应；其他情况，应允许采用调整地震作用效应方法计入扭转影响。

《高层建筑混凝土结构技术规程》（JGJ 3—2010）4.3.2-2 条（强条）：质量与刚度分布明显不对称的结构，应计算双向水平地震作用下的扭转影响；其他情况，应计算单向水平地震作用下的扭转影响。

由以上两本规范看：结构计算是否需要考虑双向水平地震作用工况，首先要确定结构是否属"质量和刚度分布明显不对称的结构"问题。

（2）工程结构设计如何合理选择？

1）对于质量和刚度分布明显不对称的结构，应分别按不考虑偶然偏心双向水平地震作用下的扭转耦联计算；考虑偶然偏心单向偏心计算结果进行包络设计。

需要说明：质量偶然偏心和双向地震作用都是客观存在的事实，是两个完全不同的概念。在地震作用计算时，无论考虑单向地震作用还是双向地震作用，都有结构质量偶然偏心的问题；反之，不论是否考虑质量偶然偏心的影响，地震作用的多维性本来都应考虑。显然，同时考虑二者的影响计算地震作用原则上是合理的。但是，鉴于目前考虑二者影响的计算方法并不能完全反映实际地震作用情况，而是近似的计算方法，因此，二者何时分别考虑以及是否同时考虑，取决于现行规范的要求。

2）"质量和刚度分布明显不对称的结构"即属于扭转特别不规则的结构。但是，对于质量和刚度分布，规范未给予具体的量化，一般应根据工程具体情况和工程经验确定；当无可靠经验时，可依据单向偏心地震作用下楼层扭转位移比的数值确定：

① 对于一般建筑结构，最大扭转位移比大于等于 1.4。

② 对 B 级高度高层建筑、混合结构高层建筑及复杂高层建筑结构（包括带转换层的结构、带加强层的结构、错层结构、连体结构、多塔楼结构等），楼层扭转位移比不小于 1.3。

③《全国民用建筑工程设计技术措施》结构（混凝土结构）2009 版第 2.3.2 条建议：在不考虑偶然偏心影响时位移比大于等于 1.3 是应考虑双向地震作用计算。

④《广东省高层建筑混凝土结构技术规程》（DBJ 15-92-2013）：结构的前三个振型中，当某一振型的扭转方向因子在 0.35～0.65 之间，且扭转不规则程度为Ⅱ类时，表明结构的质量与刚度分布明显不对称、不均匀，应计算双向地震作用下的扭转影响。

⑤ 注意：对于是否需要考虑双向地震计算问题，很多地方规范或标准均按考虑偶然偏心时，扭转位移比是否大于 1.20 来判断，大于就应考虑双向地震作用。作者认为这个要求过于严厉。

（3）但验算最大弹性位移角时可不考虑双向水平地震作用下的扭转影响。

（4）对于其他相对规则的结构，当属于高层建筑（高度大于 24m）时，应按《高层建筑混凝土结构技术规程》的规定进行单向水平地震作用下并考虑偶然偏心影响的计算分析；当属于多层建筑（高度不大于 24m）时，可按《建筑抗震设计规范》（GB 50011—2010）第 5.2.3 条第 1 款的规定，采用边榀构件地震作用效应乘以增大系数的简化方法。

2. 如何正确理解合理把控最小剪重比控制指标？

（1）规范是如何要求的？

建筑结构的"剪重比"是抗震设计需要控制的非常重要的指标之一，因此《建筑抗震设计规范》（GB 50011—2010）第 5.2.5 条及《高层建筑混凝土结构技术规程》（JGJ 3—2010）第 4.3.12 条均要求控制结构各楼层的最小剪重比均需要满足表 4-60 的要求，且均为（强条）要求。

楼层最小地震剪力系数值 表 4-60

设防烈度 类型	6度 (0.05g)	7度 (0.10g)	7度 (0.15g)	8度 (0.20g)	8度 (0.30g)	9度 (0.40g)
扭转效应明显或基本 周期小于3.5s的结构	0.008	0.016	0.024	0.032	0.048	0.064
基本周期大于5s的结构	0.006	0.012	0.018	0.024	0.036	0.048

注：1. 表4-59中所说的扭转效应明显的结构，是指较多楼层的最大水平位移（或层间位移）大于楼层平均水平位移（或层间位移）1.2倍的结构。
2. 对于超高层建筑，由于结构的周期可能会超过5s，按设计反应谱采用振型分解反应谱法计算的楼层剪力非常小，很难达到一般结构的最小地震剪力系数的要求，所以规范进行了适当减小，具体见规范给出的结构基本周期大于5s的剪力系数。对于基本周期3.5～5.0s的结构，楼层剪力系数可插入取值。
3. 特别注意：曾经有网友问"表中的周期是指结构的基本周期？还是考虑周期折减后的周期？"对于这个问题有的专家认为是折减后的周期。作者认为这样回答不妥，应该是指结构的基本周期，折减只是为了考虑非结构构件刚度对结构刚度的影响。

（2）抗震设计控制结构剪重比的目的是什么？

所谓的"剪重比"，指的是结构某楼层地震剪力标准值与该层以上（含本层）重力荷载代表值总和的比值，即《建筑抗震设计规范》（GB 50011—2010）第5.2.5条及《高层建筑混凝土结构技术规程》（JG 3—2010）第4.3.12条的楼层剪力系数，也有人称之为"剪重比"、"剪质比"。由于加速度反应谱（地震影响系数）在长周期段下降较快，对于基本周期大于3.5s的长周期结构，由此计算所得的结构楼层地震剪力可能太小，致使结构抗侧力构件截面设计承载力偏小。对于长周期结构，地震地面运动的速度和位移可能对结构的破坏具有更大影响，但是规范所采用的振型分解反应谱法无法对此作出估计。出于结构抗震安全考虑，提出了对结构总水平地震剪力及各楼层水平地震剪力最小值的要求，规定了不同烈度下的剪力系数最小值。如图4-40所示为最小剪力系数与规范反应谱的对应关系曲线。

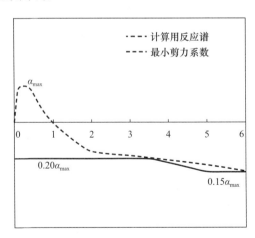

图 4-40　最小剪力系数与反应谱的对应关系

（3）当结构计算的剪重比不满足要求时，应如何合理调整？

《建筑抗震设计规范》规定了结构基本周期在加速度段、速度段、位移段时的三种不同调整方法（原规范不区分，统一采用直接放大的放大系数）。如图4-41所示，需要按以下三个方法调整：

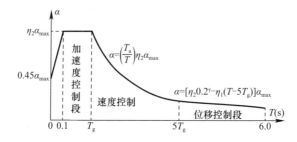

图 4-41 加速度段、速度段、位移段反应谱曲线

1）当结构基本周期位于设计反应谱的加速度控制段，即 $T_1 < T_g$ 时：

$$\eta > [\lambda]/\lambda_1$$

$$V_{Eki}^* = \eta V_{Eki} = \eta \lambda_i \sum_{j=i}^{n} G_j \quad (i = 1, 2, \cdots, n)$$

式中　η——楼层水平地震剪力放大系数；

　　　$[\lambda]$——规范规定的楼层最小地震剪力系数值；

　　　λ_1——结构底层的地震剪力系数计算值；

　　　V_{Eki}^*——调整后的第 i 楼层水平地震作用标准值。

2）当结构基本周期位于设计反应谱的位移控制段，即 $T_1 > 5T_g$ 时：

$$\Delta\lambda > [\lambda] - \lambda_1$$

$$V_{Eki}^* = V_{Eki} + \Delta V_{Eki} = (\lambda_i + \Delta\lambda)\sum_{j=i}^{n} G_j \quad (i = 1, 2, \cdots, n)$$

3）当结构基本周期位于设计反应谱的速度控制段，即 $T_g \leqslant T_1 \leqslant 5T_g$ 时：

$$\eta > [\lambda]/\lambda_1$$

$$\Delta\lambda > [\lambda] - \lambda_1$$

$$V_{Eki}^1 = \eta V_{Eki} = \eta \lambda_1 \sum_{j=i}^{n} G_j \quad (i = 1, 2, \cdots, n)$$

$$V_{Eki}^2 = V_{Eki} + \Delta V_{Eki} = (\lambda_i + \Delta\lambda)\sum_{j=i}^{n} G_j \quad (i = 1, 2, \cdots, n)$$

$$V_{Eki}^* = (V_{Eki}^1 + V_{Eki}^2)/2$$

（4）SATWE 软件对以上三种情况是如何调整的？

SATWE 依据《建筑抗震设计规范》第 5.2.5 条的条文说明，在剪重比不满足时，根据结构的基本周期采用相应的调整，即加速度段调整、速度段调整、位移段调整，且可以对两个方向分别依据基本周期所处区段进行分别调整，如图 4-42 所示。

SATWE 软件可以实现楼层剪重比的自动调整，如图 4-42 所示，设计人员勾选"按《建筑抗震设计规范》（GB 50011—2010）第 5.2.5 条调整各楼层地震内力"这个选项后，当

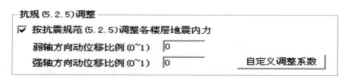

图 4-42 剪力系数调整参数设定

底部总剪力不满足设计要求时，除地下室不作调整外，其他楼层的剪力均需要调整。程序根据规范给出的最小剪力系数对不满足的楼层及其以上所有楼层进行剪重比调整，对于基本周期在 3.5～5.0s 的结构，程序会自动按照线性插值取最小剪力系数，此外，如果设计人员根据工程情况实际填写了地震影响系数最大值 α_{max}，则程序取最小剪力系数为 $0.2\alpha_{max}$（注意这点适合作了地震安评的地震动参数）。

（5）对于一般建筑，按上述原则通常都是可以满足规范规定的最小剪重比要求的。但对于超高层建筑，特别是高度超过 500m（结构基本周期超过 5.0s），即使 $85\%\lambda_{min}$ 的要求，实际也是很难满足的，而此时结构的承载力及罕遇地震的性能有可能已经满足规范要求，如果此时为了满足最小剪重比进一步提高结构刚度，代价增加或结构设计将会变得不合理。此时往往需要通过专家论证将剪重比适当放松处理，比如表 4-61 为国内部分 500m以上工程的地震剪力系数。

部分 500m 以上工程剪重比情况　　　　　　　　　　表 4-61

建筑名称	结构高度（m）	场地类别	抗震设防烈度	特征周期（s）	基本周期（s）	规范规定剪力系数	计算地震剪力系数	计算/限值
天津 117	596	Ⅲ	7.5	0.55	9.20	1.80%	1.52%	84%
上海中心	575	Ⅳ	7	0.90	9.10	1.20%	1.29%	107%
武汉绿地	540	Ⅱ～Ⅲ	6	0.40	8.72	0.60%	0.51%	85%
深圳平安大厦	540	Ⅲ	7	0.45	8.50	1.20%	1.04%	87%
中国尊	528	Ⅱ～Ⅲ	8	0.40	7.52	2.40%	2.03%	85%

注：表 4-60 限值还没有考虑《超限审查要点》建议：对场地为Ⅲ、Ⅳ类场地时，最小剪重比宜比规范规定提高 10%的规定。

基于此种情况，目前工程界专家建议按以下原则修正最小剪重比的限制要求：

对于基本周期 $T_1 \geqslant 6s$ 的结构可比规范降低 20%以内；

对于基本周期 $T_1 = 3.5～5s$ 的结构可以比规范降低 15%以内；

对于基本周期 $T_1 = 5～6s$ 的结构可以比规范降低幅度在 15%～20%之间线性插入；

对于 6 度区，当按底部剪力系数 0.008 换算的层间位移满足要求时，即可采用规范最小剪力系数进行抗震承载力验算。

（6）剪重比调整还需要注意以下几点：

1）剪重比是结构的整体指标，计算时结构不应存在局部振动，并且要取足够的振型数，保证结构振型参与质量系数达到结构总质量的 90%以上。

2）当结构的侧向刚度沿竖向变化较为均匀时，且结构的整体刚度选择比较合理时，则往往仅底部几层的地震剪力系数有可能不满足要求，而上部楼层均可满足要求。在此条件下可以采用程序中全楼地震力放大系数来调整地震剪力即可。

3）如果有 15%以上楼层的剪力系数不满足最小剪力系数要求，或底部楼层剪力系数小于最小剪力系数的 85%以上时，说明结构整体刚度偏弱或结构太重，此时应调整结构体系，增强结构刚度或减小结构重量，而不能简单采取防大系数的办法。

4）如果部分楼层的地震剪力系数比规范要求的值差的较多时，说明结构中存在明显的软弱层，对抗震不利，此时也应对结构方案进行调整。如采取措施增加软弱层的侧向刚度等，而不应采用全楼地震放大系数处理。

5）满足最小地震剪力是结构后续抗震计算的前提，只有调整到符合最小剪力要求才能进行相应的地震倾覆力矩、构件内力、位移等的计算分析。即当各层的地震剪力需要调整时，原先计算的倾覆力矩、内力和位移均需要相应调整。

6）采用时程分析法时，其计算的总剪力也需符合最小地震剪力的要求。

7）本条规定不考虑阻尼比的不同，是最低要求，各类结构，包括钢结构、隔震和消能减震结构均需一律遵守。

8）地下结构可不考虑，因地下室的地震作用明显衰减，故一般不需要核算地下室部分的剪力系数。

9）对于超限高层建筑，地处Ⅲ、Ⅳ类场地时尚应适当增加《建筑抗震设计规范》表4.2.1的限值（10%左右）；

10）对于存在竖向不规则的结构，突变部位的薄弱楼层，尚应按《建筑抗震设计规范》第3.4.4条的规定，再乘以不小于1.15的系数。

11）根据《建筑抗震设计规范》只要底部总剪力不满足就需要对全楼各楼层进行调整。

12）对于超高层建筑提高剪重比的方法建议在刚度满足位移需求时，应优先采用 减小结构自重的方法。比如核心筒截面延刚度均匀变化，内隔墙采用轻质隔墙、活荷载取值严格控制，避免业主需要过于保守造成结构设计困难。

【工程案例】 北京××金融广场工程，如图4-43所示，总建筑面积近30万 m^2，其中有一栋120m的超限高层综合办公楼。

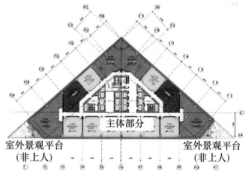

图4-43 工程效果图及平面布置图

业主要求设计楼层活荷载取值按 $3.0kN/m^2$ 考虑，《荷载规范》规定，办公楼的楼层活荷载取值按 $2.0kN/m^2$ 考虑。经过与超限审查专家协商，一致认为抗震计算楼层活荷载仍然按 $2.0kN/m^2$ 考虑，而非地震工况下可以按业主需求的楼层活荷载取值按 $3.0kN/m^2$ 考虑。

3. 如何合理正确控制结构的变形验算问题？

（1）结构设计为何要控制结构的水平变位？

规范给出限制高层建筑结构层间位移角的目的主要有以下两点：

1）保证主体结构基本处于弹性受力状态，对混凝土结构来讲，要避免混凝土墙及柱出现裂缝。同时，将混凝土梁等楼面构件的裂缝数量、高度和宽度限制在规范允许的范围内。

2）保证填充墙、隔墙和幕墙等非受力构件的完好，避免产生明显损坏。

（2）国家规范对结构的变形是如何规定的？

1)《建筑抗震设计规范》第5.5.1条规定：在多遇地震作用下结构弹性层间位移角限值，见表4-62。

弹性层间位移角限值　　　　　　　　　　　表 4-62

结构类型	$\Delta u/h$ 限值
钢筋混凝土框架结构	1/550
钢筋混凝土框架-抗震墙、板柱-抗震墙、框架-核心筒	1/800
钢筋混凝土剪力墙、筒中筒	1/1000
钢筋混凝土框支层	1/1000
多、高层钢结构	1/250

【知识点拓展】

关于《建筑抗震设计规范》层间位移限值要求几点说明：

① 仅指在多遇地震下，没有讲风荷载作用下的问题。作者认为也应包括风荷载作用之下。

② 计算时，一般不扣除由于结构重力 P-Δ 效应所产生的水平相对位移。高度超过150m 或 $H/B>6$ 的高层建筑，可以扣除结构整体弯曲所产生的楼层水平绝对位移值，因为以弯曲变形为主的高层建筑结构，这部分位移在计算的层间位移中占有相当的比例，加以扣除比较合理。如未扣除，位移角限值可有所放宽。

③ 计算最大弹性位移角限制时不计入偶然偏心的，且计算模型应采用刚性楼板假定。

④ 验算最大弹性位移角限值时可不考虑双向水平地震作用下的扭转影响。

⑤《建筑抗震设计规范》第6.2.13条：计算位移时，连梁刚度可以不折减。

⑥ 表4-62中框支层说法不够明确。作者理解仅指转换层这一层。

2)《高层建筑混凝土结构技术规程》第3.7.3条规定：结构在多遇地震或风荷载作用下，楼层层间最大位移与层高之比不宜超过表4-63规定限值。

楼层层间最大位移与层高的比值　　　　　　　表 4-63

结构体系	$\Delta u/h$ 限值
框架结构	1/550
框架-剪力墙、框架-核心筒、板柱-剪力墙	1/800
剪力墙、筒中筒	1/1000
除框架结构外的转换层	1/1000

注：楼层层间最大位移 Δu 以楼层最大的水平位移差计算，不扣除整体弯曲变形。抗震设计时，本条规定的楼层位移计算可不考虑偶然偏心的影响。

【知识点拓展】

关于《高层建筑混凝土结构技术规程》层间位移计算补充说明：

(1) 规范规定是在多遇地震下或风荷载作用下，但作者认为在风荷载与多遇地震作用下限值标准一样，不够合理，理应地震作用下的要求应该比风荷载作用下要求松一些方显合理。

(2) 计算时，不扣除由于结构整体弯曲变形，由于高度小于150m 高层建筑整体弯曲变形较小。但当高度大于150m 时整体弯曲变形产生的变形增加较快，所以规定高度大于250m 的高层建筑均采用1/500；高度为150～250m 时可线性插入。

（3）对于平面特别狭长的结构，可将《高层建筑混凝土结构技术规程》规定的偶然偏心距适当减小。

4. 木结构建筑的水平位移是如何规定的？

按弹性方法计算的风荷载或多遇地震标准值作用下的楼层层间位移 Δu 与层高 h 的比值，轻型木结构建筑层间水平位移不得超过层高的 1/250。多高层木结构建筑层间水平位移不得超过结构层高的 1/350。轻型木结构建筑和多高层木结构建筑弹塑性水平位移限制不得超过 1/50。

5. 结构设计如何合理把控层间位移角限值？

通过以上资料可以看出，目前国家《建筑抗震设计规范》、《高层建筑混凝土结构技术规程》给出的在多遇地震作用下的层间角还是比较严厉的，本次规范也已经认识到这个问题，所以也在逐渐放松对位移的限值要求，比如这次明确提出计算层间位移时，可以不考虑剪力墙连梁刚度的折减等。《广东省高层建筑混凝土结构技术规程》已经率先在控制限值上给予放松，《上海市建筑抗震设计规程》也已给出放松的条件。

6. 如何合理控制结构扭转周期比问题？

《高层建筑混凝土结构技术规程》第 3.4.5 条对结构扭转为主的第一自振周期 T_t 与平动为主的第一自振周期 T_1 之比值进行了限制，其目的就是控制结构扭转刚度不能过弱，以减小扭转效应。

说明：

（1）《高层建筑混凝土结构技术规程》对高层建筑提出扭转周期与平动周期比的限值要求，规范讲的很明确：仅指高层建筑，且仅是第一扭转与第一平动的比值。

（2）有些地方设计及审图单位也要求：多层建筑也要控制扭转周期与平动周期比，同时也要控制第一扭转与第二平动周期的比值。这绝不是规范本意。

7. 对于复杂连体、多塔楼等结构周期比验算应注意哪些问题？

（1）对于上部无刚性连接的大底盘多塔结构或单塔大底盘结构的周期比验算需要注意以下问题：

1）若存在较明显的不对称，则通过整体模型计算，难以正确验算结构周期比，此时宜将结构从底盘顶板处拆分成各个单塔楼及底盘，先逐个验算单塔楼的周期比；然后将单塔楼的质量附加到底盘顶板，单独计算底盘振动特性。宜保证以这种方式计算出的底盘第一振型，不为扭转。

2）如果结构基本对称，则通过整体模型计算，可以基本正确地验算结构算周期比，但此时宜注意扭转周期与侧振周期的对应性（各塔对于各塔），否则容易发生判断错误。为清楚起见，此类结构仍宜按照上述 1）拆分方法验算周期比。

（2）多塔楼周期比验算是基于"拆分"意义的，目前而言，唯有基于"拆分"的单塔楼周期比验算，才与扭转效有明确的、已知的因果关系。

（3）《高层建筑混凝土结构技术规程》第 5.1.14 条：对多塔结构提出了分塔模型计算要求，多塔楼结构振动形态复杂，整体模型计算有时不容易判断结果的合理性，辅以分塔模型计算分析，取二者的不利结果进行设计为妥当。

（4）《广东省高层建筑混凝土结构技术规程》第 5.1.17 条：分塔楼计算主要考察结构的扭转位移比等控制指标（暗含周期比，由于新版广东高规不再要求控制周期比），整体模型计算主要考察多塔楼对裙房的影响。

8. 高层建筑稳定性控制问题有哪些？

《高层建筑混凝土结构技术规程》第5.4.4条对高层建筑提出了整体稳定性的强制性要求。应用时需要注意以下几点：

（1）高层建筑结构的稳定性验算主要是控制在风荷载或水平地震作用下，重力荷载产生的二阶效应不致过大，以免引起结构的整体失稳、倒塌。结构的刚度和重量之比（简称刚重比）是影响重量 $P\text{-}\Delta$ 效应的主要参数。

（2）如控制结构刚重比，使 $P\text{-}\Delta$ 效应增幅小于 $10\%\sim15\%$，则 $P\text{-}\Delta$ 效应随结构刚重比降低而引起的增加比较缓慢；如果刚重比继续降低，则会使 $P\text{-}\Delta$ 效应增幅加快。当 $P\text{-}\Delta$ 效应增幅大于 20% 后，结构刚重比稍有降低，会导致 $P\text{-}\Delta$ 效应急剧增加，甚至引起结构失稳。因此，控制结构刚重比是结构稳定设计的关键。

（3）如果结构的刚重比满足《高层建筑混凝土结构技术规程》给出公式的规定，则在考虑结构弹性刚度折减 50% 的情况下，重力 $P\text{-}\Delta$ 效应仍可控制在 20% 之内，结构的稳定具有适宜的安全储备。如果结构的刚重比进一步减小，则重力 $P\text{-}\Delta$ 效应将会呈非线性关系急剧增加，直至引起结构的整体失稳。所以，在水平力作用下，高层建筑结构的稳定性应满足本条规定，不应再放松要求。

（4）规范对结构水平位移的限制要求，以控制结构刚度。但是，结构满足位移要求并不一定都能满足稳定设计要求。特别是当结构设计水平荷载较小时，结构刚度虽然较低，但结构的计算位移仍然能满足要求。

9. 哪些建筑需要进行施工及使用阶段沉降观测？

首先明确，不是所有建筑都要设置沉降观测的，对于是否需要进行沉降观测，设计人员应详见《建筑地基基础设计规范》（GB 50007—2011）第10.3.8条的规定（强条）：

下列建筑物应在施工期间及使用期间进行沉降变形观测：

1 地基基础设计等级为甲级建筑物；

2 软弱地基上的地基基础设计等级为乙级建筑物；

3 处理地基上的建筑物；

4 加层、扩建建筑物；

5 受邻近深基坑开挖施工影响或受场地地下水等环境因素变化影响的建筑物；

6 采用新型基础或新型结构的建筑物。

10. 抗震设计时，地震倾覆力矩的计算相关问题如何正确理解？

（1）《高层建筑混凝土结构技术规程》第7.1.8-1条：在规定的水平地震作用下，短肢剪力墙承担的"底部"倾覆力矩不宜大于结构底部总地震倾覆力矩的 50%。第7.1.8-2条注2具有较多短肢剪力墙结构是指，在规定水平地震作用下，承担的短肢剪力墙承担的"底部"倾覆力矩不小于结构底部总地震倾覆力矩的 30%。

（2）《高层建筑混凝土结构技术规程》第10.2.16-7条：框支框架承担的地震倾覆力矩应小于结构总倾覆力矩的 50%。

（3）《高层建筑混凝土结构技术规程》第8.1.3条：抗震设计的框架-剪力墙结构，应根据在规定的水平力作用下结构底层框架部分承受的地震倾覆力矩与结构总地震倾覆力矩的比值，确定相应的设计方法，并应符合下列要求：

1）当框架部分承受的地震倾覆力矩不大于结构总地震倾覆力矩的10％时，按剪力墙结构设计，其中的框架部分应按框剪结构的框架进行设计。

2）当框架部分承受的地震倾覆力矩大于结构总地震倾覆力矩的10％但不大于50％时，按本章框剪结构的规定设计。

3）当框架部分承受的地震倾覆力矩大于结构总地震倾覆力矩的50％但不大于80％时，按框剪结构进行设计，框架部分的抗震等级和轴压比限值宜按框架结构的规定采用。

4）当框架部分承受的地震倾覆力矩大于结构总地震倾覆力矩的80％时，按框剪结构进行设计，框架部分的抗震等级和轴压比限值应按框架结构的规定采用。

（4）《建筑抗震设计规范》第6.1.3-1条：设置少量抗震墙的框架结构，在规定水平力作用下，底层框架部分承担的地震倾覆力矩大于结构总倾覆力矩的50％时，其框架的抗震等级应按框架结构确定，抗震墙的抗震等级可与其框架的抗震等级相同。

注：这里的"底层"明确是指计算嵌固端所在的层。

11. 如何合理理解高层建筑基础底平面形心与结构竖向永久荷载偏心距问题？

高层建筑由于质心高、荷载重，对基础底面一般难免有偏心。建筑物在沉降的过程中，其重量对基础底面形心将产生新的倾覆力矩增量，而此时倾覆力矩增量又将产生新的倾覆增量，倾斜可能随之增大，直到地基变形稳定为止。因此，为了减小基础产生的倾斜，规范提出了如下限制条件：

《高层建筑混凝土结构技术规程》第12.1.6条：高层建筑主体结构基础底面形心宜与永久作用重力荷载重心重合；当采用桩基础时，桩基的竖向刚度中心宜与高层建筑主体结构永久重力荷载重心重合。

注意：新规范取消了原规范"当不能重合时偏心距 e 宜符合下式要求 $e \leqslant 0.1W/A$"

《建筑地基基础设计规范》第8.4.2条：对单幢建筑物，在地基土比较均匀的条件下，基底平面形心宜与结构竖向永久荷载重心重合。当不能重合时，在作用的准永久值组合下，偏心距 e 宜符合下式要求 $e \leqslant 0.1W/A$ 的规定。

式中 W——与偏心距方向一致的基础底面边缘抵抗矩（m³）；

A——基础底面积（m²）。

4.2.7 计算结果合理性分析判断及工程应用问题

1. 规范对结构设计计算结果正确应用的具体要求有哪些？

作为一名合格工程师，就需要依靠概念设计结合工程经验综合判断，当发现某个技术问题或数据异常时，可以根据概念来分析其原因，这往往比直接检查数据更快捷、更有效。而且可以找到问题的症结所在。这个方法最适合用于判断程序计算结果。程序计算结果有上亿数据，要跟踪这些数据是不可能的也是没有必要的，只有用概念设计来判断其合理性或找原因，又用概念去解决这些问题才是正确的出路。

（1）主要规范是如何要求的？

1）《混凝土结构设计规范》第5.1.6条：结构分析所采用的计算软件应经考核和验证，其技术条件应符合本规范和国家现行有关标准的要求。

应对分析结果进行判断和校核，在确认其合理、有效后方可应用于工程设计。

2）《建筑抗震技术规范》第3.6.6-4条：所有计算机计算结果，应经分析判断确认其合理、有效后方可用于工程设计。

3)《高层建筑混凝土结构技术规程》第5.1.16条：对结构分析软件的计算结果，应进行分析判断，确认其合理、有效后方可作为工程设计的依据。

（2）规范对计算结果有哪些要求？

《建筑抗震技术规范》第3.6.6条：利用计算机进行结构抗震分析，应符合下列要求：

1）计算模型的建立、必要的简化计算与处理，应符合结构的实际工作状况，计算中应考虑楼梯构件的影响。

2）计算软件的技术条件应符合本规范及有关标准的规定，并应阐明其特殊处理的内容和依据。

3）复杂结构在进行多遇地震作用下的内力和变形分析时，应采用不少于两个的不同力学模型，并对其计算结果进行分析比较。

4）所有计算机计算结果，应经分析判断确认其合理、有效后方可用于工程设计。

2. 只重视计算机结果不重视概念带来的隐患问题

（1）规范的这些要求都是为了防止"结构工程师对计算机及软件的滥用威胁公众安全"考虑提出来的。

纵观当今工程界，有些结构设计师甚至把计算机作为知识、经验、思考的替代品，而且这种非常令人不安的观点还在结构工程师中逐渐蔓延，人们似乎越来越相信计算机程序使他们能对工程作出"正确"的判断，而根本不愿意动脑想一想，如果没有计算机同样的工程设计需要哪些必须的知识和经验。

（2）在工程界有不少设计师迷信：认为计算机就是知识的源泉，计算机是解决工程问题的源泉，计算机具有令人信赖的"智慧"。这些迷信都大大背离了事实，不可以简单地信赖计算机，而把自己对结构工程的安全隐藏在计算软件的黑匣子里。

（3）我们可以这么认为，计算机除了具有快捷的计算速度以外，计算机程序只是一些离散知识的组合。真正的工程知识是经验、直觉、灵感、领悟力、创造力、想象力和"认知力"的巨大综合体。这些远远超越了任何程序和程序员对结构工程的"理解"。

（4）在计算机和计算软件广泛普及应用的条件下，除了要选择使用可靠的计算软件外，还应对软件计算的结果从力学概念、工程经验等方面加以判断，确认其计算结果合理和可靠性。

（5）由于目前商业和自编的软件非常之多，我们国家目前又缺乏对计算软件的鉴定、认证、监管，所以作为设计人员，在采用计算软件计算前，应该首先对所采用的软件适用范围及使用条件、设计参数，有一个比较深入的理解。作为一名合格的结构工程师不能停留在仅仅会用计算机程序上，更应该了解程序的一些编制原理上。

（6）提醒大家注意，再好的计算机程序也造就不出称职的结构工程师，而只有称职的工程师才能使用好计算程序。

（7）对于比较复杂的结构宜采用至少两个不同力学模型的结构分析软件进行对比分析，可以相互对比分析，更应该进行必要的手算分析比较，以保证结构力学分析的可靠性。

（8）目前软件均有"免责申明"。

如某软件：软件在开发阶段经过严格测试，自开发以来，国内外数以万计的工程应用证明了其适用性和正确性。

但用户必须清楚，在程序的准确性或可靠性上开发者未作任何直接或暗示性的担保，使用者必须了解程序的假定并必须独立核查结果。

3. 结构工程师面对诸多的计算软件应该怎样选择呢？

（1）结构设计计算程序的合理选择

依据《建筑工程设计文件编制深度规定》，要求使用计算机进行结构抗震分析时，应对软件的功能有切实的了解，计算模型的选取必须符合结构的实际工作情况，计算软件的技术条件应符合本规范及有关标准的规定，设计时对所有计算结果应进行判别，确认其合理有效后方可在设计中应用。

1）结构整体计算及其他计算所采用的程序名称、版本号、编制单位；

2）结构分析所采用的计算模型、高层建筑整体计算的嵌固部位等。

随着时代发展和科技进步，我们已进入信息社会。在建筑领域，有许多可用于工程结构设计的程序软件。它把结构工程师从繁重的手算、手工绘制图纸中解放出来，使结构工程师有更多的时间深入分析、思考，进行创新设计、模型选择、比较等工作，极大地提高了结构设计的效率，并使复杂的工程结构在不同工况下的整体分析变成可能。但目前的情况是，在结构设计中，计算程序软件的广泛使用也带来一些负面的影响。主要表现为：很多结构工程师在选择和利用计算软件这个问题上缺少对计算程序适应性的分析、判断，过分的依赖于计算机、设计软件，把计算机、计算软件作为知识、经验、思维的替代品，无论何种结构，都采用本人手头现有的程序进行计算，不管这个结构体系是否适用于这个程序计算，对计算机结果只要不出现"红色"就自认为没有问题，对明显不合理、甚至错误的地方也不能正确地分析、判断，使许多的建筑结构留下了安全隐患。

（2）结构工程师面对繁多的计算软件应该怎样选择呢？

首先，应根据工程情况了解设计程序软件的适用条件。一般情况下可首选空间分析程序对结构进行整体分析。

其次，根据工程结构的复杂程度选择不同计算模型的空间分析程序，对于特别复杂、不规则的结构应选择至少两种不同的程序对其进行分析。例如：建筑平面中有一贯穿两层的中庭，楼面刚度受到较大削弱，就应选用具有楼板分块刚性假定、能够计算弹性楼板功能的计算程序。

另外，应对所计算的工程特点有针对性地修改计算参数，如：由于非结构构件的刚度存在，在计算上无法反映，房屋的实测周期（合理周期）将大于计算周期的 $2\sim3$ 倍，导致地震作用偏小，不能满足最大层间位移角的限值，也不能满足最小剪重比的限值，因此必须进行周期折减，不能一味采用程序提供的缺省数值而造成计算误差。

4. "两种不同的计算程序"是指两个不同软件编制单位编制的程序，同时应尽可能选择两种计算模型不同的程序。

《高层建筑混凝土结构技术规程》第 5.1.12 条：对于体型复杂、结构布置复杂以及 B 级高度的高层建筑结构，应至少采用两个不同力学模型不同的结构分析软件进行整体计算。

《建筑抗震技术规范》第 3.6.6-3 条：复杂结构在多遇地震作用下的内力及变形分析时，应采用不少于两个合适的不同力学模型，并对其计算结果进行分析比较。

复杂结构指计算的力学模型十分复杂、难以找到完全符合实际工作状态的理想模型，只能依据各个软件自身的特点在力学模型上分别作某些程度不同的简化后才能运用该软件进行计算的结构。例如多塔类结构，其计算模型可以是底部一个塔通过水平刚臂分成上部若干个不落地分塔的分叉结构，也可以用多个落地塔通过底部的低塔连成整个结构，还可以将底部按高塔分区分别归入相应的高塔中再按多个高塔进行联合计算等。因此本规范对这类复杂结构要求用多个相对恰当、合适的力学模型而不是截然不同不合理的模型进行比较计算。复杂结构应是计算模型复杂的结构，不同的力学模型还应属于不同的计算机程序。

采用至少两个不同单位编制的结构分析软件进行整体计算，不同软件的弹性计算结果的差异宜不大于 10%。但注意：两个软件计算结构的重量不宜超过 2%，这是超限工程通常的要求。

5. 如何正确判断计算结果的合理性问题？

我们知道目前还没有任何程序能够确保计算结果的可靠性没有问题，这就需要设计人员对计算结果，结合工程情况分析判断，确认其合理、有效后，方可作为工程设计依据。作者建议设计人员主要从结构的总体和局部构件两个方面考虑：

一方面：对结构总体的分析判断，包括：

（1）所选用的计算软件是否适用本工程？

（2）结构的振型、周期、位移形态和量值是否在合理的范围？

（3）结构地震作用沿高度的分布是否合理？

（4）有效质量参与系数与楼层地震剪力的大小是否符合最小值要求？

（5）总体和局部的力学平衡条件是否得到满足？（判断力学平衡条件时，应针对重力荷载、风荷载作用下的单工况内力进行）

（6）结构楼层单位面积的重量是否在合理范围？

另一方面：对局部构件的分析判断，包括：

（1）截面尺寸是否满足剪应力控制要求，配筋是否异常？

（2）柱、墙的轴压比是否满足规范要求？

（3）受力复杂的构件（如转换构件、大悬臂构件等），其内力或应力分布是否与力学概念、工程经验相一致？

提醒大家注意：如果发现某些计算结果异常，又无法通过上述方法分析出原因时，建议采用另一不同力学模型的程序对其进行校核，两个程序计算结果的误差范围在 10% 以内。

当发现某个技术问题时，也可以根据概念来分析其原因，这往往比直接检查数据更快更有效，而且可以找到问题的症结所在。这个方法最适合用于判断电算结果，电算过程有上亿个数据，要跟踪数据是不可能的，只有用概念来判断其合理性或找原因，再用概念去解决问题才是出路。

6. 为什么要重视概念设计呢？

因为现有的各种计算理论、计算假定、计算模型、计算方法还不够完善，都是近似的。程序不是万能的，程序是有使用条件和适用范围的，程序也会有缺陷，程序计算出来的结果不一定完全准确，不一定都与事实相符，程序计算通过了并非就可以高枕无忧了。对程序计算结果，设计师应根据力学概念和工程经验进行判断，确认合理有效后再实施。不掌握概念设计的精髓，不理解规范的意图，不知道从宏观上控制结构安全，那么很可能出现设计出来的结构在 6 度时计算可以通过，烈度一增大到 7 度，结构马上就倒塌了，那是不行的。因为实际地震发生时，它的烈度是不确定的，很有可能大于设防烈度，如果只能满足设防烈度的要求，说明你的设计不是好的设计。真正好的设计，应该是在设防烈度（弹性）下不坏，大于设防烈度（进入弹塑性）情况下也能最大限度地减小震害。

7. 施工图配筋时盲目加大计算配筋就安全吗？

下面再举一些配筋增大反而对结构不利的例子：

（1）适筋梁超配筋变成超筋梁，使梁失去了应有的延性。

（2）框架梁端超配筋，破坏强柱弱梁的延性构造，地震时容易造成结构倒塌。

（3）连梁超配筋，地震时连梁的耗能能力下降，造成墙肢先坏，可能引起结构倒塌。

（4）柱子超配筋，可能使大偏压构件变成小偏压构件，柱子丧失延性，在中震时可能提前破坏，使结构倒塌。

（5）节点配筋过多过密，使得节点浇筑质量不良，地震时节点先破坏，造成结构倒塌。

（6）剪力墙底部加强区，抗弯钢筋配的比非加强区多很多，造成地震时底部没有按希望出现塑性铰，薄弱部位转移到非加强区，或抗剪能力低于抗弯能力，使结构丧失耗能能力，可能提前破坏。

（7）底层柱的实际配筋比嵌固层的还大，造成嵌固端先坏，违背了延性设计的初衷。

超配筋都是人为原因造成的，后果很严重，须引起设计人员足够重视。

通过深入领会规范精神和编制意图，合理判断和修正计算结果，这些错误都是可以避免的。

8. 如何正确分析、判断计算结果的正确性？

（1）首先必须注意检查原始数据、计算简图的正确性

设计人员首先必须仔细检查原始数据，计算简图是否符合本工程的实际情况，特别是荷载不能漏项，这是保证工程安全的最重要的基础数据。

（2）第二步检查设计的"三个"基本文本文件

1）检查结构设计信息文本文件，主要检查以下五项：

① 检查设计参数选择的是否恰当合理；

② 结构各层刚度比是否满足要求；

③ 查看抗震倾覆验算是否满足要求；

④ 查看结构整体稳定性验算结果是否满足规范要求；

⑤ 检查楼层抗剪承载力及承载力比值是否满足规范要求。

2）检查结构的周期、位移、地震力输出文件，主要检查以下两项：

① 主要检查扭转周期与第一平动周期的比值是否满足规范的要求；

② 查看 X、Y 方向的有效质量系数是否满足规范的要求。

3）检查位移输出文件，主要查看以下参项：

① 分别检查在 X、Y 方向地震力作用下的楼层最大位移比是否满足规范的要求。

注意：此时是不考虑偶然偏心作用的。

② 分别检查在考虑偶然偏心地震力作用下的 X、Y 楼层最大层间位移与平均层间位移的比值是否满足要求。注意要分别查看 $X(Y)-5\%$ 及 $X(Y)+5\%$ 两种工况偶然偏心作用下的最不利工况。

③ 查看在 X、Y 方向风荷载作用下的楼层最大位移是否满足规范要求。

（3）对计算结构合理性的判断

根据结构类型分析其动力特性和位移特性，判断其合理性。

1）周期与地震力的分析判断：周期大小与刚度的平方根成反比，与结构质量的平方根成正比。周期的大小与结构在地震中的动力反应密切相关，最主要的是不能与场地土的卓越周期一致，否则会发生共振现象。

2）振型特征的判断：正常计算结果的振型曲线多为连续光滑曲线，当沿竖向有非常明显的刚度和质量突变时，振型曲线可能有不光滑的畸变点，如图 4-44 所示。

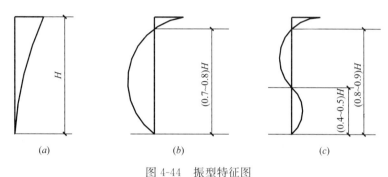

图 4-44 振型特征图

（a）第一振型；（b）第二振型；（c）第三振型

3）位移合理性判断：结构的弹性层间位移角需要满足《建筑抗震设计规范》第 5.5.1 条的要求。位移与结构的总体刚度有关，整体刚度越大，位移角越小，故可以根据初算的结果对结构进行调整，位移角也不宜偏小，因结构的整体刚度愈大，地震作用也愈大。所以一般情况下满足《建筑抗震设计规范》第 5.5.1 条的要求即可。需要注意的是：此处的位移是基于楼板平面内刚度无限大。

（4）对结构渐变性的判断

竖向刚度、质量变化均匀的结构，在较均匀变化的外力作用下，其内力、位移计算结果自下而上也应均匀变化，不应有较大的突变，否则应检查结构截面尺寸及输入的原始数据是否正确、合理。位移曲线应如图 4-45 所示。

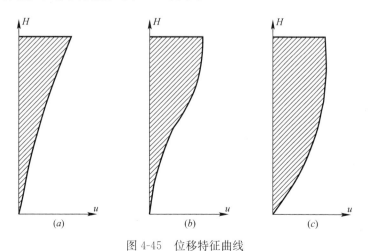

图 4-45 位移特征曲线

（a）剪力墙结构；（b）框架剪力墙结构；（c）框架结构

（5）对结构平衡性的判断

分析在单一重力荷载或风荷载作用下内外力平衡条件是否满足。进行分析时请注意以下三点：

1）应在内力调整之前进行分析。

2）平衡校核只能在同一荷载条件下进行，故不能考虑施工过程的模拟加载的影响。

3）经过 CQC 或 RSS 法组合的地震作用效应是不能作平衡分析的，当需要分析时可近视利用第一振型的地震作用进行平衡分析。

（6）构件配筋应注意的问题

截面配筋时还应注意以下 5 个问题：

1）一般构件的配筋值是否符合构件的传力特征。

2）特殊构件（如转换梁、大悬臂梁、转换柱、跨层柱）应分析其内力、配筋是否正常，悬臂梁、大跨度梁的裂缝、挠度是否满足要求。

3）柱、短肢剪力墙的轴压比，转换梁的剪压比是否满足要求。

4）个别构件的超筋的判断和处理。个别连梁的超筋是允许的，一般按最大配筋配，相应加强周边墙、梁配筋，但转换梁不允许超筋。

5）应重视竖向构件的配筋：竖向构件大部分的配筋是构造配筋，这是对的，但并不意味着可以不看计算结果，均按构造配筋，尤其是框支柱、框支梁以上的二层剪力墙等重要部位。剪力墙分布钢筋除满足构造要求外，还应和计算所用的参数相符。

4.2.8　【工程案例】初步设计阶段结构设计总说明

说明：本工程设计于 2011 年。

初步设计阶段结构设计总说明

1　结构设计说明

1.1　工程概况

本工程位于××市××区，为高档酒店、办公、商业等综合体建筑，超限部分总建筑面积约 13.544 万 m^2（其中地下 2.255 万 m^2，地上 11.289 万 m^2）。平面最大尺寸为 218m× 83m，其中主体平面为 66m×38m，核心筒平面为 37.3m×18.15m 的菱形建筑。

裙房为地上 4 层，高度 26.85m，地下 3 层，埋深约为－17.60m（结构基础底）；主楼地上 50 层，主体结构高度为 200m，地下 3 层，埋深约为－18.70m（结构筏板底）；主体结构高宽比 1/5.8；核心筒宽高比 1/12.8，基础埋置深度为高度的 1/10.7。

1.2 结构设计标准

结构的安全等级按二级考虑；重要性系数为 $\gamma_0 = 1.0$。

结构抗震设防类别按"标准设防类"考虑，简称"丙"类。

地基基础设计等级按甲级考虑；建筑桩基设计等级按甲级考虑。

结构设计使用年限按 50 年考虑。

混凝土结构的环境类别：地下按"二 b"类，地上按"一"类考虑。

1.3 结构设计依据

主要技术依据：

(1)《建筑结构可靠度设计统一标准》（GB 50068—2001）；

(2)《建筑结构荷载规范》（GB 50009—2001）；

(3)《建筑抗震设计规范》（GB 50011—2010），以下简称《抗震规范》；

(4)《混凝土结构设计规范》（GB 50010—2010），以下简称《混凝土规范》；

(5)《高层建筑混凝土结构技术规程》（JGJ 3—2010），以下简称《高规》；

(6)《高层建筑钢-混凝土混合结构设计规程》（CECS 230：2008）；

(7)《高层民用建筑钢结构技术规程》（JGJ 99—1998）；

(8)《钢结构设计规范》（GB 50017—2003）；

(9)《型钢混凝土组合结构技术规程》（JGJ 138—2001）；

(10)《建筑地基基础设计规范》（GB 50007—2002）；

(11)《高层建筑箱形与筏形基础技术规范》（JGJ 6—1999）；

(12)《建筑桩基技术规范》（JGJ 94—2008）；

(13)《建筑工程抗震设防分类标准》（GB 50223—2008）；

(14) 初步建筑设计图；

(15) 其他有关资料。

1.4 主要设计荷载取值

1.4.1 活荷载标准值

办公楼	2.0kN/m^2
走廊、电梯门厅	2.5kN/m^2
主入口门厅、人员密集处	3.5kN/m^2
餐厅	2.5kN/m^2
餐厅厨房	4.0kN/m^2
楼梯：	
普通楼梯	2.5kN/m^2
消防楼梯	3.5kN/m^2
卫生间	2.5kN/m^2
上人屋面	2.0kN/m^2
不上人屋面	0.5kN/m^2

地下室顶板（考虑施工堆载）	5.0kN/m^2
小车停车场及坡道：	
单向板楼盖（板跨度不小于2m）	4.0kN/m^2
双向板楼盖（板跨不小于6m×6m）	2.5kN/m^2
消防车道：	
单向板楼盖（板跨度不小于2m）	35kN/m^2
双向板楼盖（板跨不小于6m×6m）	20kN/m^2
室外地面	10kN/m^2

1.4.2 风荷载

基本风压：

用于承载力计算取0.65kN/m^2（取银川地区50年一遇的基本风压）但承载力计算时、风反压乘以1.1扩大系数。

用于变形验算取0.65kN/m^2（取银川地区50年一遇的基本风压）。

舒适度验算取0.40kN/m^2（取银川地区10年一遇的基本风压）。

地面粗糙度：B类。

体型系数和风振系数：按《建筑结构荷载规范》(GB 5009—2001)(2006年版)确定。

最终的风荷载及体型系数以风洞模型试验数值为设计依据。

1.4.3 雪荷载

基本雪压0.25kN/m^2，屋面水平部分和坡面部分的积雪分布系数分别为1.0、0.3。

1.4.4 主要楼层机电设备荷载

屋顶擦窗机荷载：420kN。

1.4.5 抗震设防烈度的确定

（1）规范给出的地震动参数

建筑抗震设防类别：标准设防类，简称"丙"类。

抗震设防烈度：8度。

设计基本地震加速度：$0.20g$。

设计地震分组：第二组。

场地类别：Ⅱ类。

场地特征周期：0.40s。

注：按工程地勘报告提供的45m以上土的剪切波速均$\geqslant 200\text{m/s}$，第二组按《建筑抗震设计规范》第4.1.6条可以采用连续化插入得$T_g=0.44\text{s}$，因此计算取$T_g=0.44\text{s}$。

（2）本工程场地地震安全性评价报告给出的动参数

50年一遇超越概率63％时，设计基本地震加速度$0.088g$，水平地震影响系数0.19，特征周期0.40s，$\gamma=1.1$。

50年一遇超越概率10％时，设计基本地震加速度$0.25g$，水平地震影响系数0.60，特征周期0.60s，$\gamma=1.1$。

50年一遇超越概率2％时，设计基本地震加速度$0.43g$，水平地震影响系数1.0，特征周期0.80s，$\gamma=1.1$（图1-1）。

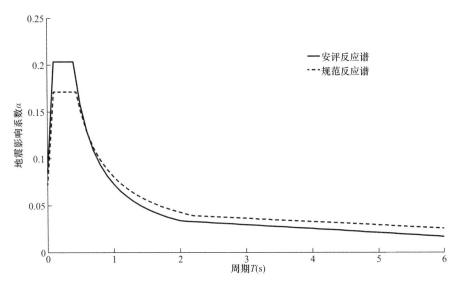

图 1-1 安评小震谱与规范小震谱对比图

其中参数取值：规范谱：$\alpha_{\max}=0.16$，$T_g=0.44s$，$\gamma=0.9$，$\zeta=0.04$。

安评谱：$\alpha_{\max}=0.19$，$T_g=0.40$，$\gamma=1.1$，$\zeta=0.04$。

经对地震安评谱计算与规范谱计算得基底剪力见表 1-1：（SATWE 及 ETABS 结果）。

基底剪力（kN）   表 1-1

基底剪力	安评谱		规范谱	
分析程序	SATWE	ETABS	SATWE	ETABS
X 向	56543	56300	58589	58510
Y 向	56417	54650	57691	57540

经以上比较分析，本工程地震作用安评谱和规范谱地震作用极其接近，根据以上结果，本工程多遇地震计算采用规范谱进行计算。

（3）抗震设计地震动参数的合理选取

1）抗震计算时地震动参数的选取

多遇地震（小震）计算地震动参数取规范谱的地震动参数：即 50 年一遇超越概率 63％时，设计基本地震加速度 0.080g，水平地震影响系数 0.16，特征周期 0.44s，$\gamma=0.9$。

设防地震（中震）计算地震动参数取《建筑抗震设计规范》的参数；即 50 年一遇超越概率 10％时，设计基本地震加速度 0.20g，水平地震影响系数 0.45，特征周期 0.44s，$\gamma=0.9$。

罕遇地震（大震）计算地震动参数取《建筑抗震设计规范》的参数；即 50 年一遇超越概率 2％时，设计基本地震加速度 0.40g，水平地震影响系数 0.90，特征周期 0.49s，$\gamma=0.9$。

2）抗震措施选用的地震动参数

因本工程抗震设防类别为"标准设防类"，所以抗震措施按设防烈为 8 度采取抗震措施。

1.5　主要结构材料的合理选择

混凝土、钢筋、钢材选用见表 1-2。

混凝土、钢筋、钢材选用表　　　　　　　　　表 1-2

布置部位和构件名称			混凝土及钢材强度等级	钢筋强度标准	主要墙柱梁构件截面尺寸（mm）	备注
垫层			C15			
构造柱、拉结圈梁等后浇非主体混凝土构件			C20	HRBF400		
地下室		顶板梁板	C35	HRBF400		
		地下底板	C35	HRBF400		抗渗等级 P10
主楼	B3~F5	现浇板	C35	HRBF400	150	
		混凝土梁/钢梁	C60/Q345GJC	HRB400	RC800×450（地下及裙房）H650×420（主楼）	
		现浇柱（钢骨混凝土柱）	C60/Q345GJC	HRB400	SRC1800×900	
	F6~F10	核心筒墙	C60	HRB400	RC（1000~1200）	
		楼板	C35	HRBF400	150	
		钢梁	Q345GJC		H650×420	
		现浇柱（钢骨混凝土柱）	C60/Q345GJC	HRB400	SRC1700×900	
		核心筒墙	C60	HRB400	RC900	
	F11~F21层	现浇板	C35	HRBF400	150	
		钢梁	Q345GJC		H650×420	
		现浇柱（钢骨混凝土柱）	C55/Q345GJC	HRB400	SRC1600×900	
		核心筒墙	C55	HRB400	RC800	
	F22~F30层	现浇板	C35	HRBF400	150	
		钢梁	Q435GJC		H650×420	
		现浇柱（钢骨混凝土柱）	C50/Q345GJC	HRB400	SRC1500×900	
		核心筒墙	C50	HRB400	RC700	
	F31-F41	现浇板	C35	HRBF400	150	
		钢梁	Q345GJC		H650×420	
		现浇柱（钢骨混凝土柱）	C45/Q345GJC	HRB400	SRC1400×900	
		核心筒墙	C45	HRB400	RC600	
	F42 以上	现浇板	C35	HRBF400	150	
		钢梁	Q345GJC		H650×420	
		现浇柱（钢骨混凝土柱）	C40/Q345GJC	HRB400	SRC1300×900	
		核心筒墙	C40	HRB400	RC500	

注：施工图设计时，截面变化与混凝土强度变化错开 2 层。

1.6 基本构造规定

1.6.1 耐久性设计要求

（1）环境类别：本工程混凝土结构的环境类别：地下按二 b，地上按一类考虑。

（2）设计使用年限为 50 年的混凝土结构，其材料宜符合表 1-3 的要求。

结构混凝土材料的耐久性基本要求　　　　　　　　表 1-3

环境类别	最大水胶比	最低强度等级	最大氯离子含量（%）	最大碱含量（kg/m³）
一	0.60	C20	0.30	不限制
二 b	0.50	C30	0.15	3.0

注：详见《混凝土结构设计规范》第 3.5.3 条。

1.6.2 保护层厚度

（1）构件中受力钢筋的保护层厚度不应小于钢筋的公称直径 d。

（2）最外层钢筋的保护层厚度不应小于表 1-4 的要求。

混凝土保护层最小厚度 c（mm）　　　　　　　　表 1-4

一类环境		二 b 类环境				
板、墙	梁、柱、杆	地下室墙、梁、柱			基础底板	
		外墙外侧	外墙内侧、内墙、板	柱、梁	底侧	上侧
15	20	30	25	35	50	30

注：1. 考虑到地下水具有微腐蚀性，适当加厚与水接触侧保护层厚。
　　2. 考虑到地下外墙建筑有外防水做法，外墙外侧保护层厚 30mm。

1.6.3 钢筋的搭接

当钢筋直径 $\Phi \geqslant 20$mm 时，采用机械连接，接头的质量等级应为 Ⅰ 级。

当钢筋直径 $\Phi \leqslant 20$mm 时，可采用搭接连接，搭接长度按搭接率确定。

1.6.4 纵向受力钢筋的最小配筋率（%）

（1）受弯构件、偏心受拉、轴心受拉构件一侧的受拉钢筋不小于：0.20 和 $0.45 f_t / f_y$ 的较大值。

（2）受压构件，全部纵向钢筋不小于 0.55，同时一侧纵向钢筋不小于 0.20。

（3）对于筏板及独立柱基础，最小配筋率不小于 0.15。

1.7 结构体系及抗震等级的合理选取

1.7.1 结构体系的优选

经过多次专家对本工程论证优选，认为主体结构采用钢筋混凝土框架—钢筋混凝土核心筒体系较合理，框架柱采用型钢混凝土柱，框架梁采用钢梁，核心筒采用钢筋混凝土（加强部位采用钢板混凝土剪力墙）；裙房部分采用钢筋混凝土框架-剪力墙结构。

这种混合结构体系是近年来在我国应用较为广泛的一种新型结构体系，由于其在降低结构自重、减少结构断面尺寸、加快施工进度方面的明显优点，已得到工程界和投资方的广泛应用。

1.7.2　结构抗震等级的确定

主楼部分：

地下一层以上：框架一级，核心筒特一级。

地下二层：框架一级，核心筒一级。

地下三层：框架二级，核心筒二级。

裙房部分：

地下一层至地上主楼相连的三跨范围：框架一级，剪力墙特一级。

其他部位：框架一级，剪力墙一级。

地下二层：框架三级，剪力墙二级。

地下三层：框架四级，剪力墙三级。

注：因本工程裙房偏置，其端部有扭转效应，其抗震措施需适当加强。

1.8　超限情况的认定

本工程根据建质〔2010〕109号《超限高层建筑工程抗震设防专项审查技术要点》，对规范涉及结构不规则性的条文进行了检查。通过以下逐条检查可以看出，本工程为高度超限、高位转换、一般规则性超限（表1-5～表1-7）。

建筑结构高度超限检查　　　　　　　　　　　　　　　　　　　　表1-5

项目	超限类别	超限判断	备注
高度	8度型钢混凝土框架-钢筋混凝土核心筒结构150m	200m，高度超限	—

建筑结构一般规则性超限检查　　　　　　　　　　　　　　　　　表1-6

项目	超限类别	超限判断		备注
扭转不规则	考虑偶然偏心的扭转位移比大于1.2	3层大于1.2	超限	同时有三项及三项以上不规则的高层建筑
偏心布置	偏心距大于0.15或相邻层质心相差较大	均不大于0.15		
凹凸不规则	平面凹凸尺寸大于相应边长的30%	局部凹进13.1%		
组合平面	细腰形或角部重叠形	无		
楼板不连续	有效宽度小于50%，开洞面积大于30%，错层大于梁高	仅地上2层楼板开洞面积约为楼板面积的15%		
刚度突变	相邻层刚度变化大于70%或连续三层变化大于80%	满足		
尺寸突变	缩进大于25%，外挑大于10%和4m	无		
构件间断	上下墙、柱、支撑不连续，含加强层	地上21层采用局部斜柱转换	超限	
承载力突变	相邻层受剪承载力变化大于80%	均满足		

建筑结构严重规则性超限检查　　　　　　　　　　　　　　　　　表1-7

项目	超限类别	超限判断		备注
扭转偏大	裙房以上较多楼层扭转位移比大于1.4	均小于1.4		具有一项不规则的高层建筑工程
扭转刚度弱	扭转周期比大于0.9，混合结构大于0.85	两主轴方向均小于0.85		
层刚度偏小	本层侧向刚度小于相邻上层的50%	均满足		

续表

项目	超限类别	超限判断		备注
高位转换	框支转换构件位置：8 度超过 3 层	地上 21 层局部斜柱转换	超限	具有一项不规则的高层建筑工程
厚板转换	7～9 度设防的厚板转换结构	无		
塔楼偏置	单塔或多塔与大底盘的质心偏心距大于底盘相应边长的 20%	大于 20%	超限	
复杂连接	各部分楼层、刚度布置不同的错层或连体结构	无		
多重复杂	结构同时具有转换层、加强层、错层、连体和多塔类型的 2 种以上	无		

1.9 分析方法及手段的选择

本工程整体计算分析和截面设计分别采用 SATWE（2010 版）和 ETABS9.7.1 两种软件对其进行分析比较。

SATWE 空间结构模型计算程序，分别采用振型分解反应谱法和时程分析法计算结构地震作用。为充分考虑高振型的影响，振型数取大于 60 个，结构抗震计算按照考虑扭转耦联振型分解法进行，考虑双向地震作用及偶然偏心影响，并用 ETABS 程序进行整体校核，大震采用 EPDA 进行薄弱层弹塑性计算分析。

根据抗震审查咨询专家的意见及建议，分析计算模型，分别取以下四种情况：

（1）单独取出主楼计算一次；

（2）单独取出裙房计算一次；

（3）取出主楼和裙房整体计算一次；

（4）带地上地下计算一次，地下取规范规定的相关范围大小；相关范围见《抗震规范》第 6.1.14-2 条文说明。

2 结 构 体 系

2.1 概述

本工程在不同的阶段经过多次专家对本工程论证优选，认为主体结构采用型钢混凝土框架—钢筋混凝土核心筒体系较合理，框架柱采用型钢混凝土柱，框架梁采用钢梁，核心筒采用钢骨混凝土剪力墙，裙房及地下部分采用钢筋混凝土框架—剪力墙结构。

2.2 抗侧力体系

本工程的结构体系属双重抗侧力体系，由两种受力、变形性能不同的抗侧力结构单元组成并共同承受水平地震及风荷载作用的结构体系，本工程为型钢混凝土框架—钢骨混凝土核心筒结构体系。

2.3 楼盖结构体系

本工程（主楼）标准层楼板采用钢筋桁架楼承板，最大楼板尺寸为 6.0m×9.0m，典型板厚 150mm。钢筋桁架楼承板系统是近几年新兴的一种组合楼板，这种楼承板具有以下优点：施工阶段，钢筋桁架与压型钢板形成组合模板，能够承受施工阶段混凝土及施工荷载，不需要大量钢模板；使用阶段，钢筋桁架与混凝土协同工作，承受使用荷载；克服了传统的压型钢板组合楼板在两个方向刚度及厚度的不同差异，这对主体结构两个方向承载力、变形及舒适度计算均有利，实际上这种楼承板和传统的现浇混凝土板类似，这也是钢筋桁架楼板的一大特色。为保证钢梁与混凝土楼板可靠连接，在钢梁上焊剪力栓钉以有效传递剪力。这种楼板生产机械化程度高，可大量减少现场绑扎钢筋工作量（现场钢筋绑扎工作量减少 60%～70%），不需要大量模板，可以大大缩短施工工期。

2.4 主要计算结果和指标汇总及分析、判断

主要采用中国建筑科学研究院建筑工程软件研究所编制的 PKPM 系列软件 SATWE 及美国 ETABS 两种不同的空间结构模型计算程序分别对其进行分析计算，结构抗震计算按照扭转耦联振型分解法进行，考虑双向地震作用及偶然偏心影响主要用 SATWE 分析计算（ETABS 进行整体校核），大震采用 EPDA&PUSH 程序进行弹塑性时程计算分析。

3 主要计算结果汇总于表 2-1（主楼和裙房整体参与计算）

主要计算结果汇编 表 2-1

分析软件名称			SATWE（2010）	ETABS9.7.1
周期	T1 平扭比例（$X+Y$，R）或质量参与系数		3.96 1.00(0.01+0.99)	3.92 (0.007+0.497)
	T2 平扭比例（$X+Y$，R）或质量参与系数		3.40 1.00(0.99+0.01)	3.28 (0.499+0.006)
	T3 平扭比例（$X+Y$，R）或质量参与系数		2.73 0.99(R)	2.84 (0.001+0.002)
	T4 平扭比例（$X+Y$，R）或质量参与系数		1.17 1.00(0.44+0.56)	1.24 (0.06+0.11)
	T5 平扭比例（$X+Y$，R）或质量参与系数		1.04 1.00(0.56+0.44)	1.05 (0.030+0.020)
	T6 平扭比例（$X+Y$，R）或质量参与系数		0.96 0.99(R)	0.96 (0.09+0.040)
	T_3/T_1，T_3/T_2		0.69，0.80	0.72，0.85
地震作用	顶点位移（mm）	X 向	189	179.5
		Y 向	249	215.9
	最大层间位移角	X 向	1/779（30 层）	1/796（31 层）
		Y 向	1/636（30 层）	1/618（30 层）
	最大层间位移比	X 向	1.56（3 层）	1.28（1 层）
		Y 向	1.39（4 层）	1.226（2 层）
结构总质量（不包括地下结构）		$D+0.5L$	199363t	194400t
X、Y 地震基底剪力（kN）		V_x	63276	63190
		V_y	62307	62250

续表

分析软件名称		SATWE（2010）	ETABS9.7.1
基底剪重比	V_x/G	3.17%	3.33%
	V_y/G	3.13%	3.26%
框架部分承担的倾覆力矩比例	X向	21.8%	21.4%
	Y向	17.3%	19.6%
框架部分承担基底剪力比例	X向	9.80%	10.9%
	Y向	10.42%	11.2%
有效质量参与系数	X向	99.3%	99.7%
	Y向	99.1%	99.7%
地震作用倾覆弯矩（kN·m）	M_x	6539389	6372000
	M_y	6135775	6375000
X向刚重比	EJd/GH²	4.96	4.23
Y向刚重比	EJd/GH²	3.73	3.13

注：考虑到本结构在两个主轴方向的动力特性有差异，所以对其两个方向分别控制扭转周期与平动周期比不大于0.85。

由以上程序对本结构整体计算结果分析来看，程序分别计算出的周期、位移接近，有效质量系数、周期比等基本吻合，只是由于结构各程序对某些特殊情况的处理方法上不尽相同，在单元模型（如墙元的处理）处理上存在差异，计算结构在数值上有时会存在一定的差异，但均在工程允许的范围内，说明本工程结构选型、平、立面布置合理，计算结果合理、有效，用于工程设计，整个结构的整体安全是能够得到保证的。

3.1 提请设计审批时注意的问题

1 建设单位应尽快安排工程地勘详勘工作，并提供经过审查后的工程地勘报告（详勘），以便进行施工图设计。

2 初步设计的截面尺寸在施工图设计时，可按实际情况调整。

3.2 图纸目录（表3-1）

图纸目录 表3-1

序号	图号	图名	备注
1	初设-1	基础平面图	
2	初设-2	地下三结构布置图	
3	初设-3	地下二结构布置图	
4	初设-4	地下一结构布置图	
5	初设-5	低区标准层结构布置图	办公部分
⋮			
20	初设-20	屋顶结构布置图	

4.3 初步设计阶段附图解读

4.3.1 设计制图编制规定相关问题

1. 设计图纸要求

设计图纸均应严格依据《房屋建筑制图统一标准》(GB 50001—2010)的统一规定。

(1) 总则

为了统一房屋建筑制图规则,保证制图质量,提高制图效率,做到图面清晰、简明,符合设计、施工、审查、存档的要求,适应工程建设的需要,制定本标准。

(2) 本标准适用于下列制图方式绘制的图样:

1) 计算机绘图;

2) 手工绘图。

(3) 本标准适用于各专业工程制图:

1) 新建、改建、扩建工程的各阶段设计图、施工图;

2) 原有建筑物、构筑物和总平面的实测图;

3) 通用设计图、标准设计图。

2. 图纸幅面规格与图纸编排顺序

图纸幅面及图框尺寸,应符合表 4-64 及图 4-46～图 4-50 的要求。

图纸幅面尺寸

表 4-64

幅面代号 尺寸代号	A0	A1	A2	A3	A4
$b \times l$ (mm)	841×1189	594×841	420×594	297×420	210×297
c	10			5	
a	25				

注:(1) 图纸以短边作为垂直边应为横式,以短边作为水平边应为立式,A0～A3 图纸宜横式使用;必要时,也可立式使用。

(2) 一个工程设计中,每个专业使用的图纸,不宜多于两种幅图,不含目录及表格所采用的 A4 幅图。

3. 图纸编排顺序

(1) 工程图纸应按专业顺序编排,应为图纸目录、总图、建筑图、结构图、给水排水图、暖通空调图、电气图等。

(2) 各专业图纸,应按图纸内容的主次关系、逻辑关系进行分类排序。

4. 图线选择

(1) 图线的宽度 b,宜从 1.4mm、1.0mm、0.7mm、0.5mm、0.35mm、0.25mm、0.18mm、0.13mm 线宽系列中选取。图线宽度不应小于 0.1mm。每个图样,应根据复杂程度与比例大小,先选定基本线宽 b,再选用表 4-65 中相应的线宽组。

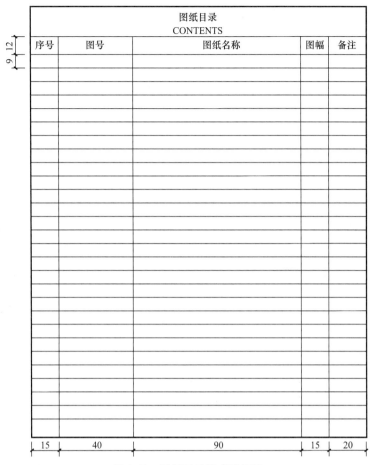

图 4-46　图纸目录格式及规格

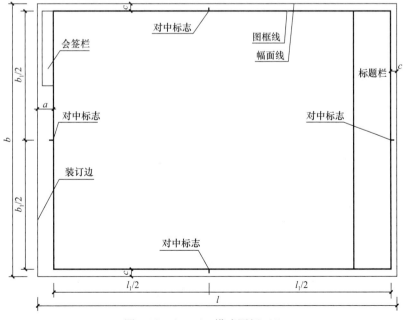

图 4-47　A0～A3 横式图幅（1）

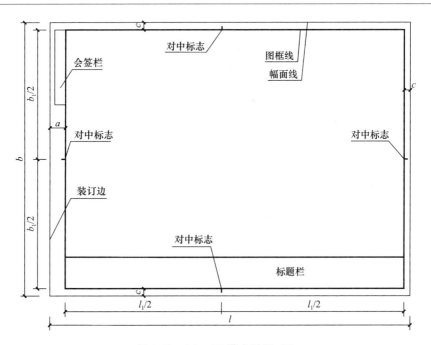

图 4-48　A4～A5 横式图幅（2）

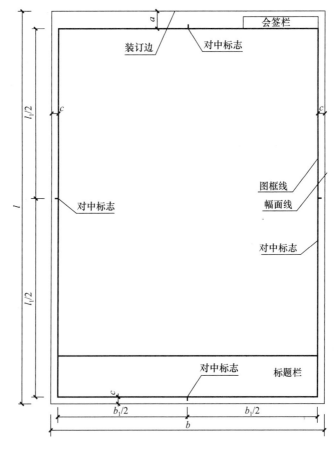

图 4-49　A0～A4 立式幅图（1）

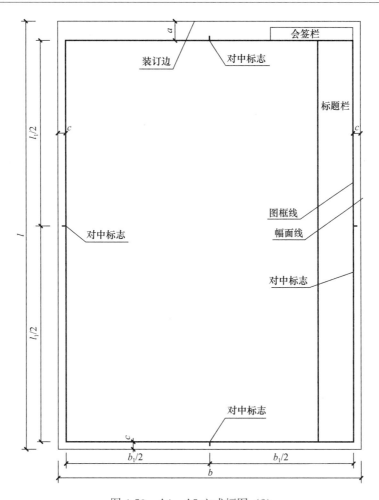

图 4-50 A4～A5 立式幅图（2）

线宽组（mm）   表 4-65

线宽比	线宽组			
b	1.4	1.0	0.7	0.5
$0.7b$	1.0	0.7	0.5	0.35
$0.5b$	0.7	0.5	0.35	0.25
$0.25b$	0.35	0.25	0.18	0.13

注：1. 需要缩微的图纸，不宜采用 0.18 及更细的线宽。
   2. 同一张图纸内，各不同线宽中的细线，可统一采用较细的线宽组的细线。

（2）工程建设制图应用表 4-66 所列的图线。

工程建设制图线型   表 4-66

名称		线型	线宽	一般用途
实线	粗	——————	b	主要可见轮廓线
	中粗	——————	$0.7b$	可见轮廓线
	中	——————	$0.5b$	可见轮廓线、尺寸线、变更云线
	细	——————	$0.25b$	图例填充线、家具线

续表

名称		线型	线宽	一般用途
虚线	粗	— — — — — —	b	见各有关专业制图标准
	中粗	- - - - - - - - -	$0.7b$	不可见轮廓线
	中	- - - - - - - - - -	$0.5b$	不可见轮廓线、图例线
	细	- - - - - - - - - - -	$0.25b$	图例填充线、家具线
单点长画线	粗	—— · —— · ——	b	见各有关专业制图标准
	中	— · — · — · —	$0.5b$	见各有关专业制图标准
	细	— · — · — · —	$0.25b$	中心线、对称线、轴线等
双点长画线	粗	—— · · —— · · ——	b	见各有关专业制图标准
	中	— · · — · · —	$0.5b$	见各有关专业制图标准
	细	— · · — · · —	$0.25b$	假想轮廓线、成型前原始轮廓线
折断线	细	——/\——	$0.25b$	断开界线
波浪线	细	∿∿∿	$0.25b$	断开界线

注：同一张图纸内，相同比例的各样图，应选用相同的线宽组。

（3）图纸的图框和标题栏线，可以用表 4-67 的线宽。

图框线、标题栏线的宽度（mm） 表 **4-67**

幅面代号	图框线	标题栏外框线	标题栏分格线
A0、A1	b	$0.5b$	$0.25b$
A2、A3、A4	b	$0.7b$	$0.35b$

5. 字体选择

（1）图纸上所需书写的文字、数字或符号等，均应笔画清晰、字体端正、排列整齐；标点符号应清楚正确。

（2）文字的字高，应从表 4-68 中选用，字高大于 10mm 的文字宜采用 TRUETYPE 字体，如需写更大的字，其高度应按 $\sqrt{2}$ 的倍数递增。

文字的字高（mm） 表 **4-68**

字体种类	中文矢量字体	TRUETYPE 字体及非中文矢量字体
字高	3.5、5、7、10、14、20	3、4、6、8、10、14、20

（3）图样及说明中的汉字，宜采用长仿宋体（矢量字体）或黑体，同一图纸字体种类不应超过两种，长仿宋体的宽度与高度的关系应符合表 4-69 的规定。黑体字的宽度与高度应相同。大标题、图册封面、地形图等的汉字，也可书写成其他字体，但应易于辨认。

长仿宋体字高宽关系（mm） 表 **4-69**

字高	20	14	10	7	5	3.5
字宽	14	10	7	5	3.5	2.5

（4）图样及说明中的拉丁字母、阿拉伯数字与罗马数字，宜采用单线简体或 ROMAN 字体。

拉丁字母、阿拉伯数字与罗马数字的书写规则，应符合表 4-70 的规定。

拉丁字母、阿拉伯数字与罗马数字的书写规则　　　　　表 4-70

书写格式	字体	窄字体
大写字母高度	h	h
小写字母高度（上下均无延伸）	$7/10h$	$10/14h$
小写字母伸出的头部或尾部	$3/10h$	$4/14h$
笔画宽度	$1/10h$	$1/14h$
字母间距	$2/10h$	$2/14h$
上下行基准线的最小间距	$15/10h$	$21/14h$
词间距	$6/10h$	$6/14h$

（5）拉丁字母、阿拉伯数字与罗马数字，如需写成斜体字，其斜度应是从字的底线逆时针向上斜 75°。斜体字的高度和宽度应与相应直体字相等。

（6）拉丁字母、阿拉伯数字与罗马数字高，不应小于 2.5mm。

（7）数量的数值注写，应采用正体阿拉伯数字。各种计量单位凡前面有量值的，均应采用国家颁布的单位符号注写，单位符号应采用正体字母。

6. 符号表示

（1）剖视的剖切符号应由剖切位置线及剖视方向线组成，均应以粗实线绘制。剖视的剖切符号应符合下列规定：

1）剖切位置线的长度宜为 6～10mm，剖视方向线应垂直于剖切位置线，长度应短于剖切位置线，宜为 4～6mm（图 4-51）。

2）剖视剖切符号的编号宜采用粗阿拉伯数字，按剖切顺序由左向右，由下向上连续编排，并应注写在剖视方向线的端部。

3）需要转折的剖切位置线，应在转角的外侧加注与该符号相同的编号。

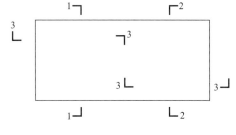

图 4-51　剖视的剖切符号

4）建（构）筑物剖面图的剖切符号应在 ±0.000 标高的平面图或首层平面图上。

5）局部剖面图（不含首层）的剖切符号应注在包含剖切部位的最下面一层的平面图上。

（2）断面的剖切符号应符合下列规定：

1）断面的剖切符号应只用于剖切位置线表示，并应用粗实线，长度宜为 6～10mm。

2）断面剖切符号的编号宜采用阿拉伯数字，按顺序连续编排，并应注写在剖切位置线的一侧，编号所在的一侧应为该断面的剖视方向（图 4-52）。

3）结构梁板断面图可以直接画在结构布置图中（图 4-53）。

7. 索引符号与详图符号

（1）图样中的某一局部或构件，如需另见详图，应以索引符号索引（图 4-54*a*）。索引符号是由直径为 8～10mm 的圆和水平直径组成，圆及水平直径应以细实线绘制。索引符号应按下列规定编号：

1）索引出的详图，如与被索引的详图同在一张图纸内，应在索引符号的上半圆中用阿拉伯数字注明该详图的编号，并在下半圆中间画一段水平细实线（图 4-54b）。

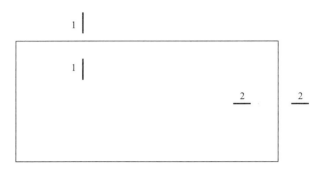

图 4-52　断面的剖切符号

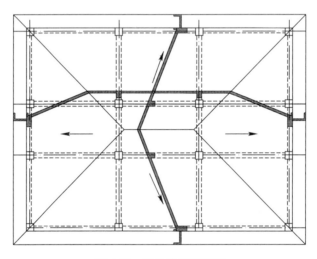

图 4-53　结构梁板断面图

2）索引出的详图，如与被索引的详图不在一张图纸内，应在索引符号的上半圆中用阿拉伯数字注明该详图的编号，并在下半圆内用阿拉伯数字注明该详图所在的图纸编号（图 4-54c），数字较多时，可加文字标注。

3）索引出的详图，如采用标准图，应在索引符号水平直径的延长线上加注该标准图的编号（图 4-54d）。需要标注比例时，文字在索引符号右侧或延长线下方，与符号下对齐。

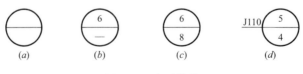

图 4-54　索引符号

（2）索引符号如用于索引剖视详图，应在被剖切的部位绘制剖切位置线，以便引出索引符号，引出线所在的一侧应为剖视方向。索引符号的编写同（1）条的规定（图 4-55）。

（3）详图的位置和编号，应以详图符号表示，详图符号的圆应以直径为 14mm 的粗实线绘制，详图应按下列规定编号：

1）详图与被索引的图样同在一张图纸内时，应在详图符号内用阿拉伯数字注明详图的编号（图 4-56）。

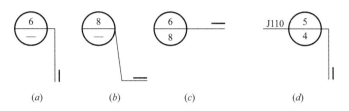

图 4-55　用于索引剖面详图的索引符号

2）详图与被索引的图不在同一张图纸内时

应用细实线在详图符号内画一水平直径，在上半圆中注明详图编号，在下半圆中注明被索引的图纸的编号（图 4-57）。

图 4-56　被索引图样同在一张　　　　图 4-57　与被索引图样不在一张
　　　　图纸内的详图符号　　　　　　　　　　　图纸内的详图符号

8. 引出线应用

（1）引出线应以细实线绘制，宜采用水平方向的直线，与水平方向成 30°、45°、60°、90°的直线，或经上述角度再折为水平线。文字说明宜注写在水平线的上方（图 4-58a），也可注写在水平线的端部（图 4-58b），索引详图的引出线，应与水平直径线连接（图 4-58c）。

图 4-58　引出线图例

（2）同时引出的几个相同部分的引出线，宜互相平行（图 4-59a），也可画成集中于一点的放射线（图 4-59b）。

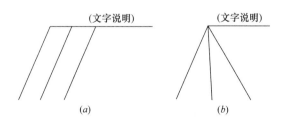

图 4-59　共同引出线图例

9. 常用建筑材料图例

（1）两个相同图例相接时，图例线宜错开或使倾斜方向相反（图 4-60）。

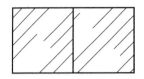
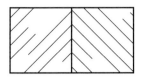

图 4-60 相同图例相接时的画法图例

（2）两个相邻的涂黑图例间应留有空隙，其净宽度不得小于 0.5mm（图 4-61）。

（3）需画出的建筑材料图例面积过大时，可在断面轮廓线内，沿轮廓线作局部表示（图 4-62）。

图 4-61 相邻涂黑图例的画法

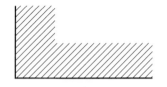

图 4-62 局部表示图例

10. 常用建筑材料图例

常用建筑材料应按表 4-71 所列图例画法绘制。

常用建筑材料图例 表 **4-71**

序号	名称	图例	备注
1	自然土壤		包括各种自然土壤
2	夯实土壤		
3	砂、灰土		
4	砂砾石、碎砖三合上		
5	石材		
6	毛石		
7	普通砖		包括实心砖、多孔砖、砌块等砌体。断面较窄不易绘出图例线时，可涂红，并在图纸备注中加注说明，画出该材料图例
8	耐火砖		包括耐酸砖等砌体
9	空心砖		指土水重砖砌体

续表

序号	名称	图例	备注
10	饰面砖		包括输地砖、马赛克、陶瓷锦砖、人造大理石等
11	热渣、扩渣	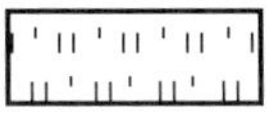	包括与水泥、石灰等混合而成的材料
12	混凝土		(1) 本图例指能承重的混凝土; (2) 包括各种强度等级,骨料、添加剂的混凝土; (3) 在剖面图上画出钢筋时,不画图例线; (4) 断面图形小,不易画出图例线时,可涂黑
13	钢筋混凝土		
14	多孔材料	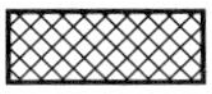	包括水泥珍珠岩、沥青珍珠岩、泡沫混凝土、非承重加气混凝土、软木、甄石制品等
15	纤维材料	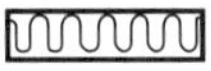	包括矿棉、岩棉、玻璃棉、麻绳、木甄板、纤维板等
16	泡沫塑料材料	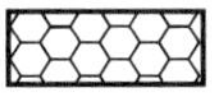	包括聚苯乙烯、聚乙烯、聚氨脂等多孔聚合物类材料
17	木材		(1) 上图为横断面,左上图为垫木、木砖或木龙骨; (2) 下图为纵断面
18	胶合板	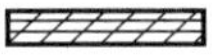	应注明为×层胶合板
19	石膏板	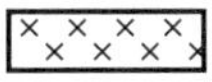	包括圆孔、方孔石膏板、防水石膏板硅钙板、防火板等
20	金属		(1) 包括各种金属; (2) 图形小时,可涂黑
21	网状材料		(1) 包括金属、塑料网状材料; (2) 应注明具体材料名称
22	液体	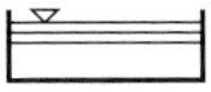	应注明具体液体名称
23	玻璃		包括平板玻璃、磨砂玻璃、火线玻璃、钢化玻璃、中空玻璃、夹层玻璃、镀膜玻璃等

续表

序号	名称	图例	备注
24	橡胶		
25	塑料		包括各种软、硬塑料及有机玻璃等
26	防水材料		构造层次多或比例大时，采用上面图例
27	粉刷		本图例采用较稀的点

注：序号1、2、5、7、8、13、14、16、17、18图例中的斜线、短斜线、交叉斜线等均为45°。

11. 计算机制图规则

（1）计算机制图的方向与指北针应符合下列规定：

1）平面图与总平面图的方向宜保持一致。

2）指北针应指向绘图区域的顶部，在整套图纸中保持一致。

3）绘制正交平面图时，宜使定位轴线与图框边线平行（图4-63）。

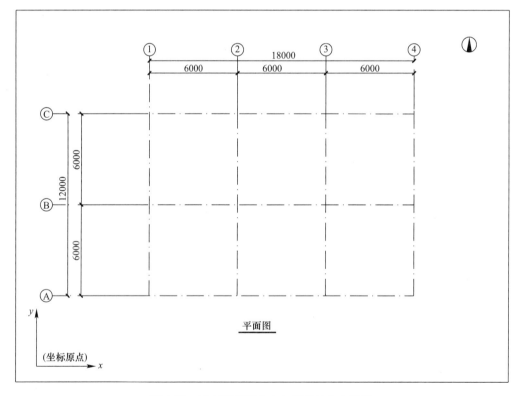

图4-63 正交平面图方向与指北针方向示意

4）绘制由几个局部正交区域组成且各区域相互斜交的平面图时，可选择其中任意一个正交区域的定位轴线与图框平行（图4-64）。

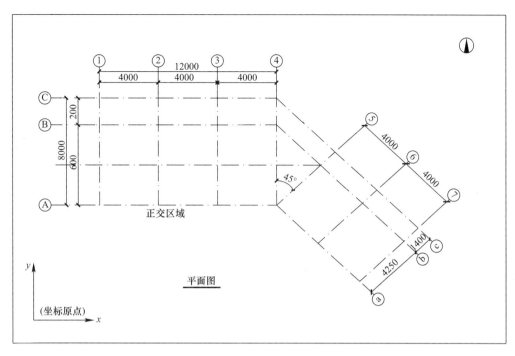

图 4-64　正交区域相互斜交的平面图方向与指北针方向示意

（2）计算机制图的坐标系与原点应符合下列规定：

1）计算机制图时，可以选择世界坐标系或用户定义的坐标系。

2）在同一工程中，各专业宜采用相同的坐标系与坐标原点。

（3）计算机制图的布局应符合下列规定：

1）计算机制图时，宜按照自下而上、自左至右的顺序排列图样；宜优先布置主要图样（如平面图、立面图、剖面图），再布置次要图样（如大样图、详图）。

2）表格、图纸说明宜布置在绘图区域右侧。

（4）常用工程图纸编号与计算机制图文件名称举例

1）常用专业代码见表 4-72。

常用专业代码列表　　　　　　　　　　　　　　　表 4-72

专业	专业代码名称	英文专业代码名称	备注
总图	总	G	含总图、景观、测量/地图、土建
建筑	建	A	含建筑、室内设计
结构	结	S	含结构
给水排水	水	P	含给水、排水、管道、消防
暖通	暖	M	含采暖、通风、空调、机械
电气	电	W	含电气（强电）、通信（弱电）、消防

2）常用阶段代码见表 4-73。

常用阶段代码列表　　　　　　　　　　　　　表 4-73

设计阶段	阶段代码名称	英文阶段代码名称	备注
可行性研究	可	S	含预可行性研究阶段
方案设计	方	C	
初步设计	初	P	含扩大初步设计阶段
施工图设计	施	W	

3）常用类型代码见表 4-74。

常用类型代码列表　　　　　　　　　　　　　表 4-74

工程图纸文件类型	类型代码名称	英文类型代码名称
图纸目录	目录	CL
设计说明	说明	NT
楼层平面图	平面	FP
场区平面图	场区	SP
拆除平面图	拆除	DP
设备平面图	设备	QP
现有平面图	现有	XP
立面图	立面	EL
剖面图	剖面	SC
大样图（大比例视图）	大样	LS
详图	详图	DT
三维视图	三维	3D
清单	清单	SH
简图	简图	DG

4）常用图层名称举例见表 4-75。

常用状态代码列表　　　　　　　　　　　　　表 4-75

工程性质或阶段	状态代码名称	英文状态代码名称	备注
新建	新建	N	
保留	保留	E	
拆除	拆除	D	
拟建	拟建	F	
临时	临时	T	
搬迁	搬迁	M	
改建	改建	R	
合同外	合同外	X	
阶段编号		1～9	
可行性研究	可研	S	阶段名称
方案设计	方案	C	阶段名称
初步设计	初设	P	阶段名称
施工图设计	施工图	W	阶段名称

5）常用结构专业图层名称见表 4-76。

常用结构专业图层名称列表
表 4-76

图层	中文名称	英文名称	说明
轴线	结构-轴线	S-AXIS	
轴网	结构-轴线-轴网	S-AXIS-GRID	平面轴网、中心线
轴线标注	结构-轴线-标注	S-AXIS-DIMS	轴线尺寸标注及标注文字
轴线编号	结构-轴线-编号	S-AXIS-TEXT	
柱	结构-柱	S-COLS	
柱平面实线	结构-柱-平面-实线	S-COLS-PLAN-LINE	柱平面图（实线）
柱平面虚线	结构-柱-平面-虚线	S-COLS-PLAN-DASH	柱平面图（虚线）
柱平面钢筋	结构-柱-平面-钢筋	S-COLS-PLAN-RBAR	柱平面图钢筋标注
柱平面尺寸	结构-柱-平面-尺寸	S-COLS-PLAN-DIMS	柱平面图尺寸标注及标注文字
柱平面填充	结构-柱-平面-填充	S-COLS-PLAN-PATT	
柱编号	结构-柱-平面-编号	S-COLS-PLAN-IDEN	
柱详图实线	结构-柱-详图-实线	S-COLS-DETL-LINE	
柱详图虚线	结构-柱-详图-虚线	S-COLS-DETL-DASH	
柱详图钢筋	结构-柱-详图-钢筋	S-COLS-DETL-RBAR	
柱详图尺寸	结构-柱-详图-尺寸	S-COLS-DETL-DIMS	
柱详图填充	结构-柱-详图-填充	S-COLS-DETL-PATT	
柱表	结构-柱-表	S-COLS-TABL	
柱楼层标高表	结构-柱-表-层高	S-COLS-TABL-ELVT	
构造柱平面实线	结构-柱-构造-实线	S-COLS-CNTJ-LINE	构造柱平面图（实线）
构造柱平面虚线	结构-柱-构造-虚线	S-COLS-CNTJ-DASH	构造柱平面图（虚线）
墙	结构-墙	S-WALL	
墙平面实线	结构-墙-平面-实线	S-WALL-PLAN-LINE	通常指混凝土墙，墙平面图（实线）
墙平面虚线	结构-墙-平面-虚线	S-WALL-PLAN-DASH	墙平面图（虚线）
墙平面钢筋	结构-墙-平面-钢筋	S-WALL-PLAN-RBAR	墙平面图钢筋标注
墙平面尺寸	结构-墙-平面-尺寸	S-WALL-PLAN-DIMS	墙平面图尺寸标注及标注文字
墙平面填充	结构-墙-平面-填充	S-WALL-PLAN-PATT	
墙编号	结构-墙-平面-编号	S-WALL-PLAN-IDEN	
墙详图实线	结构-墙-详图-实线	S-WALL-DETL-LINE	
墙详图虚线	结构-墙-详图-虚线	S-WALL-DETL-DASH	
墙详图钢筋	结构-墙-详图-钢筋	S-WALL-DETL-RBAR	
墙详图尺寸	结构-墙-详图-尺寸	S-WALL-DETL-DIMS	
墙详图填充	结构-墙-详图-填充	S-WALL-DETL-PATT	
墙表	结构-墙-表	S-WALL-TABL	
墙柱平面实线	结构-墙柱-平面-实线	S-WALL-COLS-LINE	墙柱平面图（实线）
墙柱平面钢筋	结构-墙柱-平面-钢筋	S-WALL-COLS-RBAR	墙柱平面图钢筋标注
墙柱平面尺寸	结构-墙柱-平面-尺寸	S-WALL-COLS-DIMS	墙柱平面图尺寸标注及标注文字
墙柱平面填充	结构-墙柱-平面-填充	S-WALL-COLS-PATT	
墙柱编号	结构-墙柱-平面-编号	S-WALL-COLS-IDEN	
墙柱表	结构-墙柱-表	S-WALL-COLS-TABL	
墙柱楼层标高表	结构-墙柱-表-层高	S-WALL-COLS-ELVT	

续表

图层	中文名称	英文名称	说明
连梁平面实线	结构-连梁-平面-实线	S-WALL-BEAM-LINE	连梁平面图（实线）
连梁平面虚线	结构-连梁-平面-虚线	S-WALL-BEAM-DASH	连梁平面图（虚线）
连梁平面钢筋	结构-连梁-平面-钢筋	S-WALL-BEAM-RBAR	连梁平面图钢筋标注
连梁平面尺寸	结构-连梁-平面-尺寸	S-WALL-BEAM-DIMS	连梁平面图尺寸标注及标注文字
连梁编号	结构-连梁-平面-编号	S-WALL-BEAM-IDEN	
连梁表	结构-连梁-表	S-WALL-BEAM-TABL	
连梁楼层标高表	结构-连梁-表-层高	S-WALL-BEAM-ELVT	
砌体墙平面实线	结构-墙-砌体-实线	S-WALL-MSNW-LINE	砌体墙平面图（实线）
砌体墙平面虚线	结构-墙-砌体-虚线	S-WALL-MSNW-DASH	砌体墙平面图（虚线）
砌体墙平面尺寸	结构-墙-砌体-尺寸	S-WALL-MSNW-DIMS	砌体墙平面图尺寸标注及标注文字
砌体墙平面填充	结构-墙-砌体-填充	S-WALL-MSNW-PATT	
梁	结构-梁	S-BEAM	
梁平面实线	结构-梁-平面-实线	S-BEAM-PLAN-LINE	梁平面图（实线）
梁平面虚线	结构-梁-平面-虚线	S-BEAM-PLAN-DASH	梁平面图（虚线）
梁平面水平钢筋	结构-梁-钢筋-水平	S-BEAM-RBAR-HCPT	梁平面图水平钢筋标注
梁平面垂直钢筋	结构-梁-钢筋-垂直	S-BEAM-RBAR-VCPT	梁平面图垂直钢筋标注
梁平面附加吊筋	结构-梁-吊筋-附加	S-BEAM-RBAR-ADDU	梁平面图附加吊筋钢筋标注
梁平面附加箍筋	结构-梁-箍筋-附加	S-BEAM-RBAR-ADDO	梁平面图附加吊筋钢筋标注
梁平面尺寸	结构-梁-平面-尺寸	S-BEAM-PLAN-DIMS	梁平面图尺寸标注及标注文字
梁编号	结构-梁-平面-编号	S-BEAM-PLAN-IDEN	
梁详图实线	结构-梁-详图-实线	S-BEAM-DETL-LINE	
梁详图虚线	结构-梁-详图-虚线	S-BEAM-DETL-DASH	
梁详图钢筋	结构-梁-详图-钢筋	S-BEAM-DETL-RBAR	
梁详图尺寸	结构-梁-详图-尺寸	S-BEAM-DETL-DIMS	
梁楼层标高表	结构-梁-表-层高	S-BEAM-TABL-ELVT	
过梁平面实线	结构-过梁-平面-实线	S-LTEL-PLAN-LINE	过梁平面图（实线）
过梁平面虚线	结构-过梁-平面-虚线	S-LTEL-PLAN-DASH	过梁平面图（虚线）
过梁平面钢筋	结构-过梁-平面-钢筋	S-LTEL-PLAN-RBAR	过梁平面图钢筋标注
过梁平面尺寸	结构-过梁-平面-尺寸	S-LTELM-PLAN-DIMS	过梁平面图尺寸标注及标注文字
楼板	结构-楼板	S-SLAB	
楼板平面实线	结构-楼板-平面-实线	S-SLAB-PLAN-LINE	楼板平面图（实线）
楼板平面虚线	结构-楼板-平面-虚线	S-SLAB-PLAN-DASH	楼板平面图（虚线）
楼板平面下部钢筋	结构-楼板-正筋	S-SLAB-BBAR	楼板平面图下部钢筋（正筋）
楼板平面下部钢筋标注	结构-楼板-正筋-标注	S-SLAB-BBAR-IDEN	楼板平面图下部钢筋（正筋）标注
楼板平面下部钢筋尺寸	结构-楼板-正筋-尺寸	S-SLAB-BBAR-DIMS	楼板平面图下部钢筋（正筋）尺寸标注及标注文字
楼板平面上部钢筋	结构-楼板-负筋	S-SLAB-TBAR	楼板平面图上部钢筋（负筋）
楼板平面上部钢筋标注	结构-楼板-负筋-标注	S-SLAB-TBAR-IDEN	楼板平面图上部钢筋（负筋）标注
楼板平面上部钢筋尺寸	结构-楼板-负筋-尺寸	S-SLAB-TBAR-DIMS	楼板平面图上部钢筋（负筋）尺寸标注及标注文字

续表

图层	中文名称	英文名称	说明
楼板平面填充	结构-楼板-平面-填充	S-SLAB-PLAN-PATT	
楼板详图实线	结构-楼板-详图-实线	S-SLAB-DETL-LINE	
楼板详图钢筋	结构-楼板-详图-钢筋	S-SLAB-DETL-RBAR	
楼板详图钢筋标注	结构-楼板-详图-标注	S-SLAB-DETL-IDEN	
楼板详图尺寸	结构-楼板-详图-尺寸	S-SLAB-DETL-DIMS	
楼板编号	结构-楼板-平面-编号	S-SLAB-PLAN-IDEN	
楼板楼层标高表	结构-楼板-表-层高	S-SLAB-TABL-ELVT	
预制板	结构-楼板-预制	S-SLAB-PCST	
洞口	结构-洞口	S-OPNG	
洞口楼板实线	结构-洞口-平面-实线	S-OPNG-PLAN-LINE	楼板平面洞口（实线）
洞口楼板虚线	结构-洞口-平面-虚线	S-OPNG-PLAN-DASH	楼板平面洞口（虚线）
洞口楼板加强钢筋	结构-洞口-平面-钢筋	S-OPNG-PLAN-RBAR	楼板平面洞边加强钢筋
洞口楼板钢筋标注	结构-洞口-平面-标注	S-OPNG-RBAR-IDEN	楼板平面洞边加强钢筋标注
洞口楼板尺寸	结构-洞口-平面-尺寸	S-OPNG-PLAN-DIMS	楼板平面洞口尺寸标注及标注文字
洞口楼板编号	结构-洞口-平面-编号	S-OPNG-PLAN-IDEN	
洞口墙上实线	结构-洞口-墙-实线	S-OPNG-WALL-LINE	墙上洞口（实线）
洞口墙上虚线	结构-洞口-墙-虚线	S-OPNG-WALL-DASH	墙上洞口（虚线）
基础	结构-基础	S-FNDN	
基础平面实线	结构-基础-平面-实线	S-FNDN-PLAN-LINE	基础平面图（实线）
基础平面钢筋	结构-基础-平面-钢筋	S-FNDN-PLAN-RBAR	基础平面图钢筋
基础平面钢筋标注	结构-基础-平面-标注	S-FNDN-PLAN-IDEN	基础平面图钢筋标注
基础平面尺寸	结构-基础-平面-尺寸	S-FNDN-PLAN-DIMS	基础平面图尺寸标注及标注文字
基础编号	结构-基础-平面-编号	S-FNDN-PLAN-IDEN	
基础详图实线	结构-基础-详图-实线	S-FNDN-DETL-LINE	
基础详图虚线	结构-基础-详图-虚线	S-FNDN-DETL-DASH	
基础详图钢筋	结构-基础-详图-钢筋	S-FNDN-DETL-RBAR	
基础详图钢筋标注	结构-基础-详图-标注	S-FNDN-DETL-IDEN	
基础详图尺寸	结构-基础-详图-尺寸	S-FNDN-DETL-DIMS	
基础详图填充	结构-基础-详图-填充	S-FNDN-DETL-PATT	
桩	结构-桩	S-PILE	
桩平面实线	结构-桩-平图-实线	S-PILE-PLAN-LINE	桩平面图（实线）
桩平面虚线	结构-桩-平图-虚线	S-PILE-PLAN-DASH	桩平面图（虚线）
桩编号	结构-桩-平面-编号	S-PILE-PLAN-IDEN	
桩详图	结构-桩-详图	S-PILE-DETL	
楼梯	结构-楼梯	S-STRS	
楼梯平面实线	结构-楼梯-平面-实线	S-STRS-PLAN-LINE	楼梯平面图（实线）
楼梯平面虚线	结构-楼梯-平面-虚线	S-STRS-PLAN-DASH	楼梯平面图（虚线）
楼梯平面钢筋	结构-楼梯-平面-钢筋	S-STRS-PLAN-RBAR	楼梯平面图钢筋
楼梯平面标注	结构-楼梯-平面-标注	S-STRS-RBAR-IDEN	楼梯平面图钢筋标注及其他标注
楼梯平面尺寸	结构-楼梯-平面-尺寸	S-STRS-PLAN-DIMS	楼梯平面图尺寸标注及标注文字

续表

图层	中文名称	英文名称	说明
楼梯详图实线	结构-楼梯-详图-实线	S-STRS-DETL-LINE	
楼梯详图虚线	结构-楼梯-详图-虚线	S-STRS-DETL-DASH	
楼梯详图钢筋	结构-楼梯-详图-钢筋	S-STRS-DETL-RBAR	
楼梯详图标注	结构-楼梯-详图-标注	S-STRS-DETL-IDEN	
楼梯详图尺寸	结构-楼梯-详图-尺寸	S-STRS-DETL-DIMS	
楼梯详图填充	结构-楼梯-详图-填充	S-STRS-DETL-PATT	
钢结构	结构-钢	S-STEL	
钢结构辅助线	结构-钢-辅助	S-STEL-ASIS	
斜支撑	结构-钢-斜撑	S-STEL-BRGX	
型钢实线	结构-型钢-实线	S-STEL-SHAP-LINE	
型钢标注	结构-型钢-标注	S-STEL-SHAP-IDEN	
型钢尺寸	结构-型钢-尺寸	S-STEL-SHAP-DIMS	
型钢填充	结构-型钢-填充	S-STEL-SHAP-PATT	
钢板实线	结构-螺栓-实线	S-STEL-PLAT-LINE	
钢板标注	结构-钢板-标注	S-STEL-PLAT-IDEN	
钢板尺寸	结构-钢板-尺寸	S-STEL-PLAT-DIMS	
钢板填充	结构-钢板-填充	S-STEL-PLAT-PATT	
螺栓	结构-螺栓	S-ABLT	
螺栓实线	结构-螺栓-实线	S-ABLT-LINE	
螺栓标注	结构-螺栓-标注	S-ABLT-IDEN	
螺栓尺寸	结构-螺栓-尺寸	S-ABLT-DIMS	
螺栓填充	结构-螺栓-填充	S-ABLT-PATT	
焊缝	结构-焊缝	S-WELD	
焊缝实线	结构-焊缝-实线	S-WELD-LINE	
焊缝标注	结构-焊缝-标注	S-WELD-LINE	
焊缝标注	结构-焊缝-标注	S-WELD-IDEN	
焊缝尺寸	结构-焊缝-尺寸	S-WELD-DIMS	
预埋件	结构-预埋件	S-BURY	
预埋件实线	结构-预埋件-实线	S-BURY-LINE	
预埋件虚线	结构-预埋件-虚线	S-BURY-DASH	
预埋件钢筋	结构-预埋件-钢筋	S-BURY-RBAR	
预埋件标注	结构-预埋件-标注	S-BURY-IDEN	
预埋件尺寸	结构-预埋件-尺寸	S-BURY-DIMS	
注释	结构-注释	S-ANNO	
图框	结构-注释-图框	S-ANNO-TTLB	图框及图框文字
尺寸标注	结构-注释-标注	S-ANNO-DIMS	尺寸标注及标注文字
文字说明	结构-注释-文字	S-ANNO-TEXT	结构专业文字说明
公共标注	结构-注释-公共	S-ANNO-IDEN	
标高标注	结构-注释-标高	S-ANNO-ELVT	标高符号及标注文字
索引符号	结构-注释-索引	S-ANNO-CRSR	

续表

图层	中文名称	英文名称	说明
引出标注	结构-注释-引出	S-ANNO-DRVT	
表格线	结构-注释-表格-线	S-ANNO-TSBL-LINE	
表格文字	结构-注释-表格-文字	S-ANNO-TSBL-TEXT	
表格钢筋	结构-注释-表格-钢筋	S-ANNO-TSBL-RBSR	
填充	结构-注释-填充	S-ANNO-PSTT	图案填充
指北针	结构-注释-指北针	S-ANNO-NSRW	

6）结构专业部分常用英语专业词汇参照表 4-77。

结构专业常用专业词汇表　　　　表 4-77

中文	英文	中文	英文
总则	General Provisions	材料	Materials
定义	definition	混凝土	Concrete
钢筋混凝土结构	reinforced concrete structure	水泥	cement
术语和符号	Terms and Symbols	钢筋	Steel Reinforcement
预应力筋	prestressing tendon and/or bar	普通钢筋	steel bar
术语	Terms	结构分析	Structural Analysis
符号	symbol	基本原则	General
基本设计规定	General Requirements	分析模型	Analysis Model
一般规定	General	弹性分析	Elastic Analysis
结构方案	Structural Scheme	构造规定	Detailing Requirements
承载力极限状态	Ultimate Limit States	伸缩缝	Expansion Joint
正常使用极限状态	Serviceability Limit States	混凝土保护层	Concrete Cover
耐久性设计	Durability Requirements	钢筋的锚固	Anchorage of Steel Reinforcement
强度	strength	钢筋的连接	Splices of Reinforcement
刚度	stiffness	组合板	composite slab
应力	stress	砌体	masonry
应变	strain	预制	precast
允许的	allowable	现浇	Cast-in-situ
使用	serviceability	柱	columns
横向力	lateral force	梁	beams
纵向力	longitudinal force	板	Slabs
偶然荷载	Accidentalload	墙	Walls
恒载	dead load	叠合构件	Composite Members
活载	live load	装配式结构	Precast Concrete Structures
风荷载	wind load	预埋件及连接件	Embedded Parts and Connecting Pieces

续表

中文	英文	中文	英文
雪载荷载	snow load	混凝土结构	concrete structure
吊车荷载	Crane Load	素混凝土结构	plain concrete structure
地震	seismic	预应力混凝土结构	prestressed concrete structure
上拔	uplift	现浇混凝土结构	cast-in-situ concrete structure
折减	reduction	装配式混凝土结构	precast concrete structure
冲击荷载	impact load	配筋率	ratio of reinforcement
静水压力	hydrostatic pressure	荷载组合	Combination of Loads
永久荷载	Permanent Load	楼面和屋面活荷载	Live Load on Floors and Roofs
温度作用	Thermal Action	土力学	soil mechanics
承载力	bearing capacity	沉降	settlement
扩展基础	spread footing	土压力	earth pressure
挡土结构	soil retaining structures	单桩	single pile
动力分析	dynamic analysis	桩群	pile groups
筏板基础	raft foundation	地下水	ground water
不均匀沉降	differential settlement	主动土压力	active earth pressure
挡土墙	retaining wall	被动土压力	passive earth pressure
水灰比	Water/cement. rati0	混凝土配合比	Concrete mix tatio
场地类别	site class	设计反应谱	design response spectrum
谱加速度	spectral acceleration	重要性系数	important factor
设计类别	design category	构件设计	member design
连接设计	connection design	变形限值	deformation limit
剪力墙	shear wall	水平不规则	horizontal irregularity
地震基底剪力	seismic base shear	竖向不规则	vertical irregularity
有效地震质量	effective seismiweight	偶然扭转	accidental torsion

4.3.2　初步设计阶段主要设计图纸

（1）基础平面图及主要基础构件的截面尺寸；

（2）主要楼层结构平面布置图，注明主要的定位尺寸、主要构件的截面尺寸；结构平面图表示清楚的结构或构件，可采用立面图、剖面图、轴测图等方法表示；

（3）结构主要或关键性节点、支座示意图；

（4）伸缩缝、沉降缝、防震缝、施工后浇带的位置和宽度应在相应平面图中表示。

4.3.3　【工程案例】初步设计附图

工程概况：本工程为北京某框架结构，地下1层，地上2层，坡屋面，基础采用梁板式筏板。初步设计图纸如下：

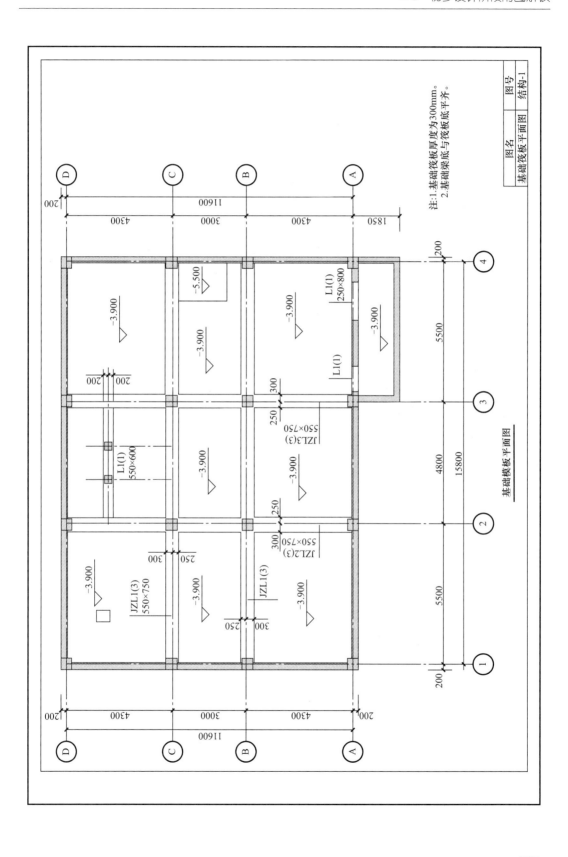

基础筏板平面图

注:1.基础筏板厚度为300mm。
2.基础梁底与筏板底平齐。

图名	图号
基础筏板平面图	结构-1

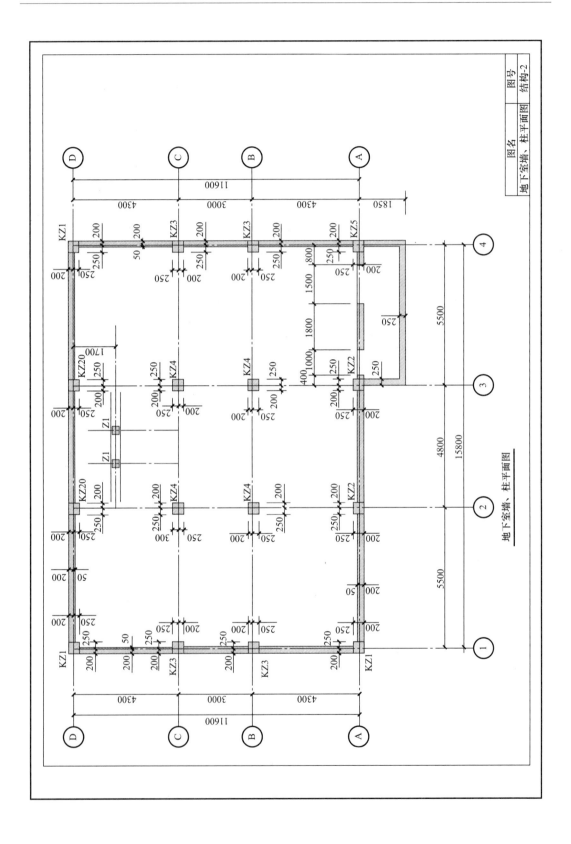

地下室墙、柱平面图

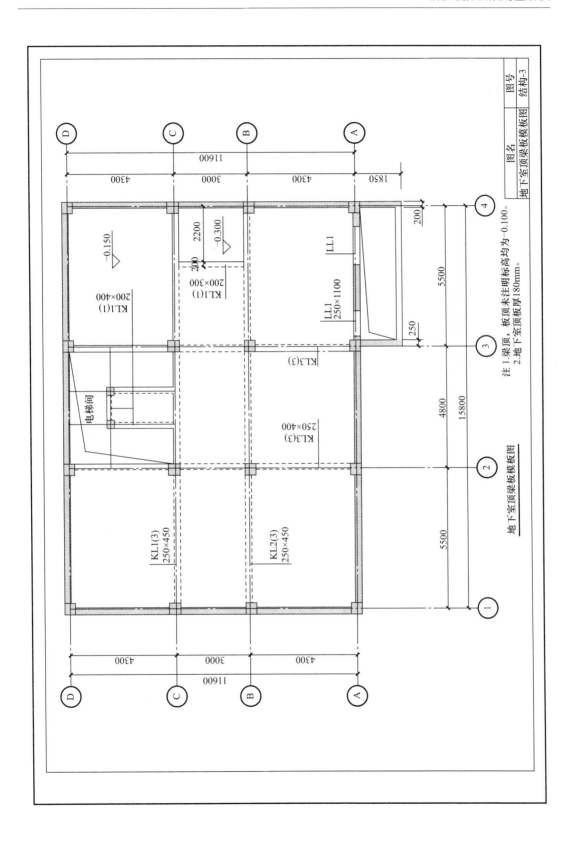

地下室顶梁板模板图

注 1.梁顶、板顶未注明标高均为-0.100。
2.地下室顶板厚180mm。

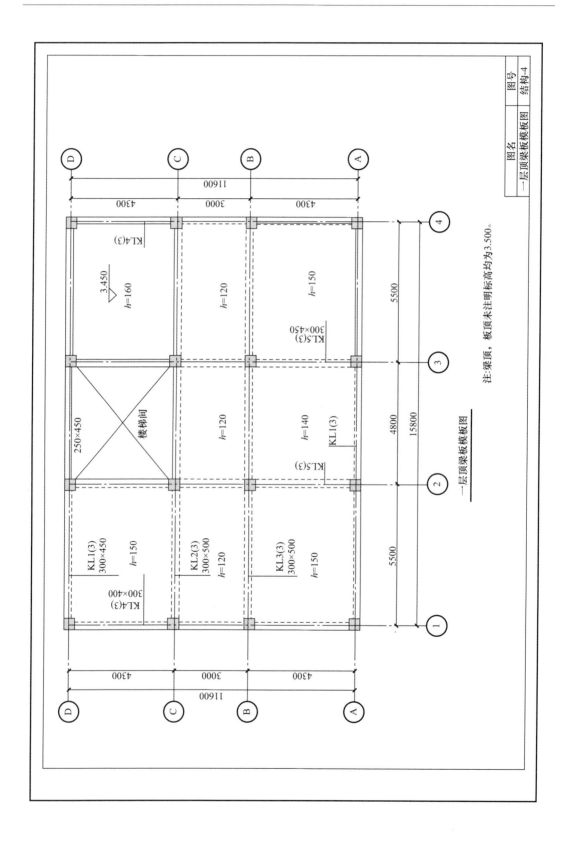

一层顶梁板模板图

注:梁顶、板顶未注明标高均为3.500。

图名	图号
一层顶梁板模板图	结构-4

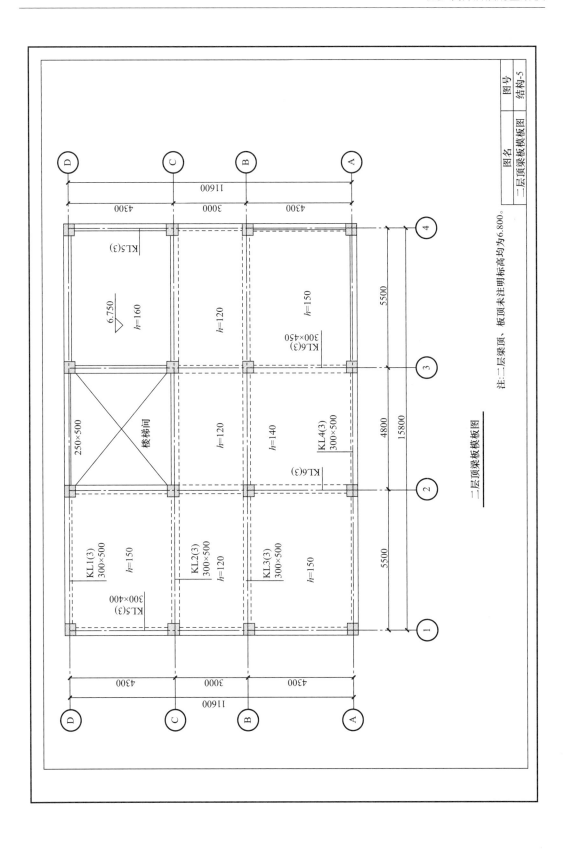

二层顶梁板模板图

注：二层梁顶、板顶未注明标高均为6.800。

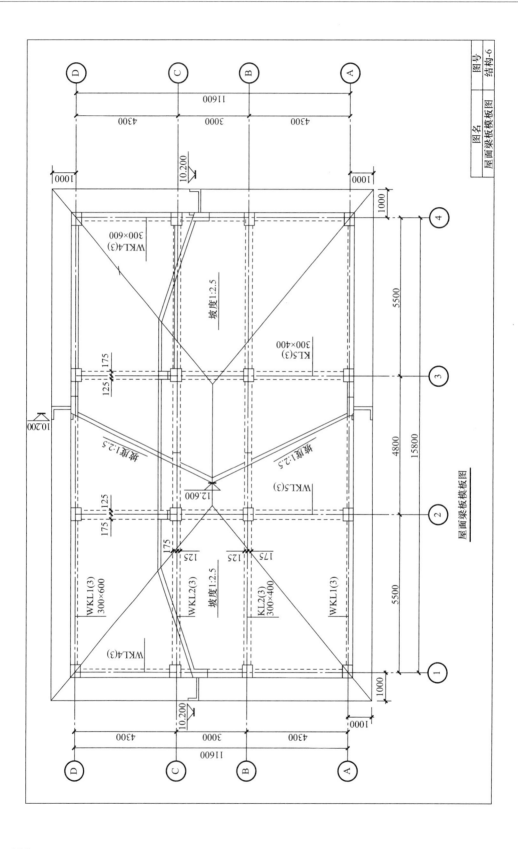

4.4 建筑结构工程抗震超限设计可行性论证报告

4.4.1 建筑结构工程超限设计可行性论证报告主要内容

(1) 工程概况、设计依据、建筑分类等级、主要荷载（作用）取值、结构选型、布置和材料。

(2) 结构超限类型和程度判别。

(3) 抗震性能目标：明确抗震性能等级，确定关键构件、普通构件和耗能构件，提出各类构件对应的性能水准；确定结构在多遇地震（小震）、设防烈度地震（中震）和罕遇地震（大震）下的层间位移角限值；应列表表示各类构件在小震、中震和大震下的具体性能水准。

(4) 有性能设计时，明确结构限值指标：对与有关规范限值不一致的取值应加以说明。

(5) 结构计算文件：应包括结构分析程序名称、版本号、编制单位；结构分析所采用的计算模型（包括楼板假定）、整体计算嵌固部位、结构分析输入的主要参数等；应有对应结构限值指标的各种计算结果，计算结果宜以曲线或表格形式表达。

(6) 静力弹性分析：应给出两种不同软件的扭转耦联振型分解反应谱法的主要控制性结果；采用等效弹性法进行中、大震结构分析时，应明确对应的等效阻尼比、特征周期、连梁刚度折减系数、分项系数、内力调整系数等。

(7) 弹性时程分析：给出输入的双向或三向地震波时程记录、峰值加速度、天然波站台名称，并应将地震波转换成反应谱与规范反应谱进行比较；计算结果应整理成曲线，并应将弹性时程分析结果与扭转耦联振型分解反应谱法结果进行对比分析，并按规范规定确认其合理性和有效性。

(8) 静力弹塑性分析：应说明分析方法、加载模式、塑性铰定义，给出能力谱和需求谱及性能点，给出中、大震下的等效阻尼比、层间位移角曲线、层剪力曲线、各类构件的出铰位置、状态及出铰顺序并加以分析。

(9) 弹塑性时程分析：说明分析方法、本构关系、层间位移角曲线、层剪力曲线、各类构件的损伤位置和状态及损伤顺序并加以分析。应将弹塑性时程分析与对应的弹性时程分析结果进行对比，找出薄弱层及薄弱部位。

(10) 楼板应力分析：对楼板不连续或竖向构件不连续等特殊情况，给出大震下的楼板应力分析结果，验算楼板受剪承载力。

(11) 关键节点、特殊构件及特殊作用工况下的计算分析。

(12) 大跨空间结构的稳定分析，必要时进行大震下考虑几何和材料双非线性的弹塑性分析。

(13) 超长结构必要时，应按有关规范的要求，给出考虑行波效应的多点多维地震波输入的分析比较。

(14) 必要时，给出高层和大跨空间结构连续倒塌分析、徐变分析和施工模拟分析。

(15) 结构抗震加强措施及超限论证结论。

4.4.2 需要进行抗震专项审查的工程的相关要求

依据《房屋建筑工程抗震设防管理规定》（建设部令第 148 号）第十条：《建筑工程抗震设防分类标准》中甲类和乙类建筑工程的初步设计文件应当有抗震设防专项内容。超限高层建筑工程应当在初步设计阶段进行抗震设防专项审查。

1. 哪些建筑需要进行建筑抗震专项审查？

依据《超限高层建筑工程抗震设防专项审查技术要点》（建质〔2010〕109 号）规定中第二条，下列工程属于超限高层建筑工程：

（1）房屋高度超过规定，包括超过《建筑抗震设计规范》（GB 50011—2010）（2016 年版）（以下简称《抗规》）第 6 章钢筋混凝土结构和第 8 章钢结构最大适用高度、超过《高层建筑混凝土结构技术规程》（JGJ 3—2010）（以下简称《高规》）第 7 章中有较多短肢墙的剪力墙结构、第 10 章中错层结构和第 11 章混合结构最大适用高度的高层建筑工程。

（2）房屋高度不超过规定，但建筑结构布置属于《抗规》、《高规》规定的特别不规则的高层建筑工程。

（3）高度大于 24m 且屋盖结构超出《网架结构设计与施工规程》和《网壳结构技术规程》规定的常用形式的大型公共建筑工程（暂不含轻型的膜结构）。

超限高层建筑工程的主要范围参见表 4-78～表 4-81。

房屋高度（m）超过下列规定的高层建筑工程 表 4-78

	结构类型	6 度	7 度（含 0.15g）	8 度（0.20g）	8 度（0.30g）	9 度
钢筋混凝土结构	框架	60	50	40	35	24
	框架-抗震墙	130	120	100	80	50
	抗震墙	140	120	100	80	60
	部分框支抗震墙	120	100	80	50	不应采用
	框架-核心筒	150	130	100	90	70
	筒中筒	180	150	120	100	80
	板柱-抗震墙	80	70	55	40	不应采用
	较多短肢墙		100	60	60	不应采用
	错层的抗震墙和框架-抗震墙		80	60	60	不应采用
混合结构	钢外框-钢筋混凝土筒	200	160	120	120	70
	型钢混凝土外框-钢筋混凝土筒	220	190	150	150	70
钢结构	框架	110	110	90	70	50
	框架-支撑（抗震墙板）	220	220	200	180	140
	各类筒体和巨型结构	300	300	260	240	180

注：当平面和竖向均不规则（部分框支结构指框支层以上的楼层不规则）时，其高度应比表内数值降低至少 10%。

同时具有下列三项及以上不规则的高层建筑工程（不论高度是否大于表 4-77） 表 4-79

序号	不规则类型	简要涵义	备注
1a	扭转不规则	考虑偶然偏心的扭转位移比大于 1.2	参见 GB 50011—2010 第 3.4.2 条
1b	偏心布置	偏心率大于 0.15 或相邻层质心相差大于相应边长 15%	参见 JGJ 99—2015 第 3.2.2 条

续表

序号	不规则类型	简要涵义	备注
2a	凹凸不规则	平面凹凸尺寸大于相应边长30%等	参见GB 50011—2010 第3.4.2条
2b	组合平面	细腰形或角部重叠形	参见JGJ 3—2010 第4.3.3条
3	楼板不连续	有效宽度小于50%，开洞面积大于30%，错层大于梁高	参见GB 50011—2010 第3.4.2条
4a	刚度突变	相邻层刚度变化大于70%或连续三层变化大于80%	参见GB 50011—2010 第3.4.2条
4b	尺寸突变	竖向构件位置缩进大于25%，或外挑大于10%和4m，多塔	参见JGJ 3—2010 第4.4.5条
5	构件间断	上下墙、柱、支撑不连续，含加强层、连体类	参见GB 50011—2010 第3.4.2条
6	承载力突变	相邻层受剪承载力变化大于80%	参见GB 50011—2010 第3.4.2条
7	其他不规则	如局部的穿层柱、斜柱、夹层、个别构件错层或转换	已计入1～6项者除外

注：1. 深凹进平面在凹口设置连梁，其两侧的变形不同时仍视为凹凸不规则，不按楼板不连续中的开洞对待。

2. 序号a、b不重复计算不规则项。

3. 局部的不规则，视其位置、数量等对整个结构影响的大小判断是否计入不规则的一项。

具有下列某一项不规则的高层建筑工程（不论高度是否大于表 4-78） 表 4-80

序号	不规则类型	简要涵义
1	扭转偏大	裙房以上的较多楼层，考虑偶然偏心的扭转位移比大于1.4
2	抗扭刚度弱	扭转周期比大于0.9，混合结构扭转周期比大于0.85
3	层刚度偏小	本层侧向刚度小于相邻上层的50%
4	高位转换	框支墙体的转换构件位置：7度超过5层，8度超过3层
5	厚板转换	7～9度设防的厚板转换结构
6	塔楼偏置	单塔或多塔与大底盘的质心偏心距大于底盘相应边长20%
7	复杂连接	各部分层数、刚度、布置不同的错层连体两端塔楼高度、体型或者沿大底盘某个主轴方向的振动周期显著不同的结构
8	多重复杂	结构同时具有转换层、加强层、错层、连体和多塔等复杂类型的3种

注：仅前后错层或左右错层属于表 4-78 中的一项不规则，多数楼层同时前后、左右错层属本表的复杂连接。

其他高层建筑 表 4-81

序号	简称	简要涵义
1	特殊类型高层建筑	抗震规范、高层混凝土结构规程和高层钢结构规程暂未列入的其他高层建筑结构，特殊形式的大型公共建筑及超长悬挑结构，特大跨度的连体结构等
2	超限大跨空间结构	屋盖的跨度大于120m或悬挑长度大于40m或单向长度大于300m，屋盖结构形式超出常用空间结构形式的大型列车客运候车室、一级汽车客运候车楼、一级港口客运站、大型航站楼、大型体育场馆、大型影剧院、大型商场、大型博物馆、大型展览馆、大型会展中心，以及特大型机库等

注：表中大型建筑工程的范围，参见《建筑工程抗震设防分类标准》（GB 50223—2008）。

2. 建设单位申报超限的材料都需要那些？

建设单位申报抗震设防专项审查时，应提供以下资料：

（1）超限高层建筑工程抗震设防专项审查申报表（申报表项目见表 4-82，至少 5 份）；

超限高层建筑工程初步设计抗震设防审查申报表（示例）　　　　表 **4-82**

编号：　　　　　　　　　　　　　　　申报时间：

工程名称		申报人联系方式	
建设单位		建筑面积	地上　万 m² 地下　万 m²
设计单位		设防烈度	度（　g），设计　组
勘察单位		设防类别	类
建设地点		建筑高度和层数	主楼　m（$n=$　）出屋面 地下　m（$n=$　）相连裙房　m
场地类别 液化判别	类，波速　覆盖层 液化等级　液化处理	平面尺寸和规则性	长宽比
基础持力层	类型　埋深　桩长（或底板厚度） 名称　　　　承载力	竖向规则性	高宽比
结构类型		抗震等级	框架　　　墙、筒 框支层　加强层　错层
计算软件		材料强度（范围）	梁　　　柱 墙　　　楼板
计算参数	周期折减　楼面刚度（刚□弹□分段□） 地震方向（单□双□斜□竖□）	梁截面	下部　　　剪压比 标准层
地上总重剪力系数（%）	$G_E=$　　　平均重力 $X=$ $Y=$	柱截面	下部　　　轴压比 中部　　　轴压比 顶部　　　轴压比
自振周期（s）	X： Y： T：	墙厚	下部　　　轴压比 中部　　　轴压比 顶部　　　轴压比
最大层间位移角	$X=$　　　（$n=$　）对应扭转比 $Y=$　　　（$n=$　）对应扭转比	钢梁柱支撑	截面形式　长细比
扭转位移比（偏心 5%）	$X=$　　　（$n=$　）对应位移角 $Y=$　　　（$n=$　）对应位移角	短柱穿层柱	位置范围　剪压比 位置范围　穿层数
时程分析	波形峰值	1　　2　　3	转换层刚度比	位置 $n=$　转换梁截面 X
	剪力比较	$X=$　（底部），$X=$　（顶部） $Y=$　（底部），$Y=$　（顶部）	错层	满布　局部（位置范围） 错层高度　平层间距
	位移比较	$X=$　（$n=$　） $Y=$　（$n=$　）	连体含连廊	数量　　支座高度 竖向地震系数　跨度
弹塑性位移角	$X=$　（$n=$　） $Y=$　（$n=$　）	加强层刚度比	数量　位置　形式（梁□桁架□） X　　Y
框架承担的比例	倾覆力矩 $X=$　　　$Y=$ 总剪力　$X=$　　　$Y=$	多塔上下偏心	数量　形式（等高□对称□大小不等□） X　　　Y

续表

工程名称		申报人 联系方式	
大型屋盖	结构形式　　　　　尺寸　　　　　支座高度　　　　　支座连接方式　　最大位移 竖向振动周期　　　　　　　　　竖向地震系数　　构件应力比范围		
超限设计 简要说明	（性能设计目标简述；超限工程设计的主要加强措施，有待解决的问题等）		

工程案例见表 4-83。

某超限高层建筑工程初步设计抗震设防审查申报表

表 4-83

编号：　×××　　　　　　　　　　　　　　　　　　　申报时间：2011 年 6 月

工程名称	××大厦	申报人 联系方式	××××
建设单位	×××房地产开发有限公司	建筑面积	地上 12.7 万 m^2； 地下 4.68 万 m^2
设计单位	××建筑设计有限公司	设防烈度	《建筑抗震设计规范》8 度（0.20g）； 设计地震第二组； 安评报告：地震加速度（0.25g）
勘察单位	××冶金岩土工程勘察总公司（详勘）； ××地震工程研究院（地震安评）	设防 类别	按重点设防类考虑"乙类"
建设地点	××市×××区	建筑高度 和层数	主楼：高 216.0m（$n=50$）； 裙房：高 21.35m（$n=4$）； 地下：深 15.0m（$n=3$）；
场地类别 液化判别	Ⅱ类，20m 深度范围内剪切波速在 150～250m/s； 场地覆盖厚度：42.58～45.62m； 非液化地层，属抗震有利地段	平面尺寸和 规则性	外框局部凹进不连续
基础 持力层	主楼：桩筏基础，板底 −19.8m，桩长约 50m； 裙房：独立柱基＋防水板，板底 −17.00m；主 楼桩端持力层：⑥层细砂； 裙房基础持力层：第③层粉砂	竖向 规则性	主楼的高宽比：1/5.4； 核心筒高宽比：1/11.9； 竖向抗侧力构件局部不连续 （仅个别斜柱转换）
结构类型	主楼：型钢混凝土框架—钢筋混凝土核心筒； 裙楼：钢筋混凝土框架—剪力墙	抗震 等级	主楼： 地下一层以上（含与主楼相连三跨的 裙房）：框架特一级，核心筒特一级； 地下二层：框架一级，核心筒一级； 地下三层：框架二级，核心筒二级。 裙房： 地下一层以上：剪力墙一级，框架 二级； 地下二层：框架三级，剪力墙二级； 地下三层：框架四级，剪力墙三级
计算软件	SATWE（2010 版）；PMSAP（2010 版） Etabs9.7.1；Sap200014.2.2		

续表

工程名称	××大厦				申报人 联系方式	××××
计算参数	周期折减系数取 0.9； 楼面刚度（刚、弹、分段）； 地震方向（单、双、斜、竖）				材料 强度 （范围）	主楼： 钢梁：Q345B； 型钢柱：Q345B/C45～C55； 核心筒：Q345B/C45～C55； 楼板：C35。 裙房： 梁、柱、墙：C35～C45； 楼板：C35
地上总重 剪力系数 （%）	SATWE	PMSAP	ETABS	Sap2000	柱截面 轴压比	主楼：RSC 柱 下部：1000×2000，轴压比：0.63 中部：900×1800　轴压比：0.66 顶部：900×1600　轴压比：0.50 顶部：900×1400　轴压比：0.07 裙房：RC 柱和 RSC 柱 1000×1000～1400×1400
地上总重 剪力系数 （%）	$G_E=2745350$ $X=4.0\%$ $Y=3.4\%$	$G_E=2634240$ $X=4.11\%$ $Y=3.61\%$	$G_E=2370000$ $X=4.23\%$ $Y=4.05\%$	$G_E=2370000$ $X=4.40\%$ $Y=4.00\%$	柱截面 轴压比	
自振周期 （s）	$T_1=4.35$ $T_2=3.04$ $T_t=1.82$	$T_1=4.22$ $T_2=3.15$ $T_t=2.26$	$T_1=3.759$ $T_2=2.505$ $T_t=1.420$	$T_1=3.91$ $T_2=2.58$ $T_t=1.43$	墙厚 轴压比	主楼： 下部：　1200mm　轴压比：0.41 中部：　1000mm　轴压比：0.37 中部：　800mm　轴压比：0.37 顶部：　600/400mm　轴压比：0.29 裙房：　350mm　轴压比：0.28
最大层间 位移角	$X=1/981$ $(n=41)$ 对应的扭 转比 1.06； $y=1/566$ $(n=40)$ 对应的扭 转比 1.03	$X=1/921$ $(n=39)$ 对应的扭 转比 1.09； $y=1/568$ $(n=39)$ 对应的扭 转比 1.07	$X=1/1240$ $(n=40)$ 对应的扭 转比 1.012； $y=1/649$ $(n=39)$ 对应的扭 转比 1.023	$X=1/1183$ $(n=39)$ 对应的扭 转比 1.09； $y=1/635$ $(n=38)$ 对应的扭 转比 1.025	梁截面 钢混凝土柱	主楼：钢梁 截面形式：H650×600×30×50 裙楼：RC 梁和 RSC 梁 400×1200/550×1200/500×900/700×1500 截面形式：1000×2000/900×1800 (1600×600×40+600×600×40) (1500×600×30+600×600×30) (1500×600×20+600×600×20)
扭转位移比 （偏心 5%）	$X=1/933$ $(n=41)$ 对应的扭 转比 1.10； $y=1/538$ $(n=39)$ 对应的扭 转比 1.10	$X=1/864$ $(n=38)$ 对应的 扭转比 $y=1/513$ $(n=38)$ 对应的 扭转比	$X=1/1194$； $(n=39)$ 对应的扭 转比 1.054； $y=1/604$ $(n=39)$ 对应的 扭转比 1.064		短柱	位置范围第 4 层（个别柱） 剪压比 3.455%

续表

工程名称	××大厦		申报人 联系方式	××××	
时程分析	波形峰值	 88 (cm/s²)	转换层刚度比	SATWE 位置 $n=21$ 斜柱转换 与上层的刚度比: $X=1.12$ $Y=1.12$ 与下层的刚度比: $X=0.98$ $Y=0.95$	Sap2000 位置 $n=21$ 斜柱转换 与上层的刚度比: $X=1.24$ $Y=1.20$ 与下层的刚度比: $X=1.00$ $Y=1.02$
	剪力比较（kN）	$X_1=102200$（底部）, $X_1=8967$（顶部） $Y_1=83680$（底部）, $Y_1=6646$（顶部） $X_2=84206$（底部）, $X_2=8271$（顶部） $Y_2=82460$（底部）, $Y_2=7368$（顶部） $X_3=102100$（底部）, $X_3=11080$（顶部） $Y_3=100800$（底部）, $Y_3=12580$（顶部）	错层	本工程无错层	
	位移比较	$X_1=1/1064$ ($n=50$), $Y_1=1/924$ ($n=50$) $X_2=1/3236$ ($n=50$), $Y_2=1/3612$ ($n=50$) $X_3=1/2031$ ($n=50$), $Y_3=1/1738$ ($n=50$)			
弹塑性位移角		SATWE（EPDA） $X=1/241$ （$n=37$） $Y=1/144$ （$n=43$）	Sap2000 $X=1/286$ （$n=36$） $Y=1/189$ （$n=41$）	连体	本工程无连体
框架承担的比例		倾覆力矩: $X=15\%$ $Y=19\%$ 总剪力: $X=26\%$ $Y=29\%$	倾覆力矩: $X=13.4\%$ $Y=21.7\%$ 总剪力: $X=14\%$ $Y=20\%$		

续表

工程名称	××大厦	申报人 联系方式	××××

超限设计 简要说明	一、超限认定 (1) 建筑高度超规范允许最大高度 47%，属超限建筑。 (2) 局部转换（21 层局部斜柱转换）高位转换，属超限建筑。 (3) 平面立面均属不规则建筑。 (4) 建筑体型特殊。 (5) 基于以上 4 点，本工程应在扩初阶段，进行超限审查工作。 二、针对超限高层建筑采取的加强措施 (1) 外框柱端弯矩及剪力均应乘以增大系数 1.25。 (2) 梁端剪力应乘以增大系数 1.25。 (3) 核心筒墙底部加强部位的弯矩设计值应乘以增大系数 1.15；其他部位的弯矩设计值应乘以增大系数 1.35；底部加强墙部位的剪力设计值，应按考虑地震作用组合的剪力计算值的 1.95 倍采用；其他部位的剪力设计值，应按考虑地震作用组合的剪力计算值的 1.45 倍采用。 (4) 主楼核心筒为钢筋混凝土筒体，框架由钢骨混凝土柱和钢梁组成，楼板采用钢筋桁架楼承板，在钢梁上均设置抗剪栓钉，以充分适应两种材料的共同作用和地震作用时水平力的传递。 (5) 对裙房部分，为了使质心和刚心尽量接近，在裙房四周布置了一定数量的剪力墙，增加了结构的抗扭刚度，减小了结构的扭转反应，使结构的扭转位移比控制在规范规定的 1.4 内。裙房屋面板厚度取 180mm，并加强配筋（增加计算值 10% 以上），并采取双层双向配筋。裙房屋面下一层结构的楼板也应加强其构造措施（配筋比计算增加 10% 以上，板厚按常规设计）。 (6) 针对本工程水平抗力主要由钢筋混凝土核心筒承担的特性，在筒体剪力墙的四角、较大洞口边、框架梁支座部位设置钢骨柱，以增加墙体延性；对少量剪力过大的连梁，在连梁中也设置型钢，以满足强剪弱弯的抗震概念设计要求。也有利于在罕遇地震下，避免混凝土核心筒刚度退化，外框架分配剪力，避免内力重分布产生的不利影响。 (7) 结构分析方面，采用多种符合实际情况的空间分析程序（SATWE/PMSAP，SAP200/ETABS）分解反应谱法，并选用较多振型（60 个）以充分考虑高阶振型的影响。 (8) 对转换层及其上下各一层，底部加强部位进行抗震性能设计，性能化设计目标为"C"级。 (9) 严格控制转换层与上下层的等效剪切刚度不小于 0.7。 (10) 严格控制底部加强部为柱的轴压比不超过 0.70；墙的轴压比不超过 0.50。 (11) 柱端加密区箍筋直径不宜小于 14mm，间距不大于 100mm，纵向钢筋的构造配筋率，中、边柱不应小于 1.0%，角柱不应小于 1.2%，箍筋体积配箍率不小于 1.2%。 (12) 在底部加强部位核心筒墙中配置钢板剪力墙，以便提供良好的耗能能力；底部加强部位的水平和竖向分布钢筋的最小配筋率应取为 0.45%，一般部位水平和竖向分布钢筋的最小配筋率应取为 0.40%。 (13) 约束边缘构件的纵向最小构造配筋率取为 1.45%；配箍特征值应比《高层建筑混凝土结构技术规程》第 7.2.15 条一级（9 度）提高 25%；构造边缘构件纵向钢筋的配筋率不应小于 1.25%；同时在约束边缘构件层与构造边缘构件层之间设置 2 层过渡层，过渡层边缘构件的纵向钢筋的配筋率不应小于 1.35%。 (14) 加强顶部 2～3 层及顶部突出构件的竖向构件的延性，适当提高配筋量（比计算值增加 10% 以上）。 (15) 转换层楼板厚度不小于 180mm，并双层双向配筋，转换层上下层楼板厚不小于 150mm，并双层双向配筋。 (16) 型钢混凝土柱的长细比不大于 70；沿柱全高均设置栓钉。 三、性能设计目标 本工程拟对底部加强部位、转换构件进行抗震性能设计，性能目标按"C"级考虑。 即：转换斜柱按中震弹性设计，底部加强部位的核心筒、柱按中震不屈服设计。

（2）建筑结构工程超限设计的可行性论证报告（至少5份）；

（3）建设项目的岩土工程勘察报告；

（4）结构工程初步设计计算书（主要结果，至少5份）；

（5）初步设计文件（建筑和结构工程部分，至少5份）；

（6）当参考使用国外有关抗震设计标准、工程实例和震害资料及计算机程序时，应提供理由和相应的说明；

（7）进行模型抗震性能试验研究的结构工程，应提交抗震试验研究报告。

申报抗震设防专项审查时提供的资料，应符合下列具体要求：

（1）高层建筑工程超限设计可行性论证报告应说明其超限的类型（如高度、转换层形式和位置、多塔、连体、错层、加强层、竖向不规则、平面不规则、超限大跨空间结构等）和程度，并提出有效控制安全的技术措施，包括抗震技术措施的适用性、可靠性，整体结构及其薄弱部位的加强措施和预期的性能目标。

（2）岩土工程勘察报告应包括岩土特性参数、地基承载力、场地类别、液化评价、剪切波速测试成果及地基方案。当设计有要求时，应按规范规定提供结构工程时程分析所需的资料。

处于抗震不利地段时，应有相应的边坡稳定评价、断裂影响和地形影响等抗震性能评价内容。

（3）结构设计计算书应包括：软件名称和版本，力学模型，电算的原始参数（是否考虑扭转耦连、周期折减系数、地震作用修正系数、内力调整系数、输入地震时程记录的时间、台站名称和峰值加速度等），结构自振特性（周期，扭转周期比，对多塔、连体类含必要的振型）、位移、扭转位移比、结构总重力和地震剪力系数、楼层刚度比、墙体（或筒体）和框架承担的地震作用分配等整体计算结果，主要构件的轴压比、剪压比和应力比控制等。

对计算结果应进行分析。采用时程分析时，其结果应与振型分解反应谱法计算结果进行总剪力和层剪力沿高度分布等的比较。对多个软件的计算结果应加以比较，按规范的要求确认其合理、有效性。

（4）初步设计文件的深度应符合《建筑工程设计文件编制深度的规定》的要求，设计说明要有建筑抗震设防分类、设防烈度、设计基本地震加速度、设计地震分组、结构的抗震等级等内容。

（5）抗震试验数据和研究成果，要有明确的适用范围和结论。

4.4.3 【工程案例】某超高层建筑超限设计的可行性论证报告

某超高层建筑超限设计的可行性论证报告

2010 年　设计
××建筑设计有限公司

1 工程概述

1.1 工程概况

本工程位于××，为高档酒店、办公、商业等综合体建筑，超限部分总建筑面积约 13.544 万 m²（其中地下 2.255 万 m²，地上 11.289 万 m²）。平面最大尺寸为：218m× 83m，其中主体平面为 66m×38m，核心筒平面为 37.3m×18.15m 的菱形建筑。裙房为地上 4 层，高度 26.85m，地下 3 层，埋深约为－17.60m（结构基础底）；主楼地上 50 层，主体结构高度为 200m，地下 3 层，埋深约为－18.70m（结构筏板底），主体结构高宽比为 1/5.8；核心筒宽高比为 1/12.8，基础埋置深度为高度 1/10.7。

1.2 结构设计标准

结构的安全等级按二级考虑；重要性系数为 $\gamma_0 = 1.0$。

结构抗震设防类别按"标准设防类"考虑，简称"丙"类。

地基基础设计等级按甲级考虑；建筑桩基设计等级按甲级考虑。

结构设计使用年限按 50 年考虑。

混凝土结构的环境类别：地下按"二 b"，地上按"一"类考虑。

1.3 结构设计依据

(1)《建筑结构可靠度设计统一标准》（GB 50068—2001）；

(2)《建筑结构荷载规范》（2006 年版）（GB 50009—2001）；

(3)《建筑抗震设计规范》（GB 50011—2010），以下简称《抗规》；

(4)《混凝土结构设计规范》（GB 50010—2010），以下简称《混凝土规范》；

(5)《高层建筑混凝土结构技术规程》（JGJ 3—2010），以下简称《高规》；

(6)《高层建筑钢-混凝土混合结构设计规程》（CE CS230：2008）；

(7)《高层民用建筑钢结构技术规程》（JGJ 99—98）；

(8)《钢结构设计规范》（GB 50017—2003）；

(9)《型钢混凝土组合结构技术规程》（JGJ 138—2001）；

(10)《建筑地基基础设计规范》（GB 50007—2002）；

(11)《高层建筑箱型与筏型基础技术规范》（JGJ 6—99）；

(12)《建筑桩基技术规范》（JGJ 94—2008）；

(13)《建筑工程抗震设防分类标准》（GB 50223—2008）；

(14) 初步建筑设计图；

(15) 其他有关资料。

1.4 主要设计荷载取值

1.4.1 活荷载标准值

办公楼   2.0kN/m²

走廊、电梯门厅	2.5kN/m²
主入口门厅、人员密集处	3.5kN/m²
餐厅	2.5kN/m²
餐厅厨房	4.0kN/m²
楼梯：	
普通楼梯	2.5kN/m²
消防楼梯	3.5kN/m²
卫生间	2.5kN/m²
上人屋面	2.0kN/m²
不上人屋面	0.5kN/m²
地下室顶板（考虑施工堆载）	5.0kN/m²
小车停车场及坡道：	
单向板楼盖（板跨度不小于 2m）	4.0kN/m²
双向板楼盖（板跨不小于 6m×6m）	2.5kN/m²
消防车道：	
单向板楼盖（板跨度不小于 2m）	35kN/m²
双向板楼盖（板跨不小于 6m×6m）	20kN/m²
室外地面	5kN/m²

1.4.2 风荷载

基本风压：

用于承载力计算取 0.75kN/m²（本地区 100 年一遇的基本风压）。

用于变形验算取 0.65kN/m²（本地区 50 年一遇的基本风压）。

舒适度验算取 0.40kN/m²（本地区 10 年一遇的基本风压）。

地面粗糙度：B 类。

体型系数和风振系数：按《建筑结构荷载规范》GB 50009—2001（2006 年版）确定。

最终的风荷载及体型系数以风洞模型试验数值为设计依据。

1.4.3 雪荷载

基本雪压 0.25kN/m²，屋面水平部分和坡面部分的积雪分布系数分别为 1.0、0.3。

1.4.4 主要楼层机电设备荷载

屋顶擦窗机荷载：420kN。

1.4.5 抗震设防烈度的确定

1. 规范给出的地震动参数

建筑抗震设防类别：标准设防类，简称"丙"类。

抗震设防烈度：8 度。

设计基本地震加速度：0.20g。

设计地震分组：第二组。

场地类别：Ⅱ类。

场地特征周期：0.40s。

注：按工程地勘报告提供的 45m 以上土的剪切波速均≥200m/s，第二组。

按《抗规》第4.1.6条文可以采用连续化插入得 $T_g=0.44s$，因此计算取 $T_g=0.44s$。

2. 本工程场地地震安全性评价报告给出的动参数

50年一遇超越概率63%时，设计基本地震加速度0.088g，水平地震影响系数期0.19，特征周期0.40s，$\gamma=1.1$。

50年一遇超越概率10%时，设计基本地震加速度0.25g，水平地震影响系数0.60，特征周期0.60s，$\gamma=1.1$。

50年一遇超越概率2%时，设计基本地震加速度0.43g，水平地震影响系数1.0，特征周期0.80s，$\gamma=1.1$（图1-1）。

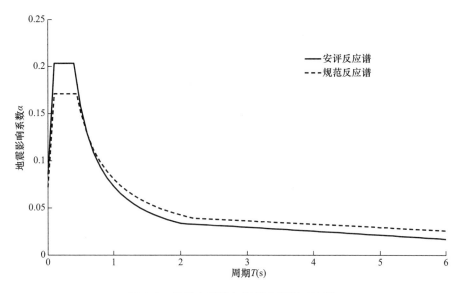

图1-1 安评小震谱与规范小震谱对比图

其中参数取值如下：规范谱：$\alpha_{max}=0.16$，$T_g=0.44$，$\gamma=0.9$，$\zeta=0.04$。

安评谱：$\alpha_{max}=0.19$，$T_g=0.40$，$\gamma=1.1$，$\zeta=0.04$。

经对地震安评谱计算与规范谱计算得基底剪力见表1-1（SATWE及ETABS结果）。

基底剪力（kN） 表1-1

基底剪力	安评谱		规范谱	
分析程序	SATWE	ETABS	SATWE	ETABS
X向	56543	56300	58589	58510
Y向	56417	54650	57691	57540

经以上比较分析，本工程地震作用安评谱和规范谱地震作用极其接近，根据以上结果，本工程多遇地震计算采用规范谱进行计算。

3. 抗震设计地震动参数的合理选取

（1）抗震计算时地震动参数的选取

多遇地震（小震）计算地震动参数取规范谱的地震动参数：即50年一遇超越概率63%时，设计基本地震加速度0.080g，水平地震影响系数0.16，特征周期0.44s，$\gamma=0.9$。

设防地震（中震）计算地震动参数取《抗规》的参数；即50年一遇超越概率10%时，设计基本地震加速度0.20g，水平地震影响系数0.45，特征周期0.44s，γ＝0.9。

罕遇地震（大震）计算地震动参数取《抗规》的参数；即50年一遇超越概率2%时，设计基本地震加速度0.40g，水平地震影响系数0.90，特征周期0.49s，γ＝0.9。

（2）抗震措施选用的地震动参数

因本工程抗震设防类别为"标准设防类"，所以抗震措施按设防烈度为8度采取抗震措施。

1.5 主要结构材料的合理选择

混凝土、钢筋、钢材选用见表1-2。

混凝土、钢筋、钢材选用表　　　　　　　　　　　　表1-2

布置部位和构件名称			混凝土及钢材强度等级	钢筋强度标准	主要墙柱梁构件截面尺寸（mm）	备注
垫层			C15			
构造柱、拉结圈梁等后浇非主体混凝土构件			C20	HRBF400		
地下室		顶板梁板	C35	HRBF400		
		地下底板	C35	HRBF400		抗渗等级P10
主楼	B3～F5	现浇板	C35	HRBF400	150	
		钢筋混凝土梁/钢梁	C60/Q345GJC	HRB400	RC800×450（地下及裙房）H650×420（主楼）	
		现浇柱（钢骨混凝土柱）	C60/Q345GJC	HRB400	SRC1800×900	
		核心筒墙	C60	HRB400	RC（1000～1200）	
	F6～F10	楼板	C35	HRBF400	150	
		钢梁	Q345GJC		H650×420	
		现浇柱（钢骨混凝土柱）	C60/Q345GJC	HRB400	SRC1700×900	
		核心筒墙	C60	HRB400	RC900	
	F11～F21层	现浇板	C35	HRBF400	150	
		钢梁	Q345GJC		H650×420	
		现浇柱（钢骨混凝土柱）	C55/Q345GJC	HRB400	SRC1600×900	
		核心筒墙	C55	HRB400	RC800	
	F22～F30层	现浇板	C35	HRBF400	150	
		钢梁	Q435GJC	HRB400	H650×420	
		现浇柱（钢骨混凝土柱）	C50/Q345GJC	HRB400	SRC1500×900	
		核心筒墙	C50	HRB400	RC700	
	F31～F41	现浇板	C35	HRBF400	150	
		钢梁	Q345GJC		H650×420	

续表

布置部位和构件名称		混凝土及钢材强度等级	钢筋强度标准	主要墙柱梁构件截面尺寸（mm）	备注
主楼	F31～F41 现浇柱 （钢骨混凝土柱）	C45/Q345GJC	HRB400	SRC1400×900	
	F31～F41 核心筒墙	C45	HRB400	RC600	
	F42 以上 现浇板	C35	HRBF400	150	
	F42 以上 钢梁	Q345GJC		H650×420	
	F42 以上 现浇柱 （钢骨混凝土柱）	C40/Q345GJC	HRB400	SRC1300×900	
	F42 以上 核心筒墙	C40	HRB400	RC500	

注：施工图设计时，截面变化与混凝土强度变化错开 2 层。

1.6　基本构造规定

1.6.1　耐久性设计要求

（1）环境类别：本工程混凝土结构的环境类别：地下按"二 b"类，地上按"一"类考虑。

（2）设计使用年限为 50 年的混凝土结构，其材料宜符合表 1-3 的要求。

结构混凝土材料的耐久性基本要求 表 1-3

环境类别	最大水胶比	最低强度等级	最大氯离子含量（%）	最大碱含量（kg/m³）
一	0.60	C20	0.30	不限制
二 b	0.50	C30	0.15	3.0

注：详见《混凝土规范》2010 版第 3.5.3 条。

1.6.2　保护层厚度

（1）构件中受力钢筋的保护层厚度不应小于钢筋的公称直径 d。

（2）最外层钢筋的保护层厚度不应小于表 1-4。

混凝土保护层最小厚度 c（mm） 表 1-4

一类环境		二 b 类环境				
板、墙	梁、柱、杆	地下室墙、梁、柱			基础底板	
		外墙外侧	外墙内侧、内墙、板	柱、梁	底侧	上侧
15	20	30	25	35	50	30

注：1. 考虑到地下水具有微腐蚀性，适当加厚与水接触侧保护层厚。
　　2. 考虑到地下外墙建筑有外防水做法，外墙外侧保护层厚 30mm。

1.6.3　钢筋的搭接

当钢筋直径 $\Phi \geqslant 20$mm 时，采用机械连接，接头的质量等级应为 Ⅰ 级。

当钢筋直径 $\Phi \leqslant 20$mm 时，可采用搭接连接，搭接长度按搭接率确定。

1.6.4　纵向受力钢筋的最小配筋率（%）

（1）受弯构件、偏心受拉、轴心受拉构件一侧的受拉钢筋不小于 0.20 和 $0.45 f_t / f_y$ 的较大值。

(2) 受压构件，全部纵向钢筋不小于0.55，同时一侧纵向钢筋不小于0.20。

(3) 对于筏板及独立柱基础，最小配筋率不小于0.15。

1.7 结构体系及抗震等级的合理选取

1.7.1 结构体系的优选

经过多次专家对本工程论证优选，认为主体结构采用钢筋混凝土框架—钢筋混凝土核心筒体系较合理，框架柱采用型钢混凝土柱，框架梁采用钢梁，核心筒采用钢筋混凝土（加强部位采用钢板混凝土剪力墙）。裙房部分采用钢筋混凝土框架-剪力墙结构。

这种混合结构体系是近年来在我国应用较为广泛的一种新型结构体系，由于其在降低结构自重、减少结构断面尺寸、加快施工进度方面的明显优点，已得到工程界和投资方的广泛应用。

1.7.2 结构抗震等级的确定

主楼部分：

地下一层以上：框架一级，核心筒特一级；

地下二层：框架一级，核心筒一级；

地下三层：框架二级，核心筒二级。

裙房部分：

地下一层至地上：

主楼相连的三跨范围：框架一级，剪力墙特一级；

其他部位：框架一级，剪力墙一级；

地下二层：框架三级，剪力墙二级；

地下三层：框架四级，剪力墙三级。

注：因本工程裙房偏置，其端部有扭转效应，其抗震措施需适当加强。

1.8 超限情况的认定

本工程根据建质〔2010〕109号《超限高层建筑工程抗震设防专项审查技术要点》，对规范涉及结构不规则性的条文进行了检查。通过以下逐条检查可以看出，本工程为高度超限及高位转换、一般规则性超限（表1-5～表1-7）。

建筑结构高度超限检查 表1-5

项目	超限类别	超限判断	备注
高度	8度型钢混凝土框架—钢筋混凝土核心筒结构150m	200m，高度超限	—

建筑结构一般规则性超限检查 表1-6

项目	超限类别	超限判断		备注
扭转不规则	考虑偶然偏心的扭转位移比大于1.2	3层大于1.2	超限	同时有三项及三项以上不规则的高层建筑
偏心布置	偏心距大于0.15或相邻层质心相差较大	均不大于0.15		
凹凸不规则	平面凹凸尺寸大于相应边长的30%	局部凹进13.1%		
组合平面	细腰形或角部重叠形	无		

续表

项目	超限类别	超限判断		备注
楼板不连续	有效宽度小于 50%，开洞面积大于 30%，错层大于梁高	仅地上 2 层楼板开洞面积约为楼板面积的 15%		同时有三项及三项以上不规则的高层建筑
刚度突变	相邻层刚度变化大于 70%或连续三层变化大于 80%	满足		
尺寸突变	缩进大于 25%，外挑大于 10%和 4m	无		
构件间断	上下墙、柱、支撑不连续，含加强层	地上 21 层采用局部斜柱转换	超限	
承载力突变	相邻层受剪承载力变化大于 80%	均满足		

建筑结构严重规则性超限检查　　　　表 1-7

项目	超限类别	超限判断		备注
扭转偏大	裙房以上较多楼层扭转位移比大于 1.4	均小于 1.4		具有一项不规则的高层建筑工程
扭转刚度弱	扭转周期比大于 0.9，混合结构大于 0.85	两主轴方向均小于 0.85		
层刚度偏小	本层侧向刚度小于相邻上层的 50%	均满足		
高位转换	框支转换构件位置：8 度超过 3 层	地上 21 层局部斜柱转换	超限	
厚板转换	7～9 度设防的厚板转换结构	无		
塔楼偏置	单塔或多塔与大底盘的质心偏心距大于底盘相应边长的 20%	大于 20%	超限	
复杂连接	各部分楼层、刚度布置不同的错层或连体结构	无		
多重复杂	结构同时具有转换层、加强层、错层、连体和多塔类型的 2 种以上	无		

1.9　分析方法及手段的选择

本工程整体计算分析和截面设计分别采用 SATWE（2010 版）和 ETABS9.7.1 两种软件对其进行分析比较。

SATWE 空间结构模型计算程序，分别采用振型分解反应谱法和时程分析法计算结构地震作用。为充分考虑高振型的影响，振型数取大于 60 个，结构抗震计算按照考虑扭转耦联振型分解法进行，考虑双向地震作用及偶然偏心影响，并用 ETABS 程序进行整体校核，大震采用 EPDA 进行薄弱层弹塑性计算分析。

根据抗震审查咨询专家的意见及建议，分析计算模型，分别取以下四种情况：

（1）单独取出主楼计算一次；

（2）单独取出裙房计算一次；

（3）取出主楼和裙房整体计算一次；

（4）带地上地下计算一次，地下取规范规定的相关范围，相关范围见《抗规》6.1.14-2 条文说明。

2　场地工程地质条件

2.1　场地工程地质条件

参考《亘元万豪酒店岩土工程勘察报告（详勘）》（2011.3.20）、《万豪酒店岩土工程勘察回复意见》（2011.5.28）及《地勘审查报告》（编号 NS1105-50）。本工程拟建场地范围内，不存在影响拟建场地整体稳定性的不良地质作用。

本次勘探深度范围内揭露场地地下水类型浅层为孔隙潜水，以第③、④、⑤、⑥层细砂为主要含水层，主要受大气降水及侧向径流补给。其下地下水类型为承压水，以第⑧层细砂层以下为主要含水层，以⑦层粉质黏土为隔水层，主要受侧向径流补给。

勘探期间测得初见水位 7.0～7.5m，混合稳定水位埋深在现地面下 6.5～7.0m 之间，稳定水位标高在 1102.20～1104.03m 之间，水位随季节性变化幅度约 1.0m，勘探期间属枯水期。

本工程抗浮设计水位为 1107.60m。

土壤标准冻结深度为 1.03m。

2.2　地下水及土的腐蚀性评价

在干湿交替条件下，地基土对混凝土结构具有弱腐蚀性；对混凝土结构中的钢筋具有弱腐蚀性。

2.3　地基土液化判别

本次勘察依据《抗规》第 4.3.3 条、第 4.3.4、第 4.3.5 条之规定，根据《土工试验报告》，对勘察深度 20.45m 范围内的饱和砂土按抗震设防烈度 8 度区、设计基本地震加速度值为 0.20g，标准贯入锤击数基准值为 10，设计特征周期为 0.36s 的标准。按近期年内最高水位考虑（勘察期间水位提高 1.00m），用标贯法进行地震液化评价，在地震力的作用下，饱和细砂中实测标准贯入锤击数 N 均大于液化判别标准贯入锤击数临界值 N_{cr}，故饱和细砂为非液化地层，属抗震有利地段。建筑物的抗震设防分类为重点设防类，属可进行建设的一般场地。

2.4　地基土震陷

本次勘探揭露地层情况及实测等效剪切波速结果显示，各土层的实测等效剪切波速值均大于 140m/s，根据《岩土工程勘察规范》（GB 50021—2001）（2009 版）第 5.7.11 条综合分析判定，本工程可不考虑软弱土的震陷影响。

2.5　建筑抗震地段划分

根据本次勘探揭露地层及室内土工试验结果，结合地形、地貌综合考虑，按《抗规》第 4.1.1 条划分，拟建场地属于对建筑抗震有利地段。

2.6　建筑场地类别

根据本次勘察剪切波速测试结果，场地 20m 深度范围内以中软土为主。28 号、33 号、35 号孔 20.0m 深度范围内实测剪切波速计算值分别为：223.0m/s、237.9m/s、214.70m/s，均介于 150～250m/s 之间。本场地覆盖层厚度介于 42.58～45.62m 之间，其下部各层剪切波速均大于 500m/s，由于场地覆盖层厚度在 3～50m 之间，按《抗规》第 4.1.6 条，划分该建筑场地类别为 Ⅱ 类。

2.7 天然地基土承载力评价

本次勘察各层地基土的承载力特征值 f_{ak} 系根据室内土工试验结果、原位测试结果，并结合本地区建筑经验综合考虑确定的，其结果详见表 2-1。

地基土承载力特征值一览表

表 2-1

层次	采用方法 岩性	物性指标 f_{ak}（kPa）	标贯（动探法） f_{ak}（kPa）	建议值 f_{ak}（kPa）
①	杂填土	—	80	80
②	粉土	140	120	120
②₁	粉质黏土	160	140	140
③	粉砂		300	300
③₁	粉土	280	250	250
③₂	粉质黏土	250	240	240
④	细砂		400	400
⑤	细砂		440	440
⑤₁	粉质黏土	300	280	280
⑥	细砂		480	480
⑦	粉质黏土	450	400	400
⑧	细砂		560	560
⑧₁	粉土	500	440	440

2.8 天然地基均匀性评价

本工程建筑物基底标高为 1092.5m，根据本次勘察结果，拟建主楼及裙楼均以第③层粉砂为持力层，以第④层细砂为第一下卧层，现按《高层建筑岩土工程勘察规程》（JGJ 72—2004）第 8.2.4 条进行均匀性评价，详见表 2-2。

各建筑物天然地基均匀性评价结果

表 2-2

建筑物 名称	层序	层底面坡度 最大值（％）	基础宽度方向 地层厚度最大（m）	$0.05b$ （m）	均匀性
主楼	持力层③粉砂	25％（27 号、30 号）	2.9（28 号、30 号）	2.0	不均匀
	第一下卧层④细砂	24％（30 号、31 号）	5.0（28 号、30 号）		不均匀
裙楼	持力层③粉砂	40％（25 号、26 号）	8.0（25 号、26 号）	4.5	不均匀
	第一下卧层④细砂	45％（10 号、11 号）	8.0（25 号、26 号）		不均匀

综上所述，本工程各拟建建筑物天然地基均为不均匀地基。

2.9 地基变形参数

地基变形计算压缩模量宜按实际压力段（土的自重压力至土的自重压力与附加压力之和段）取值，为此根据固结试验成果给出了各土层不同试验压力下对应的孔隙比（表 2-3），并依此对应关系拟合出各土层的综合压缩 e—P 曲线。地基变形计算时以土的自重压力（P_{cz}）和自重压力与附加压力之和（$P_{cz}+P_z$）在上述综合压缩曲线上找出对应的孔隙比 e_1

和 e_2，然后计算出相应的压缩模量 E_s。

各级压力与孔隙比的对应关系　　　　　　　　　　　　　　　　表 2-3

孔隙比 压力（kPa） 层序	0	50	100	200	400	600	800	1000	1200	1400	1600
② 粉土	0.666	0.636	0.618	0.591							
②₁ 粉质黏土	0.668	0.628	0.604	0.571							
⑦ 粉质黏土	0.680	0.662	0.646	0.625	0.596	0.580	0.567	0.555	0.545	0.535	0.527

基底下砂层的压缩模量系由原位测试结果结合地区建筑经验给出（表 2-4）。

地基砂类土压缩模量　　　　　　　　　　　　　　　表 2-4

层序及岩性	标贯击数标准值	建议值（MPa）
③粉砂	23.5	18.6
④细砂	42.5	27.9
⑤细砂	47.6	30.4
⑥细砂	58.2	35.6
⑧细砂	80.4	46.4

注：压缩模量为计算值，参考工程地质手册（第四版）$E_s = 7.1 + 0.49N$。

2.10　场地稳定性与适宜性评价

根据本次勘察结果及区域地质资料，场地及场地附近无全新活动断裂，亦不存在影响本工程安全的滑坡、崩塌、地面沉降等不良地质作用，属相对稳定场地，可进行本工程建设。

2.11　地基基础方案

1. 20m 高裙楼

本工程建筑物基底标高为 1094.5m。根据本次勘察结果，以第③层粉砂作为天然地基持力层，天然地基承载力特征值 300kPa，第④层细砂为第一下卧层，天然地基承载力特征值 400kPa，满足其基底压力 180kPa 的要求，该建筑物可用天然地基，但考虑到相邻建筑物高度为 216m，故两者基础之间应设沉降缝（或沉降后浇带）。

2. 216m 高主楼

216m 高主楼基底标高为 1092.5m，基底压力为 1300kPa，以第③层粉砂作为天然地基持力层，经深宽修正后承载力特征值为 625kPa，小于上部结构 1300kPa 的要求，故不能采用天然地基。

因主楼属超限高层建筑，对不均匀沉降尤为敏感，因此应考虑深基础方案，在桩基布置时根据荷载不同采用"变刚度"设计。

2.12　桩基方案

根据场地岩土工程条件及建筑物的重要性，从地基稳定性、承载能力，控制不均匀沉降及施工工期、施工难度、工程造价、使用功能等方面分析比较，本工程主楼需采用桩＋

扩大筏片基础，可解决地基强度不足、变形大等问题，从而达到满足上部结构需要，充分利用地下空间及减小沉降变形之目的。

1. 桩型

根据场地地层及环境条件，从施工难度、工程造价等方面综合考虑，本工程可采用钻孔灌注桩基础。

2. 桩端持力层

桩端持力层的选择参照《建筑桩基技术规范》（JGJ 94—2008）中的相关规定，根据本次勘察所揭露的地层情况及原位测试结果，本工程钻孔灌注桩可选择第⑥层细砂作为桩端持力层。

2.13　桩型及桩端持力层

根据本次勘察地基各土层状态指标及原位测试结果，并结合地区建筑经验，钻孔灌注桩各土层极限侧阻力及端阻力标准值的建议值见表2-5。

钻孔灌注桩侧阻力标准值及端阻力标准值　　　　　表2-5

层号	岩性	钻孔灌注桩			
		极限侧阻力标准值（kPa）	后注浆侧阻力增强系数	极限端阻力标准值（kPa）	后注浆端阻力增强系数
③	粉砂	60	1.6		
③₁	粉土	58	1.4		
③₂	粉质黏土	58	1.4		
④	细砂	78	1.6	1400	2.4
⑤	细砂	80	1.6	1700	2.4
⑤₁	粉质黏土	76	1.4	1700	2.2
⑥	细砂	82	1.5	1800	2.4
⑦	粉质黏土	80	1.4	1400	2.4
⑧	细砂	84	1.7	2000	2.4
⑧₁	粉土	80	1.4	1200	2.2

2.14　钻孔灌注桩单桩竖向承载力特征值估算

钻孔灌注桩单桩竖向承载力特征值估算自基础底面标高1092.5m算起，依据表2-5中参数，主楼以第⑥、⑧层细砂作为桩端持力层时，桩径分别为$\phi700$、$\phi800$、$\phi1000$，估算单桩竖向抗压承载力特征值，估算结果见表2-6。

单桩竖向抗压承载力特征值估算表（持力层第⑥、⑧层）　　表2-6

楼序	桩端持力层	有效桩长（m）	桩径（mm）	单桩承载力特征值（kN）	采用桩端、桩侧复式注浆计算单桩承载力特征值（kN）
216m高办公楼	第⑥层细砂（进入约14.0m）	42.0	700	3950	6200
	第⑥层细砂（进入约14.0m）	42.0	800	4600	7724

续表

楼序	桩端持力层	有效桩长 (m)	桩径 (mm)	单桩承载力特征值 (kN)	采用桩端、桩侧复式注浆计算单桩承载力特征值 (kN)
216m 高办公楼	第⑥层细砂 (进入约 14.0m)	42.0	1000	5922	10050
	第⑧层细砂 (进入约 19.0m)	75.0	1000	10530	

上述数据为经验参数法计算所得，具体桩径、桩距、有效桩长及布桩形式，应根据现场荷载试验，通过试桩最终确定（结合类似工程，建议首选 ϕ1000 注浆方式）。

3　地基基础方案

3.1　基础形式的选择

本工程结合工程地勘报告建议及上部工程特点，主楼部分采用桩筏基础，基础的埋置深度为$-$18.70m。采用直径 ϕ1000 的后压浆钻孔灌注桩，有效桩长约45m，筏板厚度约为4500mm；裙房部分采用独立柱基础＋防水板方案，底标高约$-$16.70m。

3.2　减少地基不均匀沉降的主要技术措施

本工程根据建筑使用功能的要求，主楼与裙房间不设永久缝，但采取以下技术措施减小两者间差异沉降：

（1）尽可能地减少裙房的柱基础的基底面积，采用独立柱基＋防水板方案，在防水板下铺设一定厚度的易压缩材料，本工程采用 150mm 厚的聚苯板（密度要求大于 $20kg/m^3$）。

（2）适当加密核心筒区域桩的间距或适当加大桩长，相对加大核心筒外的桩间距或适当减小这部分桩长。

（3）计算控制主楼与裙房之间沉降差不超过 30mm，沉降分析采用建研院编制的 JC-CAD（S-5）2010 版中的桩筏板有限元计算，本工程经过初步计算总沉降小于 50mm。

（4）尽量提高裙房柱基础的承载力。

（5）在主楼与裙房之间留设沉降后浇带，待主楼沉降基本稳定后再浇灌。

4　结 构 体 系

4.1　概述

本工程在不同的阶段经过多次专家对本工程论证优选，认为主体结构采用型钢混凝土框架—钢筋混凝土核心筒体系较合理，框架柱采用型钢混凝土柱，框架梁采用钢梁，核心筒采用钢骨混凝土剪力墙。裙房及地下部分采用钢筋混凝土框架—剪力墙结构。

4.2 抗侧力体系

本工程的结构体系属双重抗侧力体系，由两种受力、变形性能不同的抗侧力结构单元组成，并共同承受水平地震及风荷载作用的结构体系，本工程为型钢混凝土框架—钢骨混凝土核心筒结构体系。

4.3 楼盖结构体系

1. 主楼楼盖

本工程（主楼）标准层楼板采用钢筋桁架楼承板，最大楼板尺寸为 6.0m×9.0m，典型板厚150mm。钢筋桁架楼承板系统是近几年新兴的一种组合楼板，这种楼承板具有以下优点：施工阶段，钢筋桁架与压型钢板形成组合模板，能够承受施工阶段混凝土及施工荷载，不需要大量钢模板；使用阶段，钢筋桁架与混凝土协同工作，承受使用荷载；克服了传统的压型钢板组合楼板在两个方向刚度及厚度的不同差异，这对主体结构两个方向承载力、变形及舒适度计算均有利，实际上这种楼承板和传统的现浇混凝土板类似，这也是钢筋桁架楼板的一大特色。为保证钢梁与混凝土楼板可靠连接，在钢梁上焊剪力栓钉以有效传递剪力。这种楼板生产机械化程度高，可大量减少现场绑扎钢筋工作量（现场钢筋绑扎工作量减少60%～70%），不需要大量模板，可以大大缩短施工工期。典型的钢筋桁架楼承板立、剖面图如图4-1所示。

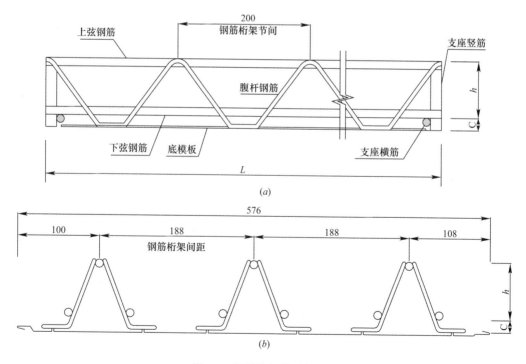

图4-1 钢筋桁架楼承板示意

（a）立面图；（b）剖面图

2. 裙房及地下室楼盖

为了进一步降低主梁高度，就需要减轻结构自重及减小地震作用，裙房及地下采用性价比较好的现浇混凝土空心楼盖，如图 4-2 所示。

图 4-2 现浇空心楼盖示意图

5 主要计算结果和指标汇总及分析、判断

主要采用中国建筑科学研究院建筑工程软件研究所编制的 PKPM 系列软件 SATWE 及美国 ETABS 两种不同的空间结构模型计算程序分别对其进行分析计算，结构抗震计算 按照扭转耦联振型分解法进行，考虑双向地震作用及偶然偏心影响主要用 SATWE 分析计 算（ETABS 进行整体校核），大震采用 EPDA&PUSH 程序进行弹塑性时程计算分析。

5.1 关于 $0.2V_0$ 调整的合理性分析、判断

由于本工程主楼带较大面积的裙房，可能会造成底部剪力较大，为了不使主楼结构剪 力调整增加过多，将底部主楼部分的剪力取出，用于主楼的 $0.20V_0$ 的调整。

同时，为保证外框结构屈服机制的实现，依据超审专家意见，对于框架梁配筋计算 时，框架剪力调整取 $0.2V_0$ 与 $1.5V_{max}$ 两者的较小值，对于框架柱，则取 $0.2V_0$ 与 $1.5V_{max}$ 两者的较大值。

5.2 关于裙房地震作用调整系数分析、判断

由于本工程在裙房顶层，布置有较大范围四季中庭，荷载很大，该层裙房质量占该层 总质量约为 64%，为此依据超审专家意见，需要对裙房各楼层地震力进行调整，调整系数 计算见表 5-1、表 5-2。

裙房地震作用系数计算（X 向）　　　　　　　　　　　　　　　　表 5-1

层号	F 地震作用	调整前 V_{i0}(kN)	调整后 V(kN)	调整系数	备注
1		58589（V_{1o}）	61705（V_{1n}）	1.053（n_1）	
2		57292（V_{2o}）	60408（V_{2n}）	1.054（n_2）	
3		54174（V_{3o}）	57290（V_{3n}）	1.058（n_3）	
4	7916（F_{qd}）	51111（V_{4o}）	54227（V_{4n}）	1.061（n_4）	裙房顶
5	2779（F_{zzx}）	48999（V_{5o}）			主楼最下层

经过上述分析得知：整体计算取 X 方向裙房地震作用的调整系数为 1.061。

裙房地震作用系数计算（Y 向）　　　　　　　　　　　　　　　　　　　表 5-2

层号	F 地震作用	调整前 V_{io}	调整后 V_{in}	调整系数（n_i）	备注
1		57691（V_{1o}）	60598（V_{1n}）	1.050（n_1）	
2		56334（V_{2o}）	59241（V_{2n}）	1.052（n_2）	
3		53070（V_{3o}）	55977（V_{3n}）	1.055（n_3）	
4	7912（F_{qd}）	49673（V_{4o}）	52580（V_{4n}）	1.058（n_4）	裙房顶
5	3003（F_{zzx}）	47338（V_{5o}）			主楼最下层

经过上述分析得知：整体计算取 Y 方向裙房地震作用的调整系数为 1.058。
注：（1）以上系数仅用于裙房部分地震作用计算调整。
　　（2）为了简化计算，整体计算时，两个方向地震作用的调整系数均取 1.06。

5.3　关于裙房单独计算、裙房与主体整体计算结果分析、判断

为了保证裙房的结构抗震设计安全，对裙房进行了单独计算，并与裙房与主楼整体计算结果对比分析，其中一个柱的对比结果如图 5-1～图 5-3 所示。

对比结果显示，裙房构件的配筋结果，大部分柱及框架梁的配筋都是单独计算裙房模型结果控制，仅有少数框梁、柱是整体计算控制。因此，应在施工图设计中，仔细核对，按包络设计的原则，进行裙房构件的配筋设计。

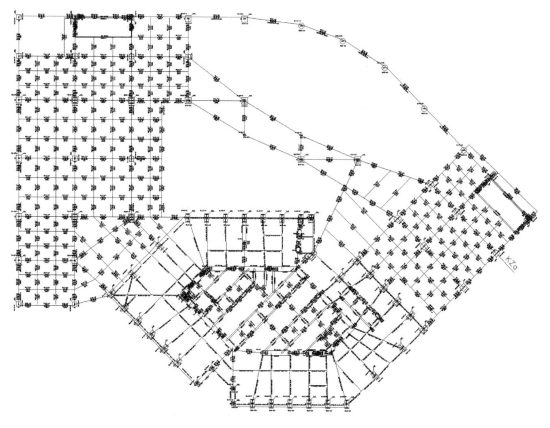

图 5-1　主楼与裙房整体计算首层柱位置示意图

205

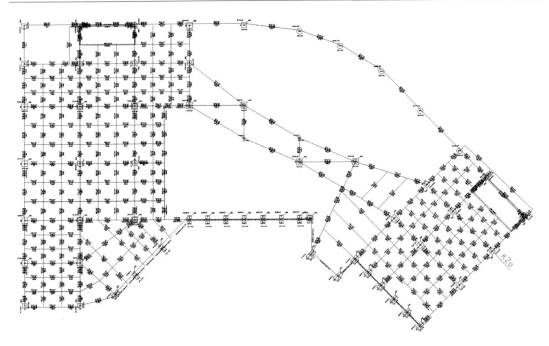

图 5-2　裙房单独计算首层柱位置示意图

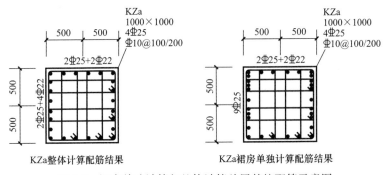

KZa整体计算配筋结果　　KZa裙房单独计算配筋结果

图 5-3　裙房单独计算与整体计算首层某柱配筋示意图

5.4　单塔大底盘的质心偏心距计算分析、判断

单塔大底盘质心偏心距计算见表 5-3。

单塔大底盘质心偏心距计算（SATWE 程序）　　表 5-3

楼层号 （计算模型号）	质心坐标（m）		层质量	楼层等效宽度（m）		上层与下层质心偏心距	
	X_m	Y_m		X 向	Y 向	X 向	Y 向
地上 1 层（1）	119.020	42.934	11468	92.65	68.6		
地上 2 层（2）	121.009	49.254	15170	92.65	68.6	1.9%	6.6%
地上 3 层（3）	125.699	46.738	12830	85.61	68.31	4.8%	3.5%
地上 4 层（4）	123.032	41.716	10043	89.69	52.03	2.8%	6.8%
裙房综合质心	122.030	45.08	49511	90.15 （平均）	64.38 （平均）	1%	6.9%
主楼质心	125.29	28.11				3.6%	26.3%

注：上部塔楼结构综合质心偏心与底盘结构质心的距离之比大于《高规》第 10.6.3-1 限值要求：不宜大于底盘相应边长的 20%。属超限建筑。

5.5 结构质量分布和单位面积重力分布计算分析、判断

结构质量分布和单位面积重力分布计算见表5-4。

结构质量分布和单位面积重力分布计算（SATWE 程序） 表5-4

楼层 （模型楼层）	上层质量/下层质量 SATWE	楼层重力分布 （kN/m²）	备注	标高（m）
F1	1.0	18.1		7.00
F2	1.32	23.9		14.00
F3	0.85	21.9		21.350
F4	0.79	22.2	主要裙房屋顶层	26.850
F5	0.36	21.6	裙房与主楼交接层	
F6	0.97	21.1		
F7～F8	1.00	21.0		
F9	1.10	23.1		
F10	0.87	20.4		
F11	0.95	19.3		
F12～F19	1.00	19.3		
F20	1.12	21.7		
F21	0.99	21.4	避难层	91.850
F22	0.90	19.4		
F23～F24	1.00	19.4		
F25	0.91	17.6		
F26～F28	1.00	17.6		
F29	1.21	21.2		
F30	0.87	18.4	避难层	124.650
F31	0.96	17.6		
F32～F39	1.00	17.6		
F40	0.98	17.2		
F41～F45	1.00	17.2		
F46	1.10	18.9		
F47	0.91	17.4	避难层	186.250
F48	1.04	18.0		191.050
F49	0.95	16.9		195.850
F50	0.86	17.4		200.650
F51～F52	1.00	17.8		200.650～210.650

整个结构质量沿竖向基本均匀，符合《高规》第3.5.6条规定要求，即楼层质量不宜大于相邻下部楼层质量的1.5倍。

5.6 主要楼层结构竖向刚度变化处刚度比计算分析、判断

主要楼层结构竖向刚度变化处刚度比计算见表 5-5。

主要楼层结构竖向刚度变化处刚度比计算 表 5-5

楼层号 （计算模型楼层号）	本层侧刚与上一层之比 （剪切刚度比） SATWE		本层侧刚与上一层之比 （《高规》第 3.5.2-2 条规定）SATWE		转换层下部与上部结构的 等效侧向刚度比 SATWE （剪弯刚度算法）		备注
	X 向	Y 向	X 向	Y 向	X 向	Y 向	
−1F（3）（单独模型）	2.92	2.01	2.3	2.2			嵌固层
4F（4）			1.15	1.13			主楼与裙房
21F（21）			1.05	0.97	1.60	1.67	转换层

注：1 嵌固端满足《高规》第 3.5.2-2 条：本层与相邻上层的比值不宜小于 1.5 的要求。
　　2 主楼与裙房相邻楼层侧刚比：SATWE 程序计算结果满足《高规》第 3.5.2-2 条。为确保安全，设计时需要人工定义薄弱层地震剪力放大系数 1.25。
　　3 转换层侧刚比满足《高规》第 3.5.2-2 条：本层与相邻上层的比值不宜小于 0.9 要求。
　　4 嵌固层刚度比满足要求，计算时可只取地上部分结构。

5.7 主要楼层抗剪承载力及承载力比值计算分析、判断

主要楼层抗剪承载力及承载力比值计算见表 5-6。

主要楼层抗剪承载力及承载力比值计算（SATWE 程序） 表 5-6

楼层号	X 向承载力	Y 向承载力	X 向比值	Y 向比值
1	0.6494E+06	0.6648E+06	1.02	1.02
2	0.63616E+06	0.6529E+06	1.04	1.03
3	0.6110E+06	0.6335E+06	1.05	1.03
4	0.5842E+06	0.6141E+06	1.09	1.09
5	0.5377E+06	0.5641E+06	1.03	1.02
6	0.5237E+06	0.5511E+06	1.01	1.01
20	0.4325E+06	0.4555E+06	0.89	1.01
21（转换层）	0.4835E+06	0.4508E+06	1.38	1.24
22	0.3504E+06	0.3642E+06	1.00	1.00
29	0.3141E+06	0.3306E+06	1.08	1.07
30（避难层）	0.2902E+06	0.3075E+06	0.99	0.99
31	0.2936E+06	0.3117E+06	1.01	1.01
46	0.2344E+06	0.2531E+06	1.18	1.29
47（避难层）	0.1984E+06	0.1962E+06	1.04	1.04
48	0.1902E+06	0.1882E+06	1.01	1.04

由表 5-6 可以看出，各楼层的层间受剪承载力均不小于其相邻上层的 75%，满足《高规》第 3.5.3 条要求。

5.8 结构主要计算指标汇总分析、判断

（1）SATWE 及 ETABS 计算振动模型如图 5-4、图 5-5 所示。

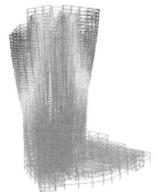

| 第一阶振动模型图 | 第二阶振动模型图 | 第三阶振动模型图 |

图 5-4 SATWE 计算振动模型图

| 第一阶振动模型图 | 第二阶振动模型图 | 第三阶振动模型图 |

图 5-5 ETABS 计算振动模型图

（2）主要计算结果汇总于表 5-7（主楼和裙房整体参与计算）。

主要计算结果汇编   表 5-7

	分析软件名称	SATWE（2010）	ETABS9.7.1
周期	T_1 平扭比例（$X+Y$，R）或质量参与系数	3.96 1.00（0.01+0.99）	3.92 （0.007+0.497）
	T_2 平扭比例（$X+Y$，R）或质量参与系数	3.40 1.00（0.99+0.01）	3.28 （0.499+0.006）
	T_3 平扭比例（$X+Y$，R）或质量参与系数	2.73 0.99（R）	2.84 （0.001+0.002）
	T_4 平扭比例（$X+Y$，R）或质量参与系数	1.17 1.00（0.44+0.56）	1.24 （0.06+0.11）
	T_5 平扭比例（$X+Y$，R）或质量参与系数	1.04 1.00（0.56+0.44）	1.05 （0.030+0.020）
	T_6 平扭比例（$X+Y$，R）或质量参与系数	0.96 0.99（R）	0.96 （0.09+0.040）
	T_3/T_1，T_3/T_2	0.69，0.80	0.72，0.85

分析软件名称			SATWE（2010）	ETABS9.7.1
地震作用	顶点位移（mm）	X 向	189	179.5
		Y 向	249	215.9
	最大层间位移角	X 向	1/779（30层）	1/796（31层）
		Y 向	1/636（30层）	1/618（30层）
	最大层间位移比	X 向	1.56（3层）	1.280（1层）
		Y 向	1.39（4层）	1.226（2层）
结构总质量（t）（不包括地下结构）		$D+0.5L$	199363	194400
X、Y 地震基底剪力（kN）		V_x	63276	63190
		V_y	62307	62250
基底剪重比		V_x/G	3.17%	3.33%
		V_y/G	3.13%	3.26%
框架部分承担的倾覆力矩比例		X 向	21.8%	21.4%
		Y 向	17.3%	19.6%
框架部分承担基底剪力比例		X 向	9.80%	10.9%
		Y 向	10.42%	11.2%
有效质量参与系数		X 向	99.3%	99.7%
		Y 向	99.1%	99.7%
地震作用倾覆弯矩（kN·m）		M_x	6539389	6372000
		M_y	6135775	6375000
X 向刚重比		$EJd/GH \wedge 2$	4.96	4.23
Y 向刚重比		$EJd/GH \wedge 2$	3.73	3.13

注：考虑到本结构在两个主轴方向的动力特性有差异，所以对其两个方向分别控制扭转周期与平动周期比不大于 0.85。

由以上程序对本结构整体计算结果分析来看，程序分别计算出的周期、位移接近，有效质量系数、周期比等基本吻合，只是由于结构各程序对某些特殊情况的处理方法上不尽相同，在单元模型（如墙元的处理）处理上存在差异，计算结构在数值上有时会存在一定的差异，但均在工程允许的范围内，说明本工程结构选型、平、立面布置合理，计算结果合理、有效，用于工程设计，整个结构的整体安全是能够得到保证的。

（3）SATWE 反应谱分析各楼层沿高度位移角及楼层剪力分布如图 5-6、图 5-7 所示。

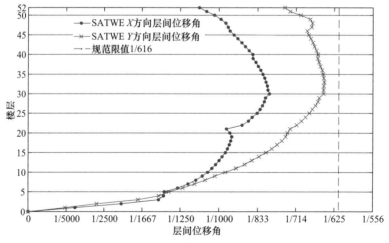

图 5-6　反应谱分析层间位移角

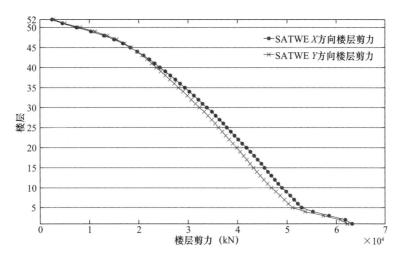

图 5-7　反应谱分析楼层剪力图

（4）SATWE 计算的主要核心筒墙肢轴压比如图 5-8～图 5-10 所示。

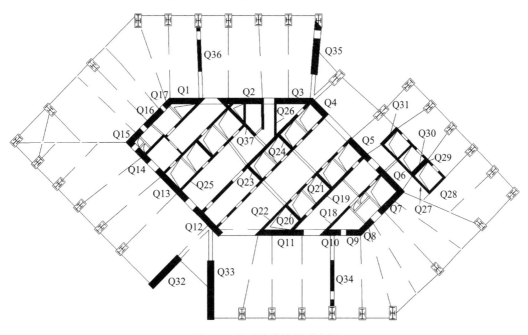

图 5-8　主要墙肢编号示意图

由上可知，自下而上的各楼层，轴压比较大的墙肢主要为 Q1、Q5、Q7、Q12、Q15，其沿高度的轴压比分布示于图 5-11 中。

由图 5-11 可见，在第 23 层，各墙肢轴压比均小于 0.25，底层柱最大轴压比均小于 0.65，各项指标均能满足规范要求。根据结构受力形式，主体采用含型钢量为 10% 左右的钢骨混凝土，以提高结构柱的延性、减小结构尺寸为目的。依据超审专家意见，将核心筒剪力墙约束边缘构件延伸到轴压比小于 0.25 的楼层。

（5）ETABS 及 SATWE 程序框架分配剪力对比分析

1）ETABS 程序计算结果统计分析如图 5-12～图 5-15 所示。

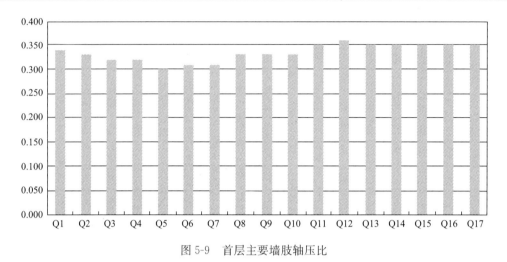

图 5-9　首层主要墙肢轴压比

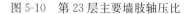

图 5-10　第 23 层主要墙肢轴压比

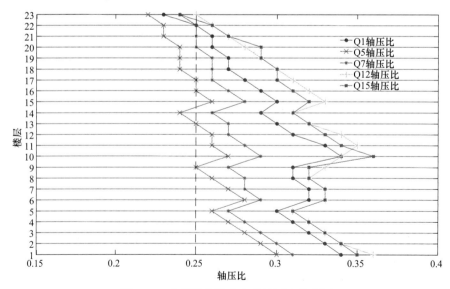

图 5-11　主要墙肢沿高度的轴压比分布图

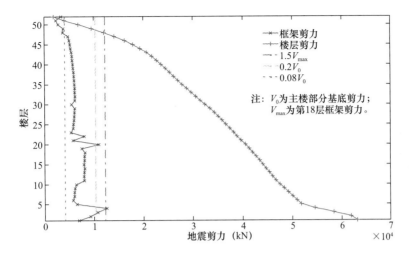

图 5-12 ETABS X 方向层总剪力及框架承担剪力沿高度分布图

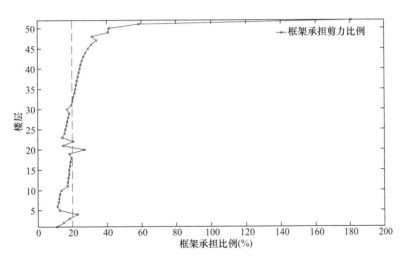

图 5-13 ETABS X 方向框架承担剪力比例沿高度分布图

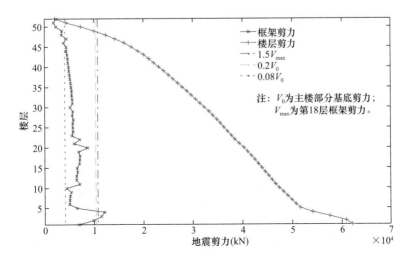

图 5-14 ETABS Y 方向层总剪力及框架承担剪力沿高度分布图

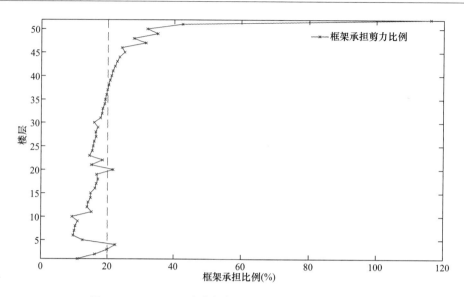

图 5-15　ETABS Y 方向框架承担剪力比例沿高度分布图

2）SATWE 程序计算结果统计分析如图 5-16～图 5-19 所示。

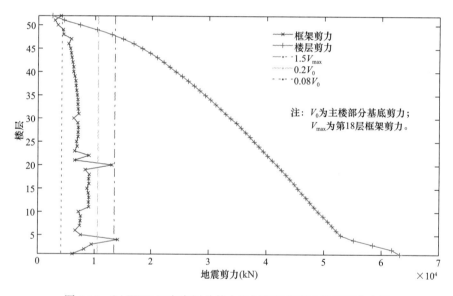

图 5-16　SATWE X 方向层总剪力及框架承担剪力沿高度分布图

由以上结果可见，主楼框架分配剪力基本满足不小于主楼底部总剪力的 8% 的要求，在施工图设计阶段，对于框架梁配筋计算时，框架剪力调整取 $0.2V_0$，对于框架柱剪力调整，则取 $1.5V_{max}$ 进行配筋计算。

通过对 ETABS 及 SATWE 程序统计分析结果对比来看，两种程序的计算结果基本吻合，均能够起到框架作为抗震第二道防线的作用。

3）各楼层最小地震剪力复核（SATWE 程序）

为满足最小地震剪力要求，避免程序自动调整，采取了全楼地震力放大系数的方法实现最小地震剪力满足规范要求，采取的全楼地震力放大系数为 1.08（图 5-20、图 5-21）。

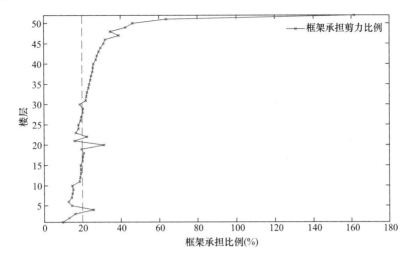

图 5-17 SATWE X 方向框架承担剪力比例沿高度分布图

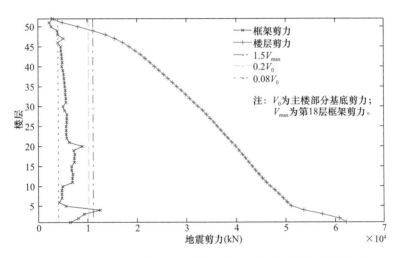

图 5-18 SATWE Y 方向层总剪力及框架承担剪力沿高度分布图

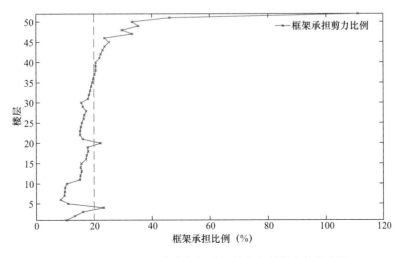

图 5-19 SATWE Y 方向框架承担剪力比例沿高度分布图

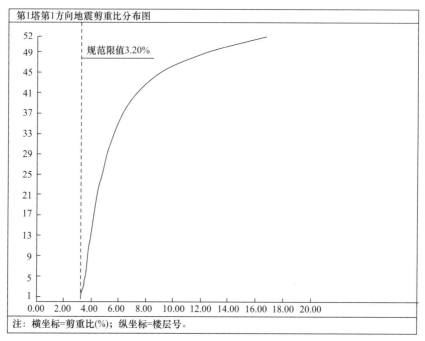

图 5-20 *X* 方向剪重比分布图

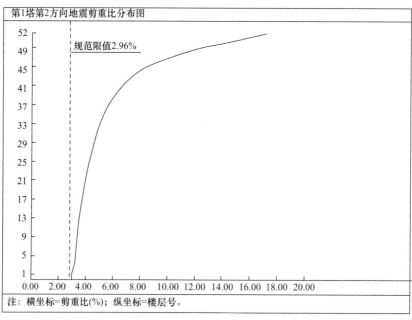

图 5-21 *Y* 方向剪重比分布图

5.9 多遇地震作用下时程分析结果

（1）弹性时程分析补充计算（SATWE 程序）

输入条件：$A_{max}=88$（cm/s^2），三方向最大加速度满足 $1:0.85:0.65$。时间步长为 $0.02s$，阻尼比为 0.04，分析采用安评提供的 1 条人工波和 2 条天然波，设计采用包络值。三组波形如图 5-22 所示，波形对比如图 5-23 所示。

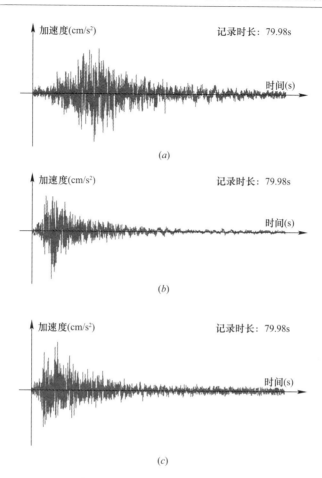

图 5-22 安评提供的三条地震波时程曲线

(*a*) At63c1；(*b*) At63d1；(*c*) At63d2

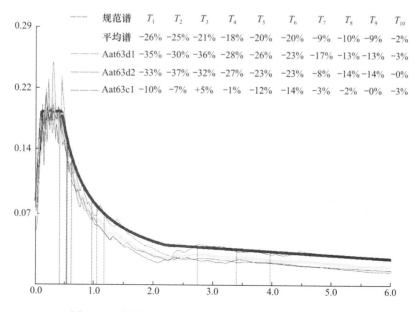

规范谱	T_1	T_2	T_3	T_4	T_5	T_6	T_7	T_8	T_9	T_{10}
平均谱	−26%	−25%	−21%	−18%	−20%	−20%	−9%	−10%	−9%	−2%
Aat63d1	−35%	−30%	−36%	−28%	−26%	−23%	−17%	−13%	−13%	−3%
Aat63d2	−33%	−37%	−32%	−27%	−23%	−23%	−8%	−14%	−14%	−0%
Aat63c1	−10%	−7%	+5%	−1%	−12%	−14%	−3%	−2%	−0%	−3%

图 5-23 安评提供的三条地震波谱与规范小震谱对比图

（2）SATWE 时程分析结果如图 5-24、图 5-25 所示。

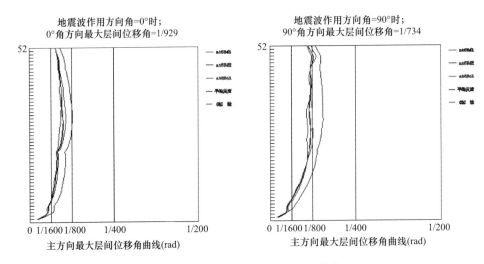

图 5-24 X 向和 Y 向层间位移角曲线

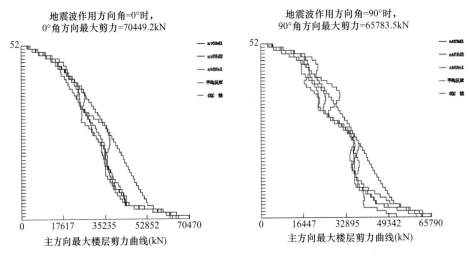

图 5-25 X 向和 Y 向楼层剪力曲线

（3）时程分析的楼层总剪力见表 5-8。

基底剪力对比结果表　　　　　　　　　　　　　　表 5-8

基度剪力方向	软件名称	At63d1	At63d2	At63c1	规范反应谱
X 向首层基底剪力	SATWE	70449.3	64964.1	62387.5	63276×0.65＝41129 63276×0.8＝50621
		满足	满足	满足	
		65933（平均）满足			
Y 向首层基底剪力	SATWE	61814.3	52277.4	65783.6	62307×0.65＝40499 62307×0.8＝49846
		满足	满足	满足	
		59958（平均）满足			

从表5-8可以看出，楼层剪力计算结果满足《抗规》第5.1.2-3条的要求。从以上结果看出，在时程分析时，在结构的上部楼层，地震力与规范谱较接近，但在中下部楼层时程分析结果均较规范谱小，在SATWE计算时，时程结果作为附加的地震工况，同其他的地震工况一样，直接参与组合计算。

5.10 风荷载作用下弹性计算结果

根据风洞试验结果，利用ETABS程序计算得到各方向风荷载作用下层间位移角均满足规范要求，如图5-26所示。

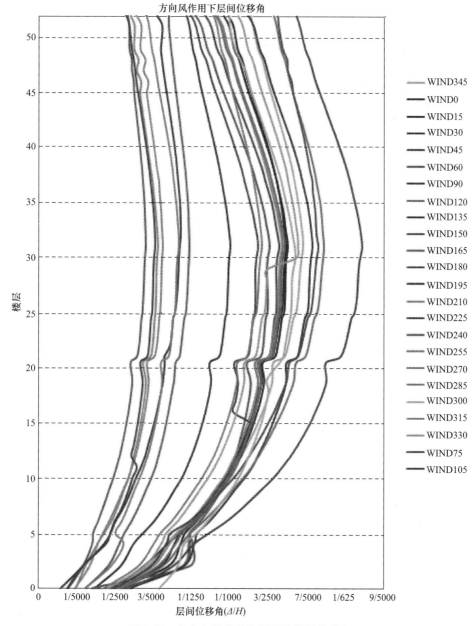

图 5-26 各方向风荷载作用下的层间位移角

5.11 风荷载作用下舒适度验算结果

风荷载作用下舒适度验算结果汇总于表 5-9。

风荷载作用下舒适度验算结果   表 5-9

	SATWE 计算结果	风洞试验结果
舒适度	0.159m/s^2	0.160m/s^2

满足《高规》第 3.7.6 条规定：办公、旅馆结构顶点风振加速度限值 0.25m/s^2。

5.12 罕遇地震作用下弹塑性时程分析

分析程序采用建筑科学研究院的 EPDA 动力弹塑性时程分析程序进行位移角校核验算，梁柱单元采用基于混凝土材料微元和钢筋材料微元本构关系的纤维束模型，弹塑性墙元面内刚度采用平面应力膜，并考虑开洞，面外采用简化的弹塑性板元考虑。忽略混凝土的拉应力。动力微分方程的解法采用 Newmark-β 法，并考虑 $P—\Delta$ 影响。结构配筋参考 SATWE 结果，并适当调整，底部剪力墙的墙体配筋率取为 0.6%。模型计算时，考虑到计算速度问题，去掉了地下室，并将模型作适当简化。大震地震动参数参照《抗规》取值。地震波采用地震安评报告提供的 At02c1、At02d1、At02d2，三条时程波谱与规范大震谱的比较图示于图 5-27 中。

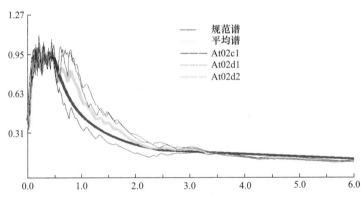

图 5-27 地震波谱与规范谱对比图

为便于分析比较，同时对结构进行大震弹性时程分析，分析主要结果如图 5-28～图 5-30 所示。

由以上分析结果可见，Y 向抗侧力能力明显弱于 X 向，结构水平变形主要集中在上部楼层，从层间位移及层剪力分布可知，结构沿高度刚度分布均匀，X 方向的最大层间位移角为 1/130，Y 方向的最大层间位移角为 1/113，均满足规范 1/100 的限制要求。但由大震时程弹性及弹塑性层间位移对比图可以看出，结构转换层以下存在有薄弱层，所以在施工图设计时需要加墙此部位的墙体配筋。

由结构的变形塑性铰图可知，大震作用下核心筒体连梁出现较多塑性铰，筒体底部出现了较多的斜向受拉破坏，应重点加强；主楼外框架梁柱性能良好，仅有少量钢梁进入塑性阶段；底部裙房主梁跨度为 12m 的局部范围出现较多塑性铰，但其下钢骨混凝土柱性能良好，需采取加强措施保证该部位梁端延性。

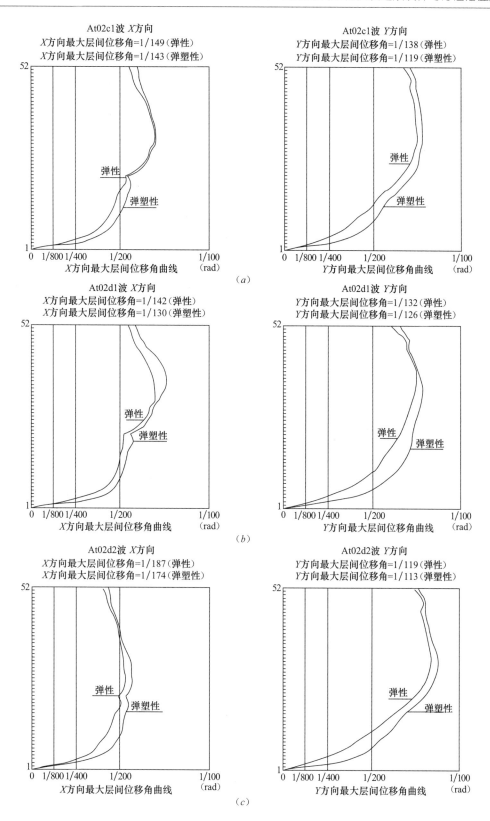

图 5-28 层间位移角曲线

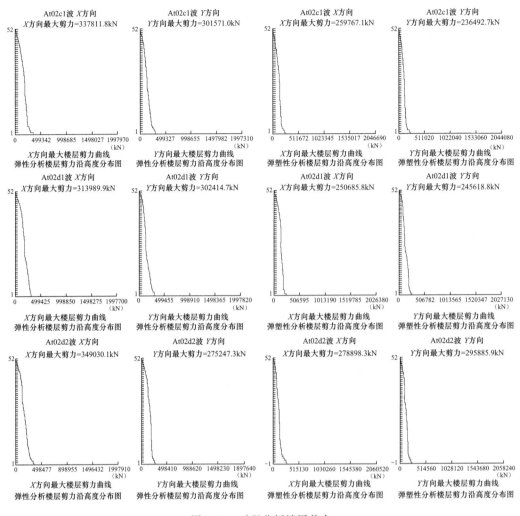

图 5-29 时程分析楼层剪力

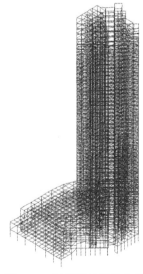

图 5-30 杆端塑性铰分布图

6　结构抗震性能化设计

结构抗震性能设计应分析结构方案的特殊性，选用适宜的结构抗震性能目标，并分析论证结构方案可满足预期的抗震性能目标的要求。

6.1　结构抗震性能目标的选定

因本工程地处高烈度区（8度，0.20g，第二组），场地条件较好（非液化地段、属抗震有利地段），结构的平面、立面较规则，结合专家论证会初步建议并征得业主认可，仅对底部加墙部位及转换层的关键构件采取抗震性能化设计。

本工程的性能目标：达到"C"。具体性能目标为：转换层斜柱，其下弦杆（梁）承载力满足中震弹性设计；底部加强部位核心筒墙及柱承载力满足中震不屈服设计；裙房越层柱及主楼顶部越层柱承载力满足中震弹性设计目标。

6.2　各性能水准结构的预期震后性能状况

小震（多遇地震）下满足：结构完好、构件无损伤，一般不需要修理即可继续使用，人们不会因为结构损伤造成伤害，可以安全出入和使用。

中震（设防烈度）下满足：结构发生中等程度的破坏，多数构件轻微损坏，部分构件中等损坏，进入屈服，有明显的裂缝，需要采取安全措施，人们不能安全出入和使用，经过修理、适当加固后可以继续使用。具体为：底部加强部位的核心筒墙、主楼的柱承载力按中震不屈服设计；转换层斜柱的承载力按中震弹性设计。

大震（罕遇地震）下满足：震后结构发生明显损坏，多数构件发生中等损坏，进入屈服，有明显裂缝，部分构件严重破坏，但整个结构不倒塌，也不发生局部倒塌，人员会受到伤害，但不危及生命安全。

6.3　SATWE 性能化设计计算结果分析

本工程在作中震不屈服设计时，反应谱取《抗规》中的反应谱，地震影响系数最大值取为 0.45，特征周期仍取为 0.44s。在中震不屈服设计时，取荷载的分项系数为 1.0；与抗震等级有关的增大系数均取为 1.0；材料强度取标准值；抗震调整系数取为 1，不考虑风荷载作用。

本工程在作中震弹性计算时，反应谱取《抗规》中的反应谱，地震影响系数最大值取为 0.45，特征周期仍取为 0.44s。在中震弹性设计时，与抗震等级有关的增大系数均取为1.0；不考虑风荷载作用。

主要对底部加强区的核心筒体墙及框架柱；转换层柱、斜柱、梁；底部裙房越层柱、主楼顶部越层柱进行中震性能验算。

（1）主要构件小震、中震弹性计算结果对比见表 6-1。

<table>
<tr><td colspan="5" align="center">主要构件小震、中震计算结果对比   表 6-1</td></tr>
</table>

构件部位及编号	截面尺寸（mm）		小震配筋 （应力比）	中震弹性配筋 （应力比）
KZ1（主楼首层框架柱）	SRC1800×900＋H1500×600×30＋H600×600×30		图 6-1a	图 6-1b
KZ2（裙房首层框架柱）	RCφ1200		图 6-2a	图 6-2b
KZ3（主楼 49 层框架柱）	SRC1300×900＋H1000×600×20＋H600×600×20		图 6-3a	图 6-3b

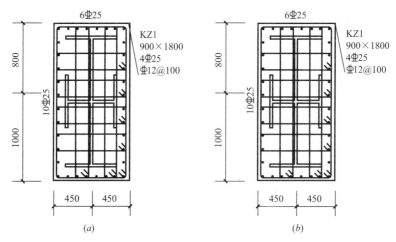

图 6-1　主楼首层框架柱小震与中震配筋对比图

（a）KZ1 小震配筋结果；（b）KZ1 中震不屈配筋结果

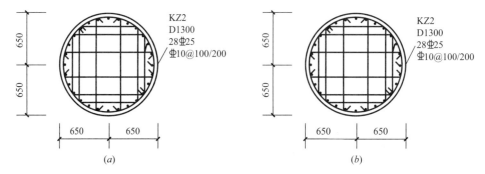

图 6-2　裙房首层越层柱小震与中震配筋对比图

（a）KZ2 小震配筋结果；（b）KZ2 中震不屈配筋结果

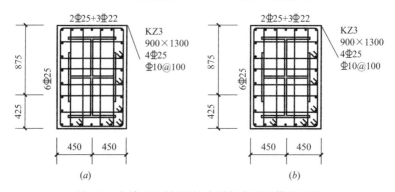

图 6-3　主楼 49 层越层柱小震与中震配筋对比图

（a）KZ3 小震配筋结果；（b）KZ3 中震不屈配筋结果

（2）底部加强部位主要构件小震、中震不屈服计算结果对比见表 6-2。

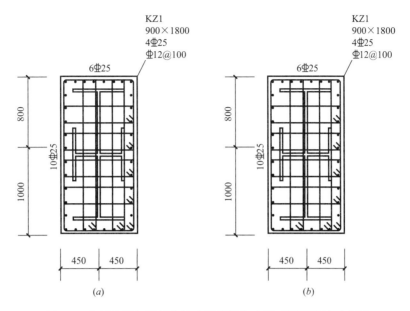

图 6-4 主楼底部加强部位柱小震弹性与中震不屈服配筋对比图

（a）KZ1 小震配筋结果；（b）KZ1 中震不屈配筋结果

主要构件小震、中震计算结果对比   表 6-2

构件部位及编号	截面尺寸（mm）	小震暗柱配筋量	中震不屈暗柱配筋量
Q1 核心筒墙	$H=1000$	$120 \mathrm{cm}^2$	$794 \mathrm{cm}^2$
KZ1 主楼框架柱	SRC1800×900＋H1500×600×30 ＋H600×600×30	图 6-4a	图 6-4b

（3）转换斜柱受力分析

本工程在第 21 层为实现将局部柱距由 4m 转换为 6m 的目的，在 6 处依靠斜柱及拉梁实现转换（图 6-5）。针对此处的斜柱及拉梁，本工程提出斜柱及拉梁中震弹性的性能设计目标。中震计算时，为使拉梁充分受拉，不考虑本层楼板的平面内刚度，计算得到的斜柱最大压力和拉梁最大拉力示于表 6-3 中。

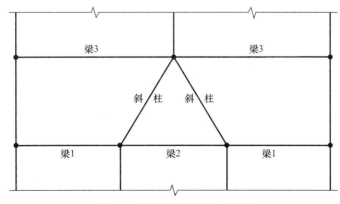

图 6-5 转换层局部构件示意图

225

转换层小震、中震内力计算对比 表 6-3

构件名称	小震					中震			
	拉力 N (kN)	压力 N (kN)	Mx (kN·m)	My (kN·m)		拉力 N (kN)	压力 N (kN)	Mx (kN·m)	My (kN·m)
斜柱	—	−16673	1895	−1507		—	−30240	3153	3422
						8133	—	−497	−1555
	0.27/0.29/0.27 （强度比/x 稳定比/y 稳定比）					0.41/0.45/0.43 （强度比/x 稳定比/y 稳定比）			
编号	拉力 N (kN)	拉力对应的弯矩 (kN·m)	压力 N (kN)	压力对应的弯矩 (kN·m)	最不利应力比	拉力 N (kN)	拉力对应的弯矩 (kN·m)	压力 N (kN)	压力对应的弯矩 (kN·m)	最不利应力比
梁 1	70	−1349	−778	−5735	0.68	709	9572	−2832	−7374	0.94
梁 2	5314	−778	—		0.28	7336	−1157	−278	−1448	0.43
梁 3	1020	−4423	−474	−7031	0.84	3194	−11893	−1600	−10879	0.98

另外在施工图设计阶段还需要采用具有节点应力分析的设计软件（ANSYS）对其进行更进一步分析、优化设计。

（4）中震作用下核心筒墙体拉应力分析

在中震作用下核心筒墙体轴向拉力较大，部分墙肢拉应力超过混凝土 f_{tk}，主要结果示于图 6-6、图 6-7 中。

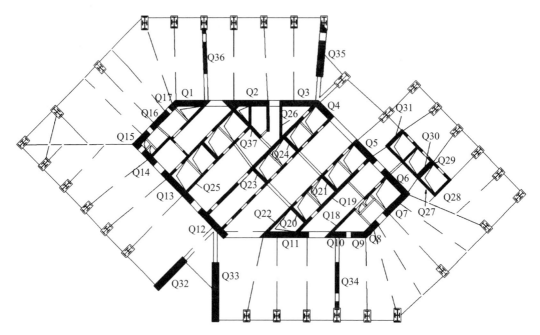

图 6-6 主要核心筒墙体编号示意图

在施工图设计时，对于拉应力超过混凝土标准强度 f_{tk} 的墙肢，拉应力全部由墙中配置的型钢承担。

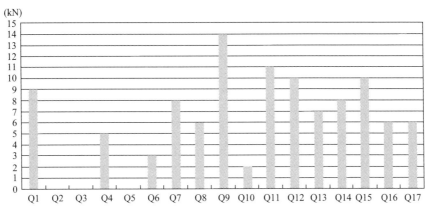

图 6-7 主要墙肢拉应力超过 f_{tk} 的墙肢高度分布图

7 针对超限高层建筑采取的加强措施

针对上述分析结果，主要在以下方面采取了加强措施：

7.1 结构布置方面

（1）主楼筒体为钢筋混凝土（底部加强部位内增设钢板剪力墙），框架由型钢混凝土柱及钢梁组成，楼板采用钢筋桁架楼承板，双层双向配筋，在钢梁上均设置抗剪栓钉，以充分适应两种材料的共同作用和地震作用时的水平力的传递。

（2）对裙房部分，为了使质心和刚心尽量接近，在裙房的四周适当布置一定数量的剪力墙，增加了结构的抗扭刚度，减小了结构的扭转反应，使结构的扭转位移比控制在规范规定的范围内；裙房屋面板适当加厚，并采用双层双向配筋。

（3）针对本工程水平抗力主要由核心筒承担的特性，拟在筒体剪力墙的四角、大洞口端、框架梁支承处设置型钢柱，以增加核心筒墙的延性；对少量剪力过大的连梁，在连梁中间设置型钢，以满足强剪弱弯的抗震概念设计要求，也有利于减小罕遇地震作用下由于混凝土核心筒刚度退化，外框架分配剪力增大造成内力重分布产生的不利影响。

7.2 结构计算方面

（1）采用多种符合实际情况的空间分析程序（SATWE、ETABS）分解反应谱法，并选用较多振型（60个）以充分考虑高阶振型的影响。

（2）外框柱端弯矩及剪力均应乘以增大系数 1.20。

（3）梁端剪力应乘以增大系数 1.20。

（4）核心筒墙底部加强部位的弯矩设计值应乘以增大系数 1.10；其他部位的弯矩设计值应乘以增大系数 1.30；底部加墙部位的剪力设计值，应按考虑地震作用组合的剪力计算值的 1.90 倍采用；其他部位的剪力设计值，应按考虑地震作用组合的剪力计算值的 1.40 倍采用。

（5）对受力复杂部位的结构构件，转换斜柱节点区在施工图前采用能够进行节点应力分析的 ANSYS 程序对其分析，并按应力分析的结果进行节点设计。

（6）对关键部位及关键构件采用抗震性能化设计。

7.3　抗震措施方面

（1）适当提高结构的抗震等级（已是特一级的不再提高）。

（2）严格控制转换层与上下层的等效剪切刚度不小于 0.9。

（3）严格控制底部加强部位柱的轴压比不超过 0.70，转换斜柱的轴压比控制不超过 0.70，墙的轴压比不超过 0.50。

（4）型钢混凝土柱的长细比不大于 80，型钢含钢率控制在 10% 左右；沿柱全高均设置栓钉。

（5）柱端加密区箍筋直径不宜小于 14mm，间距不大于 100mm，纵向钢筋的构造配筋率，中、边柱不应小于 1.0%，角柱不应小于 1.2%，箍筋体积配箍率不小于 1.2%。

（6）在底部加强部位核心筒墙中配置钢板剪力墙，以便提供良好的耗能能力；底部加强部位的水平和竖向分布钢筋的最小配筋率应取为 0.60%，一般部位水平和竖向分布钢筋的最小配筋率应取为 0.40%。

（7）约束边缘构件的纵向最小构造配筋率取为 1.45%，配箍特征值应比《高规》第 7.2.15 条，一级（9 度）提高 25%；构造边缘构件纵向钢筋的配筋率不应小于 1.25%。同时在约束边缘构件层与构造边缘构件层之间设置 3 层过渡层，过渡层边缘构件的纵向钢筋的配筋率不应小于 1.35%。

（8）加强顶部 2~3 层及顶部突出构件的竖向构件的延性，适当提高配筋量（比计算值增加 10% 以上）。

（9）转换层楼板厚度不小于 180mm，并双层双向配筋，转换层上下层楼板厚不小于 150mm，并双层双向配筋。

（10）裙房屋面板厚度取 180mm，并加强配筋（增加计算值 10% 以上），采取双层双向配筋。裙房屋面下一层结构的楼板也应加强其构造措施（配筋比计算增加 10% 以上，板厚按常规设计）。

（11）针对本工程水平抗力主要由钢筋混凝土核心筒承担的特性，在地震作用下，核心筒底部由承载力控制，核心筒顶部由变形位移角控制。在核心筒角部和与框架梁连接处增加钢骨。环连梁内置型钢，提高结构的整体性能和延性。

（12）由罕遇地震分析可见，主体钢框梁跨度为 12m 左右，层高不到 5m，因而框架梁与核心筒为弱连接，在地震作用下分配的弯矩很小，分析得到钢梁未完全进入塑性阶段。按照《抗规》，进行框架柱的剪力调整，并满足一级的要求。

8　结　　论

本工程经过多次向超限委员会专家咨询，及时吸取专家的建议及意见，经过反复仔细分析、计算、论证，可得如下结论：

（1）经过反应谱计算和动力时程分析计算比较，结构自振周期、振型、侧向位移形态比较合理，结构层间位移角、楼层剪力（含基底剪力）、扭转周期与平动周期比、楼层侧向刚度比等宏观控制指标均符合有关规范的要求。

（2）剪力墙的轴压比、剪压比、剪力墙端柱的轴压比符合有关规范要求。

（3）地震作用下，考虑偶然偏心计算的裙房以上楼层最大位移和平均位移比的最大值均小于1.4，满足规范要求。

综上，经进行详细计算分析并根据相关规范采取各种可靠措施后，该工程设计可做到抗震安全可靠。

第 5 章　施工图设计阶段

5.1　施工图设计阶段的主要内容

在施工图设计阶段，结构专业设计文件应包含：图纸目录、设计说明、施工设计图纸、结构计算书。

5.2　图纸目录内容及案例

5.2.1　图纸目录主要内容

（1）应按图纸序号排列先列新绘制图纸，后列选用的重复利用图和标准图。
（2）施工图的编制顺序按从下至上、先地下再地上、先平面后详图。
（3）图纸目录包含：序号、图号、图纸名称、图纸规格、备注。
（4）本工程所采用的标准图、通用图也应列入目录。

5.2.2　制图标准推荐的图纸目录规格

图纸目录规格如图 5-1 所示。

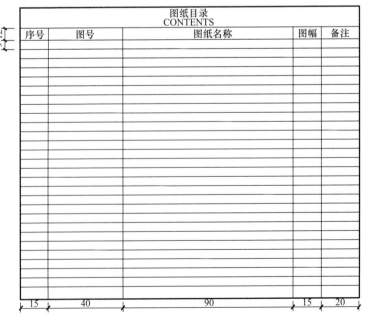

图 5-1　图纸目录规格

5.3 施工图结构设计阶段结构总说明

每一单项工程应编写一份结构设计总说明，对多子项工程应编写统一的结构设计总说明。当工程以钢结构为主或包含较多的钢结构时，应单独编制钢结构设计总说明。当工程采用桩基础时也宜单独编写桩基础设计总说明。当工程较简单时，亦可将总说明的内容分散写在相关部分的图纸中。

结构设计总说明应包括以下主要内容：说明初步设计阶段已经解读过的内容就不在施工图阶段重复解读，仅补充一些初步设计未涉及的内容。

5.3.1 工程概况详细介绍

（1）工程地点、工程周边环境（如轨道交通）、工程分区、主要功能；

（2）各单体（或分区）建筑的长、宽、高，地上与地下层数，各层层高，结构类型、结构规则性判别，主要结构跨度，特殊结构及造型，工业厂房的吊车吨位等；

（3）当采用装配式结构时，应说明结构类型及采用的预制构件类型等。

5.3.2 设计依据及设计标准要求

（1）主体结构设计使用年限；

（2）自然条件：基本风压、地面粗糙度、基本雪压、气温（必要时提供）、抗震设防烈度等；

（3）工程地质勘察报告；

解析：施工图阶段必须取得工程详勘报告。

（4）场地地震安全性评价报告（必要时提供）；

解析：对于按国家相关规定需要进行场地安评的应有安评报告。

（5）风洞试验报告（必要时提供）；

解析：需要进行风洞试验的应有风洞试验详细报告。

（6）相关节点和构件试验报告（必要时提供）；

（7）振动台试验报告（必要时提供）；

（8）建设单位提出的与结构有关的符合有关标准、法规的书面要求；

（9）初步设计的审查、批复文件；

（10）对于超限高层建筑，应有建筑结构工程超限设计可行性论证报告的批复文件；

（11）采用桩基时应按相关规范进行承载力检测并提供检测报告；

（12）本专业设计所执行的主要法规和所采用的主要标准（包括标准的名称、编号、年号和版本号）。

特别说明：施工图设计说明内容基本同初步设计的所有内容，但需要对以下内容进行补充完善、更新：

（1）设计依据增加初步设计文件审查、批复文件。

施工图设计必须有经过审查合格的初步设计文件作为施工图设计开展的依据。

（2）对于超限高层建筑，应补充超限建筑抗震审查意见报告书。

如果工程超限，就应在初步设计阶段完成高层建筑抗震超限论证，并取得超限论证审查意见报告书，方可进行施工图设计。

【工程案例】 某超限高层建筑抗震审查论证结论报告

建抗超委［2011］（审）031 号
××大厦初步设计抗震设防专项审查意见

××大厦为复杂的超限高层建筑工程，按行政许可和建设部令第 111 号的要求，应在初步设计阶段进行抗震设防专项审查。2011 年 11 月 2 日，由宁夏住房和城乡建设厅主持，委托国家和自治区的专家进行专项审查。

该工程的结构高度 200m，采用核心筒—钢梁—型钢外框柱混合结构，其平面为两个不等腰梯形组成的六边形，并带有偏置裙房。该工程的结构初步设计根据超限情况采用相应的性能目标和构造措施。抗震设防审查专家组经审阅送审资料、会议质疑和认真讨论，认为该工程抗震设防标准正确，专项审查结论为："通过"。具体审查意见如下：

一、同意采用下列抗震性能设计目标：

1. 本工程中震、大震的设计地震动的参数，按 2010 抗震规范采用；其设计特征周期内插取值。

2. 在双向水平地震作用下，结构底部加强部位的主要墙肢和主楼外框柱的偏压、偏拉承载力按中震不屈服，受剪承载力中震弹性；并均满足大震下的截面剪应力控制要求。约束边缘构件上延至轴压比 0.25 的高度处，该高度范围内主要墙肢受剪承载力满足中震不屈服。

3. 主楼转换斜柱和桁架下弦杆的承载力满足中震弹性。外框柱按框架部分最大计算层剪力（斜柱转换层及相邻层除外）的 1.5 倍和主楼底部总剪力 20% 的较大值设计。

二、设计单位应按下列要求进一步改进：

1. 仔细复核抗侧力构件方向的计算结果，包括性能目标的配筋，并按包络设计。斜柱转换下弦的受力应按斜柱的轴向力手算复核。内筒抗拉型钢暗柱的计算和构造应细化，型钢应过渡并在全高按规程要求设置构造型钢。斜向布置的框架柱应考虑荷载偏心并按双偏压设计；采用矩形钢管混凝土柱时，结构计算应全面复核。

2. 采取措施，确实加强楼盖凹口处的梁板。楼面梁的布置和截面应适当改进，并注意转角部位楼盖的挠度和舒适度。

3. 裙房和主楼顶部的穿层柱可按同层普通柱剪力考虑计算长度不同进行设计，尚应改进裙房中彼此相连的大、小跨度框架梁的选型和连接构造。

4. 时程分析应采用双向输入；采用三组时程波时，弹性计算结果宜取包络。结构的上部应按弹性时程分析的结果复核其地震内力并加强，弹塑性计算宜进一步复核，应明确薄弱部位并加强。

5. 主体结构与幕墙的连接设计应细化，注意减少二者的相互影响。

三、本工程场地类别和液化判别符合要求。减少主楼与裙房沉降差影响的措施应进一步改进；桩基的检测要求应比规范加严。

抗震设防审查组　组长

2011.11.2

（3）采用桩基础时，应有试桩报告（如试桩尚未完成，则应注明桩基础图不得用于施工）。

对于规范要求或设计要求在工程开工前必须进行工程桩试桩的工程，应有试桩报告，作为施工图设计依据。

【工程案例】　某超高层建筑钻孔灌注桩试桩报告

工程概况：某超限高层建筑，项目为高档酒店、公寓、办公及商业等综合体建筑，总建筑面积 16 万 m^2。平面最大尺寸约为 227m×89m，其中主楼平面最大尺寸约 68m×40m 的菱形，裙房为地上 4 层，高度约 20m；地下 3 层，深度为 14.5m；主楼地上 50 层，高度为 226m。本工程属超限高层建筑。主楼基础采用桩筏基础，灌注桩直径为 1000mm。如果不采用后压浆，桩长则需要 70m，为了节约工程造价，设计建议采用后注浆灌注桩。理论计算桩长仅需要 50m，但类似工程桩在当地无工程经验，为此设计与业主及施工单位协商，建议在场外做工程试桩。考虑尽量节约试桩费用，设计建议利用地坑护坡桩做锚桩，如图 1 所示。每个试桩需要 8 根锚桩（工程桩承载力很高），其中 4 根利用护坡桩（共计节约 12 根锚桩）。

检测点平面位置示意图

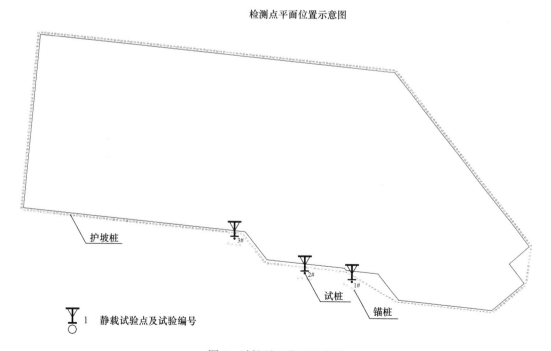

图 1　试桩平面位置示意图

试桩报告如下：

工程编号：YC 432—2011

工程名称：××大厦

钻孔灌注桩试桩检测

检测地点：×××工程

检测日期：2011年9月

资质证号：×建检字第43号

批　　　准：×××

审　　　核：××

校　　　对：××

工程负责人：××

检测单位：××建筑设计研究院有限公司

一、概述

受××房地产开发有限公司的委托，我公司于 2011 年 8 月 9 日～9 月 8 日对其在建的 ××大厦钻孔灌注桩试桩进行了检测。

拟建××酒店坐落于××市，场地北侧紧邻××中路，东靠××大街，西距××宁煤 集团 6 号楼约 12m。项目为高档酒店、公寓、办公及商业等综合体建筑，总建筑面积 16 万 m^2，平面最大尺寸约为 227m×89m，其中主楼平面最大尺寸约为 68m×40m 的菱形， 裙房为地上 4 层，高度约 20m；地下 3 层，深度为 14.5m；主楼地上 50 层，高度为 216m。本工程属超限高层建筑。

本工程设计单位为北京××建筑设计有限公司，勘察单位为××冶金岩土工程勘察总 公司，监理单位为××建筑技术集团有限公司，试桩施工单位为××冶金岩土工程勘察总 公司。

本工程试桩 3 根，设计桩径 1.0m，实际有效桩长 68m，桩身混凝土强度为 C40；锚 桩总桩数 24 根，其中 12 根为护坡桩。设计预估单桩竖向抗压承载力极限值为 23700kN。

二、检测目的及任务

1. 检测目的

（1）确定单桩竖向抗压承载力极限值是否达到设计要求。

（2）确定各层土的桩侧摩阻力、桩端持力层的端阻力。

（3）分析评价成桩的桩身质量。

2. 检测任务

（1）对试桩采用声波透射法对桩身完整性进行评价。

（2）对试桩进行单桩竖向抗压静载试验。

（3）绘制各试验桩的相关曲线。

（4）提供试桩的单桩极限承载力、承载力极限值及其相应的沉降量。

（5）分析在桩顶荷载作用下，桩身应力、桩侧土的摩阻力、桩端阻力的变化规律等。

3. 检测依据

（1）《建筑基桩检测技术规范》（JGJ 106—2014）；

（2）《建筑桩基技术规范》（JGJ 94—2008）；

（3）《建筑地基基础设计规范》（GB 50007—2011）；

（4）《岩土工程勘察规范》（GB 50021—2001）；

（5）《工程地质手册（第四版）》；

（6）本工程《岩土工程勘察报告》（山西冶金岩土工程勘察总公司）。

三、场地工程地质条件

据山西冶金岩土工程勘察总公司 2011 年 3 月提供的《亘元万豪酒店岩土工程勘察报 告》，试桩区域位于 zk31 号和 zk35 号钻孔附近，场区地层简述如下（详见后附剖面图）：

第①层：杂填土（Q_4^{ml}）杂色，主要由砖块屑、炉渣、建筑垃圾、生活垃圾等组成， 稍湿，结构松散，均匀性差。场地中部较厚且以回填土为主。

第②层：粉土（Q_4^{al}）褐黄色，含云母、氧化铁等，局部夹有粉质黏土透镜体或薄层。湿，呈密实状态，摇振反应中等，无光泽反应，干强度及韧性低。

第②₁层：粉质黏土（Q_4^{al}）褐黄色，湿，含云母、氧化铁、氧化铝等，可塑状态，无摇振反应，干强度中等，韧性中等，局部夹薄层粉土层。

第③层：粉砂（Q_{4+3}^{al}）褐黄色，矿物成分主要为石英、长石、云母等，夹有粉土、粉质黏土透镜体或薄层。饱和，密实状态。

第④层：粉砂（Q_3^{al}）褐灰色，矿物成分主要为石英、长石、云母等，局部夹有粉土、粉质黏土透镜体，部分钻孔取样为中砂。饱和，密实，$C_u=6.328$，颗粒级配一般。

第⑤层：细砂（Q_3^{al}）褐灰色，矿物成分主要为石英、长石、云母等，局部夹有粉土、粉质黏土透镜体，部分钻孔取样为中砂。饱和，密实，$C_u=6.296$，颗粒级配一般。

第⑤₁层：粉质黏土（Q_3^{al}）褐灰色，湿，含云母、氧化铁、氧化铝等，可塑状态，无摇振反应，稍有光泽反应，干强度中等，韧性中等，局部夹有细砂。

第⑥层：细砂（Q_3^{al}）褐灰色，矿物成分主要为石英、长石、云母、矿物等，局部夹有粉土透镜体。饱和，密实，颗粒级配不良。

第⑦层：粉质黏土（Q_2^{al}）褐灰色，湿，含云母、氧化铁、氧化铝等，可塑状态，无摇振反应，稍有光泽反应，干强度中等，韧性中等，局部混有细砂。

第⑧层：细砂（Q_2^{al}）褐灰色，矿物成分主要为石英、长石、云母、矿物等，局部混有小块砾石。饱和，密实，$C_u=6.015$，颗粒级配一般。

第⑧₁层：粉土（Q_2^{al}）褐灰色，含云母、氧化铁、氧化铝等。湿，呈密实状态，摇振反应中等，无光泽反应，干强度及韧性高。

四、检测方法及试验结果

1. 单桩竖向抗压静载试验

（1）试验目的：确定单桩竖向抗压承载力极限值、特征值及其相应的沉降量。

（2）试验桩标高：桩顶标高与场地同标高。

（3）试验点数量：3个。

（4）试验方法：慢速维持荷载法。

（5）试验装置：

1）加荷设备：采用6台5000kN油压千斤顶进行加压。

2）荷载测量：利用放置在千斤顶上的荷重传感器直接测定。

3）反力：利用压重平台及8根锚桩联合反力装置为试验提供反力。

4）沉降观测：在试桩两侧对称地布置4个位移传感器进行观测、记录，取其平均值作为沉降量。

（6）稳定标准：加、卸载严格按照《建筑基桩检测技术规范》（JGJ 106—2014）执行。

（7）加荷分级：1号试桩首级荷载4800kN，加荷增量2400kN，最终荷载24000kN；2号、3号试桩首级荷载4800kN，加荷增量2400kN（最后一级加荷增量为1200kN），最终加载量25200kN。

（8）单桩竖向抗压承载力极限的确定：3个试桩Q-s曲线形态均为缓变型，未出现可判断单桩竖向抗压承载力极限值的陡降段，其最终沉降量均小于$0.05D$（即50mm），故其最大加载量即为单桩竖向抗压承载力极限值。

（9）试验结果见表1。

试验结果

表1

试验点编号	首级荷载（kN）	加载增量（kN）	最终荷载（kN）	最终沉降量（mm）	卸载后沉降量（mm）	回弹率（%）	单桩竖向抗压承载力极限值（kN）	极限荷载对应沉降量（mm）
1	4800	2400	24000	37.79	11.19	64.8	24000	37.79
2	4800	2400	25200	42.23	18.90	55.2	25200	42.23
3	4800	2400	25200	38.32	16.44	58.0	25200	38.32

2. 声波透射法桩身完整性检测试验

（1）试验目的：确定桩身完整性。

（2）试验原理：超声波透射法检测桩身结构完整性的基本原理是：由超声脉冲发射源向混凝土内发射高频弹性脉冲波，并用高精度的接收系统记录该脉冲波在混凝土内传播过程中表现的波动特性。当混凝土内存在不连续或破损界面时，缺陷面形成波阻抗界面，波到达该界面时，产生波的透射和反射，使接收到的透射波能量明显降低；当混凝土内存在松散、蜂窝、孔洞等严重缺陷时，将产生波的散射和绕射；根据波的初至到达时间和波的能量衰减特性、频率变化及波形畸变程度等特征，可以获得测区范围内混凝土的密实度参数。测试记录不同侧面、不同高度上的超声波动特征，经过处理分析就能判别测区内混凝土存在缺陷的性质、大小及空间位置（和参考强度）。

（3）试验点数量：3个。

（4）仪器设备：采用武汉岩海工程技术开发公司生产的RS-ST01D（P）一体化数字超声仪。

（5）分类原则：

Ⅰ类桩：桩身完整。

Ⅱ类桩：桩身有轻微缺陷，不会影响桩身结构承载力的正常发挥。

Ⅲ类桩：桩身有明显缺陷，对桩身结构承载力有影响。

Ⅳ类桩：桩身存在严重缺陷。

（6）试验结果：

1号试桩AC剖面在第一次检测时9～13m处有较为严重的缺陷，出现该问题的原因为声测管C漏水所致，补水后进行了复测，其上部桩身完整性良好，该桩66.0m处至桩端约1.5m无信号。

2号试桩换能器在声测管C中最大下放深度为48.6m，故AC、BC测试深度为48.6m，AB剖面最大测试深度为66.5m；该桩上部桩身完整性良好，桩端处约1.5m没有信号。该桩AB剖面62.3m处至桩端约4.5m无信号。

3号试桩上部桩身完整性良好，66.0m处至桩端约1.5m无信号。

3. 桩身轴力试验

（1）试验目的：通过安装在桩身的钢筋测力计及桩端的土压力盒，计算桩身轴力及桩侧摩阻力、端阻力。

（2）试验方法：

1）采用弦式传感器测量，将钢筋计实测频率通过率定系数换算成力，再计算成与钢筋计断面处的混凝土应变相等的钢筋应变量。

2）将变化无规律的测点删除，求出同一断面有效测点的应变平均值，计算该断面处桩身轴力。

（3）试验结果：

说明：为了节约篇幅，以下仅列出试验报告中 1 号试桩的资料，见表 2～表 4，如图 2、图 3 所示。

1 号试桩轴力（kN） 表 2

深度 （m）	4800	7200	9600	12000	14400	16800	19200	21600	24000
18	3594.2	5416.2	7491.1	9381.5	11463.5	13756.2	15983.4	18265.5	20435.1
32	1057.5	2186.0	3512.3	4521.7	5664.2	7602.2	9426.7	11540.5	13671.9
44	58.1	744.9	1428.6	1765.1	1869.0	2256.7	2987.2	4376.6	6236.6
50	16.7	200.4	468.4	689.9	769.6	862.5	1129.6	1927.4	3374.7
62	0.0	5.5	69.7	153.7	206.6	268.1	305.1	368.2	568.0
68	0.0	0.0	7.4	8.5	11.2	25.4	56.7	86.1	121.0

1 号试桩桩侧阻力及端阻力（kPa） 表 3

深度 （m）	4800 kN	7200 kN	9600 kN	12000 kN	14400 kN	16800 kN	19200 kN	21600 kN	24000 kN
0～18	21.3	31.6	37.3	46.3	52.0	53.9	56.9	59.0	63.1
18～32	57.7	73.5	90.5	110.6	131.9	140.0	149.2	153.0	153.8
32～44	26.5	38.2	55.3	73.2	100.7	141.9	170.9	190.1	197.3
44～50	2.2	28.9	51.0	57.1	58.4	74.0	98.6	130.0	151.9
50～62	0.4	5.2	10.6	14.2	14.9	15.8	21.9	41.4	74.5
62～68	0.0	0.3	3.3	7.7	10.4	12.9	13.2	15.0	23.7
桩端阻力	0.0	0.0	7.4	8.5	11.2	25.4	56.7	86.1	121.0

1 号桩单桩竖向抗压静载试验数据汇总表 表 4

工程名称：××大厦			试桩编号：0001	
桩径：1000mm		桩长：68m	检测日期：2011-8-25	
级数	荷载（kN）	本级位移（mm）	累计位移（mm）	本级历时（min）	累计历时（min）
1	4800	4.09	4.09	120	120
2	7200	1.94	6.03	120	240
3	9600	2.38	8.41	180	420
4	12000	2.81	11.22	120	540
5	14400	3.16	14.38	360	900
6	16800	2.93	17.31	240	1140
7	19200	3.22	20.53	150	1290
8	21600	5.78	26.31	300	1590
9	24000	5.48	31.79	360	1950
10	19200	−0.96	30.83	60	2010
11	14400	−2.68	28.15	60	2070
12	9600	−4.05	24.10	60	2130
13	4800	−5.63	18.47	60	2190
14	0	−7.28	11.19	180	2370

最大加载量：24000kN，最大位移量：31.79mm，最大回弹量：20.60mm，回弹率：64.8%。

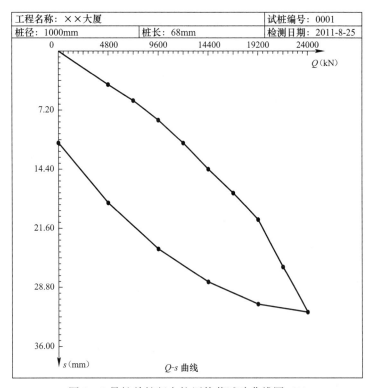

图 2　1 号桩单桩竖向抗压静载试验曲线图（1）

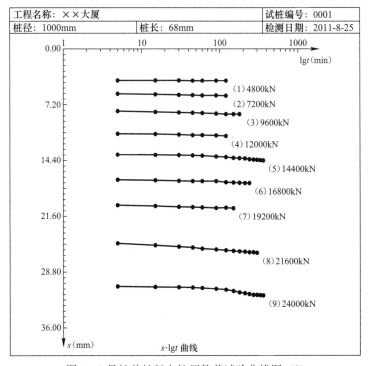

图 3　1 号桩单桩竖向抗压静载试验曲线图（2）

五、结论与建议

1. 单桩竖向抗压承载力

因试桩未做至破坏，根据单桩竖向抗压静载试验测试结果，以各桩顶压力下的实测值取值：

1 号试桩单桩竖向抗压承载力极限值：24000kN；

2 号试桩单桩竖向抗压承载力极限值：25200kN；

3 号试桩单桩竖向抗压承载力极限值：25200kN。

2. 桩身完整性

根据声波透射法完整性检测试验，所测的 3 根试桩上部桩身完整性均良好，但 1 号、3 号试桩桩端 1.5m 左右实测无信号，2 号试桩桩端 4.5m 左右实测无信号。

3. 桩侧阻力及端阻力

桩侧阻力及端阻力计算中，因试桩未加荷至破坏，故其值为各桩顶压力下的实测值。根据实测情况，其桩身侧阻力已接近极限值，端阻力尚未完全发挥。综合分析试验结果：

0～18m 平均桩侧阻力可取 60kPa；18～68m 平均桩侧阻力可取 136kPa。

4. 建议

根据声波透射试验，各试桩桩端均有没有信号的情况，尤其 2 号试桩，建议施工单位从施工工艺、操作过程分析、查找原因，进一步提高施工质量。

5.3.3　施工图图纸说明

（1）图纸中标高、尺寸的单位：标高单位为米，尺寸单位为毫米。

（2）设计±0.00 标高所对应的是绝对标高值。

（3）当图纸按工程分区编号时，应有图纸编号说明。

（4）常用构件代码及构件编号说明。

1）独立基础编号规则见表 5-1。

独立基础编号　　　　　　　　　　　　　　　　　　表 5-1

类型	基础底板截面形式	代号	序号
普通独立基础	阶形	DJ_J	××
普通独立基础	坡形	DJ_F	××
杯口独立基础	阶形	DJ_J	××
杯口独立基础	坡形	DJ_F	××

【**工程案例**】　如图 5-1、图 5-2 所示为某工程独立基础平面及独立基础竖向尺寸标注示例图。

2）条形基础梁及底板编号见表 5-2。

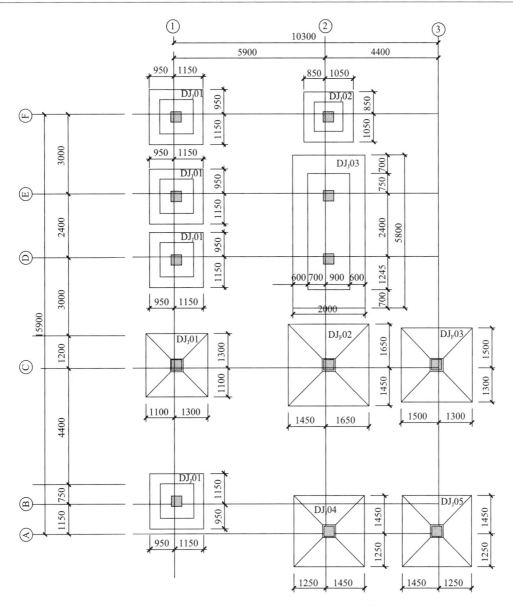

图 5-1　独立基础平法施工图平面注写方式示例

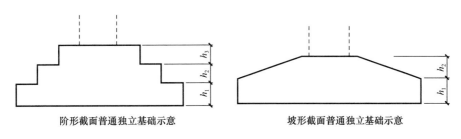

阶形截面普通独立基础示意　　　　坡形截面普通独立基础示意

图 5-2　独立基础竖向尺寸标注示例（一）

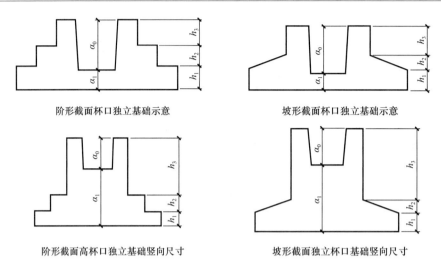

阶形截面杯口独立基础示意　　　　　　　坡形截面杯口独立基础示意

阶形截面高杯口独立基础竖向尺寸　　　　坡形截面独立杯口基础竖向尺寸

图 5-2　独立基础竖向尺寸标注示例（二）

条形基础梁及底板编号　　　　　　　　　　　　　　　表 5-2

类型		代号	序号	跨数及有无外伸
基础梁		JL	×××	（×××）端部无外伸；
条形基础底板	坡形	TJB$_p$	×××	（×××A）一端有外伸；
	阶形	TJB$_J$	×××	（××B）两端有外伸

注：条形基础通常采用坡形截面或单阶形截面。

【工程案例】　某工程采用柱下条形基础，如图 5-3、图 5-4 所示。

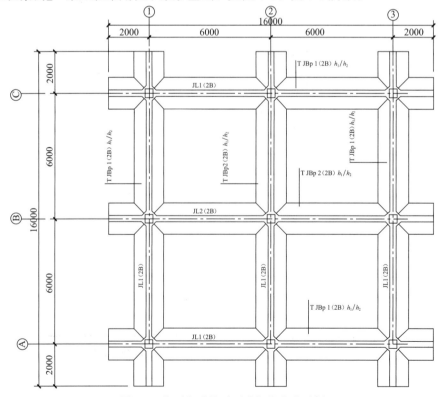

图 5-3　柱下条形基础平法标注方式示例

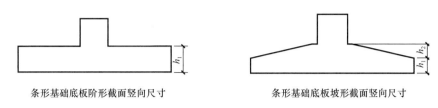

条形基础底板阶形截面竖向尺寸   条形基础底板坡形截面竖向尺寸

图 5-4 条形基础截面竖向标注方式示例

3) 梁板式筏形基础构件编号见表 5-3。

梁板式筏形基础构件编号   表 5-3

构件类型	代号	序号	跨数及有无外伸
基础主梁（柱下）	JL	××	
基础次梁	JCL	××	（××）或（××A）或（××B）
梁板筏基础平板	LPB	××	

注：1.（××A）为一端有外伸，（××B）为两端有外伸，外伸不计入跨数。
　　　例如：JL5（7B）表示第 5 号基础主梁，跨数为 7 跨，两端有外伸。
　　2. 梁板式筏形基础平面跨数及是否有外伸分别在 X、Y 两端的贯通纵筋之后表达，图面从左至右为 X 向，从下向上为 Y 向。
　　3. 梁板式筏形基础主梁和条形基础梁编号与标准构造详图一致。

4) 平板式筏形基础构件编号见表 5-4。

平板式筏形基础构件编号   表 5-4

构件类型	代号	序号	跨数及有无外伸
柱下板带	ZXB	××	
跨中板带	KZB	××	（××）或（××A）或（××B）
平板式筏基础平板	BPB	××	

注：1.（××A）为一端有外伸，（××B）为两端有外伸，外伸不计入跨数。
　　　例如：ZXB5（7B）表示第 5 号柱下板带，跨数为 7 跨，两端有外伸。
　　2. 平板式筏形基础平板，其跨数及是否外伸分别在 X、Y 两向贯通钢筋后表达，图面从左至右为 X，从下向上为 Y。

5) 桩基础编号：桩编号由类型和序号组成见表 5-5。

桩基础编号   表 5-5

类型	代号	序号
灌注桩	GZH	××
扩底灌注桩	GZH_K	××

注：注写桩尺寸，包括桩径 DX 桩长 L，当为扩底桩时，还应在括号内注写扩底端尺寸，符号规定图 5-5 所示。

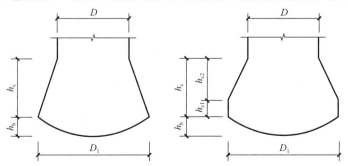

图 5-5 扩底灌注桩扩底端示意

灌注桩平面注写方法如图 5-6 所示，举例见表 5-6。

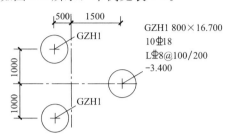

图 5-6　灌注桩平面注写示意

灌注桩列表表示方法举例　　　　　　　　　　表 5-6

桩号	DXL（mm）	通长等截面配筋（全部）	箍筋	桩顶标高（m）	单桩竖向抗压承载力特征值（kN）
GZH1	800×16.7	10 Φ 18	Φ 8@100/200	−3.40	2400

6）独立承台及承台梁编号规则见表 5-7。

独立承台及承台梁编号　　　　　　　　　　表 5-7

类型	独立承台截面形状	代号	序号	说明
独立承台	阶形	CT_J	××	单阶截面即为平板式独立承台
	坡形	CT_F	××	
杯口独立式承台	阶形	BCT_J	××	
	坡形	BCT_F	××	
承台梁	矩形	CTL	××	（××）端部无外伸；（××A）一端有外伸；（××B）两端有外伸

独立承台竖向尺寸如图 5-7 所示。

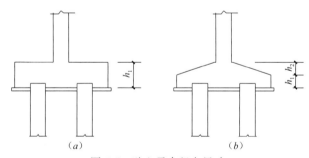

图 5-7　独立承台竖向尺寸

(*a*) 单阶截面独立承台；(*b*) 坡形截面独立承台

7）基础相关构造类型及编号规则见表 5-8，图示如图 5-8、图 5-9 所示。

基础相关构造类型及编号　　　　　　　　　　表 5-8

构造类型	代号	序号	说明
基础连系梁	JLL	××	用于独立基础、条形基础、桩基础
后浇带	HJD	××	用于梁板、平板筏基础、条形基础等
上柱墩	SZD	××	用于平板筏基础
下柱墩	XZD	××	用于梁板、平板筏基础
基坑（沟）	JK	××	用于梁板、平板筏基础
窗井墙	CJQ	××	用于梁板、平板筏基础
防水板	FBPB	××	用于独基、条基、桩基加放水板

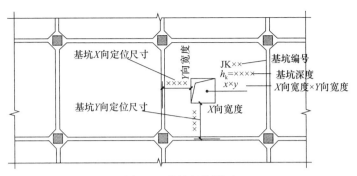

图 5-8 基坑标注图示

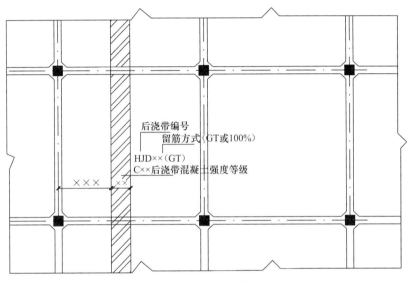

图 5-9 后浇带图示

8）柱编号规则见表 5-9。

柱编号规则   表 5-9

柱类型	代号	序号
框架柱	KZ	××
转换柱	ZHZ	××
芯柱	XZ	××
梁上柱	LZ	××
剪力墙上柱	QZ	××

注：编号时，当柱的总高、分段截面尺寸和配筋均相同，仅截面与轴线的关系不同时，仍可采用同一编号。

9）墙柱编号规则见表 5-10。

墙柱编号规则   表 5-10

墙柱类型	代号	序号
约束边缘构件	YBZ	××
构造边缘构件	GBZ	××
非边缘暗柱	AZ	××
扶 壁 柱	FBZ	××

注：1. 约束边缘构件包括约束边缘暗柱、约束边缘端柱、约束边缘翼墙、约束边缘转角墙四种（图 5-10）。
　　2. 构造边缘构件包括构造边缘暗柱、构造边缘端柱、构造边缘翼墙、构造边缘转角墙四种（图 5-11）。

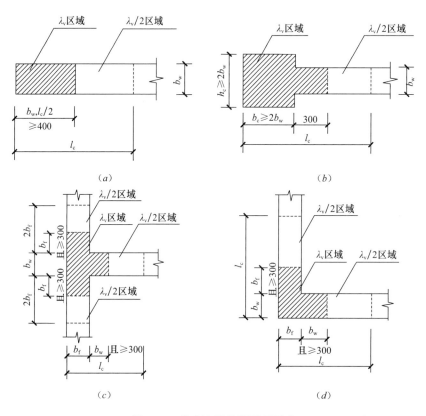

图 5-10　约束边缘构件平面示意

（a）约束边缘暗柱；（b）约束边缘端柱；（c）约束边缘翼墙；（d）约束边缘转角墙

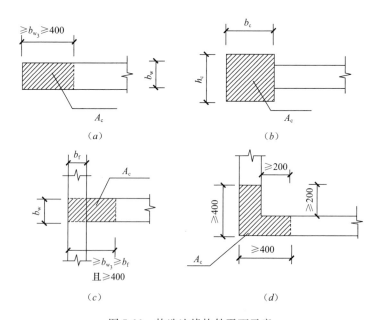

图 5-11　构造边缘构件平面示意

（a）构造边缘暗柱；（b）构造边缘端柱；（c）构造边缘翼墙；（d）构造边缘转角墙

10）墙梁编号规则见表 5-11。

	墙梁编号规则	表 5-11

墙梁类型	代号	序号
连梁	LL	××
连梁（对角暗撑配筋）	LL（JC）	××
连梁（交叉斜筋配筋）	LL（JX）	××
连梁（集中对角斜筋配筋）	LL（DX）	××
连梁（跨高比不小于 5）	LLk	××
暗梁	AL	××
边框梁	BKL	××

注：1. 在具体工程中，当某些墙身需要设置暗梁或边框架梁时，宜在剪力墙平法施工图中绘制暗梁或边框架梁的平面布置并编号，以明确其具体位置。

2. 跨高比不小于 5 的连梁按框架梁设计时，代号为 LLk（请设计师特别注意这个编号变化）。

11）梁编号规则见表 5-12。

	梁编号规则		表 5-12

梁类型	代号	序号	跨数及是否带有悬挑
楼层框架梁	KL	××	（××）、（××A）或（××B）
楼层框架扁梁	KBL	××	（××）、（××A）或（××B）
屋面框架梁	WKL	××	（××）、（××A）或（××B）
框支梁	KZL	××	（××）、（××A）或（××B）
托柱转换梁	TZL	××	（××）、（××A）或（××B）
非框架梁	L	××	（××）、（××A）或（××B）
悬挑梁	XL	××	（××）、（××A）或（××B）
井字梁	JZL	××	（××）、（××A）或（××B）
框架扁梁节点核心区	KBH	××	

①（××A）为一端有悬挑，（××B）为两端有悬挑，悬挑不计入跨数。

例如：如图 5-12 所示为 KL2（2A），表示第 2 号框架梁，跨数为 2 跨，带有一端悬臂梁。

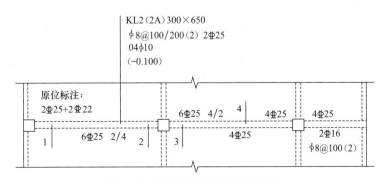

图 5-12　局部框架梁平面表示示意

② 非框架梁 L、井字梁 JZL 表示端支座为铰接，当非框架梁 L、井字梁端支座上部纵筋为充分利用钢筋的抗拉强度时，在梁代号后加"g"。

例如：如图 5-13 所示为井字梁表示方法，图中 ZJL3（2）表示第 3 号井字梁，跨数为 2 跨，支座端部为铰接。

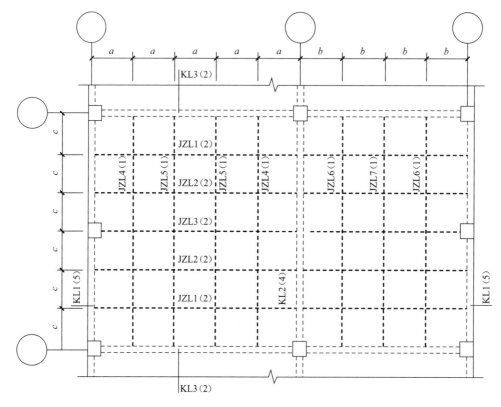

图 5-13　井字梁矩形平面网格区域示意

12）板块编号编制规则见表 5-13。

板块编号编制规则　　　　　　　　　　　　　　　　　　　　表 5-13

板类型	代号	序号
楼面板	LB	××
屋面板	WB	××
悬挑板	XB	××

注：板厚注写为 $h=$×××（为垂直板面的厚度），当悬挑板的端部改变截面厚度时，用斜线分隔根部与端部的高度值，注写为 $h=$×××/×××，当设计已在图注中注明板厚时，可以不再另注。

13）板带编号及暗梁编号规则见表 5-14。

板带编号及暗梁编号规则　　　　　　　　　　　　　　　　表 5-14

类型	代号	序号	跨数及有无悬挑
柱上板带	ZSB	××	（××）、（××A）或（××B）
跨中板带	KZB	××	（××）、（××A）或（××B）
暗梁	AL	××	

14）楼板相关构造类型与编号规则见表 5-15。

楼板相关构造类型与编号规则 表 **5-15**

构造类型	代号	序号	说明
纵筋加强带	JQD	××	以单向加强纵筋取代原位置配筋
后浇带	HJD	××	有不同的留筋方式
柱帽	ZMx	××	适用于无梁楼盖
局部升降板	SJB	××	板厚及配筋与所在板相同，构造升降高度 ≤300mm
板加腋	JY	××	腋高和腋宽可选注
板开洞	BD	××	最大边长或直径≤1000mm，加强筋长度有全跨贯通和自洞边锚固两种
板翻边	FB	××	翻边高度≤300mm
角部加强筋	Crs	××	以上部双向非贯通加强钢筋取代原位置的非贯通配筋
悬挑板阴角放射筋	Cis	××	板悬挑阴角上部斜向附加钢筋
悬挑板阳角放射筋	Ces	××	板悬挑阳角上部放射筋
抗冲切箍筋	Rh	××	通常用于无柱帽无梁楼盖的柱顶
抗冲切弯起筋	Rb	××	通常用于无柱帽无梁楼盖的柱顶

【**案例 1**】 开洞标注方法示意如图 5-14 所示。

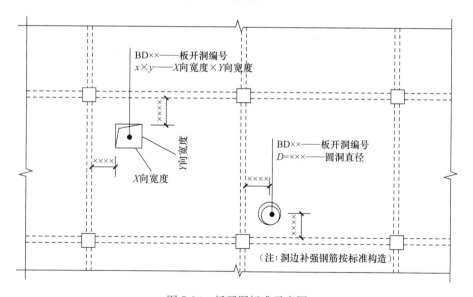

图 5-14 板开洞标准示意图

【**案例 2**】 板边翻边 FB 引注示意如图 5-15 所示。

【**案例 3**】 板加腋 JY 引注示意如图 5-16 所示。

【**案例 4**】 板角部加强筋 Crs 引注示意图如图 5-17 所示。

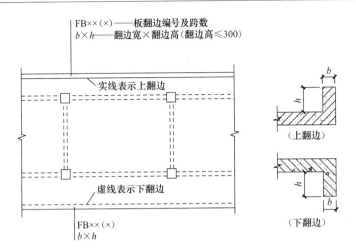

图 5-15　板翻边 FB 示意图

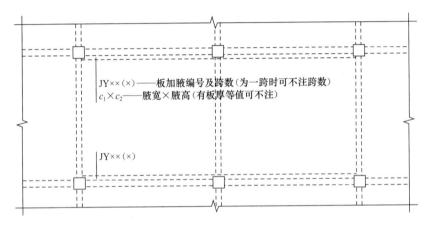

图 5-16　板加腋 JY 引注示意

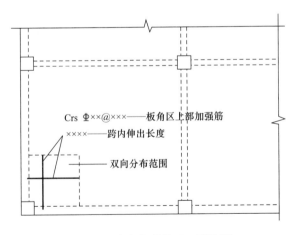

图 5-17　角部加强筋 Crs 引注图

15) 楼梯类型编号规则见表 5-16。

楼梯类型编号规则   表 5-16

梯板代号	抗震构造措施	适用结构	是否参与结构整体抗震计算
AT、BT、CT、DTET、FT、GT	无	剪力墙、砌体结构	不参与
ATa	有		不参与
ATb	有	框架结构、框-剪中框架部分	不参与
AT	有		参与
CTa、CTb	有		不参与

注：ATa、CTa 低端设滑动支座支承在梯梁上；ATb、CTb 低端设滑动支座支承在挑板上。

以上梯板示意图如图 5-18 所示。

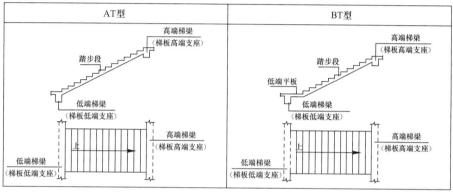

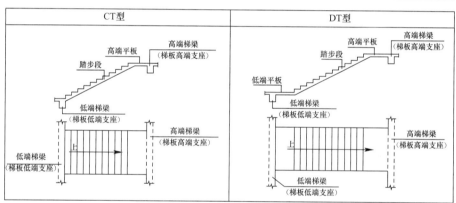

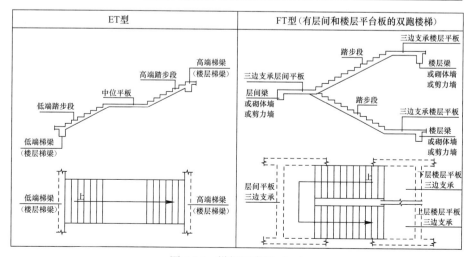

图 5-18 梯板示意图（一）

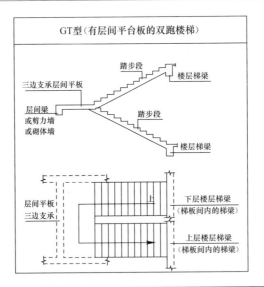

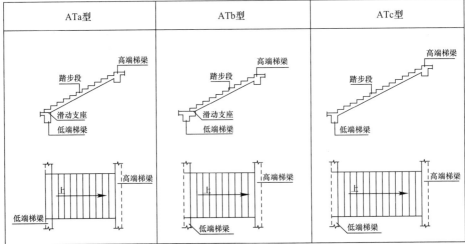

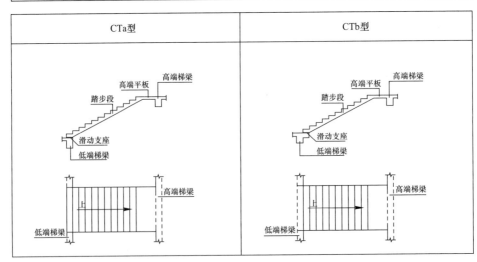

图 5-18 梯板示意图（二）

（5）各类钢筋代码说明，型钢代码及其截面尺寸标记说明见表 5-17～表 5-19。

普通钢筋代码及型号   表 5-17

牌号	符号	公称直径 d（mm）
HPB300	Φ	6～14
HRB335	Φ	6～14
HRB400	Φ	
HRBF400	Φ F	6～50
RRB400	Φ R	
HRB500	Φ	
HRBF500	Φ F	6～50
CRB600H	φ^{RH}	5～12

注：CRB600H 为高延性高强钢筋。

预应力钢筋代码及型号   表 5-18

种类		符号	公称直径 d（mm）
中强度预应力钢丝	光面螺旋肋	ϕ^{PM} ϕ^{HM}	5、7、9
预应力螺纹钢筋	螺纹	ϕ^T	18、25、32、40
消除应力钢丝	光面螺旋肋	ϕ^P ϕ^H	5、7、9
钢绞线	1×3（三股）	ϕ^S	8.6、10.8、12.9
	1×7（七股）		9.5、12.7、15.2、17.8

建筑常用钢材   表 5-19

钢材牌号		钢材厚度或直径（mm）
碳素结构钢	Q235	16～100
低合金高强度结构钢	Q345	
	Q390	16～100
	Q420	
建筑结构用钢板	Q345GJ	16～100

（6）混凝土结构采用平面整体表示方法时，应注明所采用的标准图名称及编号或提供标准图。现行平法图集（16G101-1～3、13G101-11）如图 5-19 所示。

图 5-19 平法表示图集封面

5.3.4 建筑分类等级及设计等级

应说明下列建筑分类等级及所依据的规范或批文：

（1）建筑结构安全等级

依据《建筑结构可靠度设计统一标准》（GB 50068—2001）的规定确定，参见表5-20。

建筑结构的安全等级（强条）   表 5-20

安全等级	破坏后果	建筑物类型
一级	很严重：对人的生命、经济、社会或环境影响很大	大型公共建筑等
二级	严重：对人的生命、经济、社会或环境影响较大	普通住宅和办公楼等
三级	不严重：对人的生命、经济、社会或环境影响较大	小型或临时性建筑

（2）地基基础设计等级

依据《建筑地基基础设计规范》及《建筑桩基设计规范》确定。

1)《建筑地基基础设计规范》（GB 50007—2011）的规定见表5-21。

地基基础设计等级（GB 50007—2011）   表 5-21

设计等级	建筑和地基类型
甲级	重要的工业与民用建筑物
	30 层以上的高层建筑
	体型复杂，层数相差超过 10 层的高低层连成一体建筑物
	大面积的多层地下建筑物（如地下车库、商场、运动场等）
	对地基变形有特殊要求的建筑物
	复杂地质条件下的坡上建筑物（包括高边坡）
	对原有工程影响较大的新建建筑物
	场地和地基条件复杂的一般建筑物
	位于复杂地质条件及软土地区的二层及二层以上地下室的基坑工程
	开挖深大于 15m 的基坑工程
	基坑周边环境条件复杂、环境保护要求高的基坑工程
乙级	除甲级、丙级以外的工业与民用建筑物
	除甲级、丙级以外的基坑工程
丙级	场地和地基条件简单、荷载分布均匀的七层及七层以下民用建筑及一般工业建筑；次要的轻型建筑物
	非软土地区且场地地质条件简单、基坑周边环境条件简单、环境保护要求不高且基坑开挖深度小于 5m 的基坑工程

2)《建筑桩基技术规范》（JGJ 94—2008）的规定见表5-22。

建筑桩基设计等级（JGJ 94—2008）   表 5-22

设计等级	建筑类型
甲级	重要的工业与民用建筑物
	30 层以上或高度超过 100m 的高层建筑
	体型复杂且层数相差超过 10 层的高低层（含纯地下结构）连体建筑
	20 层以上框架-核心筒结构及其他对差异沉降有特殊要求的建筑
	场地和地质条件复杂的 7 层以上的一般建筑及坡地、岸边建筑
	对相邻既有工程影响较大的建筑
乙级	除甲级、丙级以外的工业与民用建筑物
	除甲级、丙级以外的基坑工程
丙级	场地和地基条件简单、荷载分布均匀的 7 层及 7 层以下民用建筑及一般建筑

（3）建筑抗震设防类别（强条）

根据《建筑工程抗震设防分类标准》（GB 50223—2008）的规定确定，建筑工程应分为以下四个抗震设防类别：

1）特殊设防类：指使用上有特殊设施，涉及国家公共安全的重大建筑工程和地震时可能发生严重次生灾害等特别重大灾害后果，需要进行特殊设防的建筑。简称甲类。

2）重点设防类：指地震时使用功能不能中断或需尽快恢复的生命线相关建筑，以及地震时可能导致大量人员伤亡等重大灾害后果，需要提高设防标准的建筑。简称乙类。

3）标准设防类：指大量的除 1、2、4 款以外按标准要求进行设防的建筑。简称丙类。

4）适度设防类：指使用上人员稀少且震损不致产生次生灾害，允许在一定条件下适度降低要求的建筑。简称丁类。

（4）主体结构类型及抗震等级

依据《建筑抗震设计规范》、《高层建筑混凝土结构技术规程》、《高层民用建筑钢结构技术规程》等确定，也可参考本教材初步设计阶段说明确定。

（5）地下水位标高和地下室防水等级

地下水位标高需要依据实际工程地勘报告（详勘）确定。地下室防水等级一般由建筑专业依据地下室使用功能根据《地下工程防水设计规范》（GB 50108—2008）确定；也可参考《地下建筑防水构造》（10J301）图集选用，可参考表 5-23。

地下建筑防水等级标准分类与适应范围对照表 表 5-23

防水等级	标准	适应范围	项目举例
一级	不允许渗水，结构表面无湿渍	人员长期停留的场所；因有少量湿渍会使物品变质、失效的储物场所及严重影响设备正常运转和危机工程安全运营的部位；极重要的战备工程，地铁车站	居住建筑地下用房、办公用房、医院、餐厅、旅馆、影剧院、商场、飞机、车船等交通枢纽、冷库、粮库、档案馆、金库、书库、贵重物品库、通信工程、计算机房、电站控制室、配电间和发电机房等； 人防指挥工程、武器弹药库、防水要求较高的人员掩蔽室、铁路旅客站台、行李房、地下铁道车站、种植顶板等
二级	不允许漏水、结构表面可有少量湿渍；工业与民用建筑：总湿渍面积不应大于总防水面积（包括顶板、墙面、地面）的 1/1000；任意100m² 防水面积上的湿渍不超过 2 处，单个湿渍的最大面积不大于 0.1m²。 其他地下工程：总湿渍面积不应大于总防水面积（包括顶板、墙面、地面）的 2/1000；任意100m² 防水面积上的湿渍不超过 3 处，单个湿渍的最大面积不大于 0.2m²	人员经常活动的场所；在有少量湿渍不会使物品变质、失效的储物场所及基本不影响设备正常运转和不危机工程安全运营的部位；重要的战备工程	地下车库、地下人行地道、空调机房、燃料库、防水要求不高的库房、一般人员掩蔽工程、水泵房等

续表

防水等级	标准	适应范围	项目举例
三级	有少量漏水点，不得有线流和漏泥砂；任意 $100m^2$ 防水面积上的湿渍不超过 7 处，单个湿渍的最大漏水量不大于 2.5L/d，单个湿渍的最大面积不大于 $0.3m^2$	人员临时活动的场所；一般战备工程	一般战备工程疏散通道等
四级	有少量漏水点，不得有线流和漏泥砂；整个工程平均漏水量不大于 2L/（m^2 · d）任意 $100m^2$ 防水面积上的平均漏水量不大于 4L/（m^2 · d）	对渗漏水无严格要求的工程	

（6）人防地下室的设计类别、防常规武器抗力级别和防核武器抗力级别

【知识点拓展】

1）人防顶板可以采用现浇空心楼盖。

2）人防结构底板可以采用独立柱基＋抗水板。

3）人防荷载下双向板宜采用塑性设计。

4）人防荷载仅需要计算结构强度验算，强度计算时只考虑基本组合，需要在恒载＋人防荷载组合下，进行配筋计算。

5）人防荷载工况不考虑裂缝及挠度问题。

6）地基承载力验算不考虑人防荷载。

（7）建筑防火分类等级和耐火等级

依据《建筑设计防火规范》（GB 50016—2014）确定，也可参考本书初步设计阶段要求确定。

（8）混凝土构件的环境类别

依据《混凝土结构设计规范》（GB 50010—2010）及参考教材初步设计阶段确定。

（9）湿陷性黄土场地建筑物分类

依据《湿陷性黄土地区建筑规范》（GB 50025—2004）及参考本教材初步设计阶段确定。

（10）对超限建筑，注明结构抗震性能目标、结构及各类构件的抗震性能水准

参考本教材初步设计阶段确定。

5.3.5 主要荷载（作用）取值及设计参数选择

（1）楼（屋）面面层荷载、吊挂（含吊顶）荷载；

（2）墙体荷载、特殊设备荷载；

（3）栏杆荷载；

（4）楼（屋）面活荷载；

（5）风荷载（包括地面粗糙度、体型系数、风振系数等）；

（6）雪荷载（包括积雪分布系数等）；

（7）地震作用（包括设计基本地震加速度、设计地震分组、场地类别、场地特征周

期、结构阻尼比、水平地震影响系数最大值等）；

（8）温度作用及地下室水浮力的有关设计参数

要求提供温度作用计算参数，这是由于超长结构越来越多、超长越来越严重，温度作用对结构安全的影响需要定量计算。与温度有关的设计参数一般包括温升、温降和施工条件能达到的结构合拢温度等。

以上荷载均可参考《建筑结构荷载规范》（GB 50009—2012）、《建筑抗震设计规范》（GB 50011—2010）确定。

5.3.6 设计计算程序的选择

（1）结构整体计算及其他计算所采用的程序名称、版本号、编制单位；

（2）结构分析所采用的计算模型，多、高层建筑整体计算的嵌固部位和底部加强区范围等。

以上要求可结合工程实际情况，依据相关规范及参考本教材初步设计阶段确定。

5.3.7 主要结构材料的选择

（1）砌体材料应符合下列要求（强条）：

1）普通砖和多孔砖的强度等级不应低于 MU10，其砌筑砂浆强度等级不应低于 M5。

2）混凝土小型空心砌块的强度等级不应低于 MU7.5，其砌筑砂浆强度等级不应低于 Mb7.5。

（2）钢筋混凝土结构材料应符合下列规定（强条）：

1）混凝土的强度等级，框支梁、框支柱及抗震等级为一级的框架梁、柱、节点核心区，不应低于 C30；构造柱、芯柱、圈梁及其他各类构件不应低于 C20。

2）抗震等级为一、二、三级的框架和斜撑构件（含梯段），其纵向受力钢筋采用普通钢筋时，钢筋的抗拉强度实测值与屈服强度实测值的比值不应小于 1.25；钢筋的屈服强度实测值与屈服强度标准值的比值不应大于 1.3，且钢筋在最大拉力下的总伸长率实测值不应小于 9%。

拓展说明：要求钢筋的抗拉强度实测值与屈服强度实测值的比值不应小于 1.25，目的是使结构某部位出现较大塑性变形或塑性铰后，钢筋在大变形条件下具有必要的强度潜力，保证构件的基本抗震承载力。要求钢筋的屈服强度实测值与屈服强度标准值的比值不应大于 1.3，主要是为了保证"强柱弱梁"、"强剪弱弯"设计要求的效果，不致因钢筋屈服强度离散性过大而受到干扰。要求钢筋在最大拉力下的总伸长率实测值不应小于 9%，这条主要为了保证在抗震大变形条件下，钢筋具有足够的塑性变形能力。

3）钢筋的强度标准值应具有不小于 95%的保证率。

（3）钢结构的钢材应符合下列规定（强条）：

1）钢材的屈服强度实测值与抗拉强度实测值的比值不应大于 0.85。

2）钢材应具有明显的屈服台阶，且伸长率不应小于 20%。

3）钢材应具有良好的焊接性和合格的冲击韧性。

（4）材料强度还需满足以下要求：

1）素混凝土结构混凝土强度等级不应低于 C15；钢筋混凝土结构的混凝土强度等级

不低于 C20；一般受力构件的混凝土强度不宜低于 C25；采用 强度等级 400MPa 及以上的钢筋时，混凝土强度等级不应低于 C25。

2）预应力混凝土结构的混凝土强度等级不宜低于 C40，且不应低于 C30。

3）承受重复荷载的钢筋混凝土构件（如吊车梁等），混凝土强度等级不应低于 C30。

4）混凝土结构的混凝土强度等级，抗震墙不宜超过 C60，其他构件，9 度时不宜超过 C60，8 度时不宜超过 C70。

5）大体积混凝土的设计强度等级宜为 C25～C50。

6）钢结构的钢材宜选用 Q235 等级 B、C、D 的碳素结构钢及 Q345 等级 B、C、D、E 的低合金高强度结构钢；当有可靠依据时，尚可采用其他钢种和钢号。

5.3.8　基础及地下室工程相关要求

（1）工程地质及水文地质概况，各主要土层的压缩模量及承载力特征值等；对不良地基的处理措施及技术要求，抗液化措施及要求，地基土的冰冻深度、场地土的特殊地质条件等。

（2）注明基础形式和基础持力层；采用桩基时应简述桩型、桩径、桩长、桩端持力层及桩进入持力层的深度要求，设计所采用的单桩承载力特征值（必要时尚应包括竖向抗拔承载力和水平承载力）、地基承载力的检验要求（如静载试验、桩基的试桩及检测要求）等。

（3）地下室抗浮（防水）设计水位及抗浮措施，施工期间的降水要求及终止降水的条件等。

（4）拓展说明

1）关于抗浮水位问题：抗浮水位的确定是一个十分复杂的问题，即与场地工程地质、水文地质的背景条件有关，更取决于建筑整个使用期间地下水位的变化趋势。而后者又受认为作用和政府的水之源政策控制。因此抗浮设防水位是一个技术经济指标。

提请设计师注意以下两点：

① 对于场地水文地质复杂或抗浮设防水位取值高低对基础结构设计及建筑投资有较大影响等情况，应提出进行专门水文地质勘察的建议，也可建议业主召开抗浮水位合理取值论证会。

② 对于新回填场地，注意提醒地勘部门水位是否有变化。

2）常用的抗浮措施

① 增加配重方案。

② 设置抗浮锚杆。

③ 设置抗浮桩。

④ 基础底释放水压力。

⑤ 上部结构抵抗方法（仅适合局部抗浮不满足）。

3）需要注意几点：

① 进行抗浮计算时，需要注意整体抗浮满足，但由于上部结构抽柱或开大洞等，可能局部抗浮不满足。

② 当裙房与主楼未设置沉降缝时，高层的沉降较大，而裙房沉降较小，如果因裙房抗浮不满足而采用抗浮桩时，由于在无水时，抗浮桩将支承上部结构，将影响裙房的沉降。

③ 如果采用抗浮桩时，抗浮桩的裂缝宽度不应大于 0.25mm（北京规范），天津、上海、广东规定灌注桩计算裂缝时保护层厚可取 30mm。

④《混凝土结构耐久性设计规范》（GB/T 50476—2008）规定：在荷载作用下配筋混凝土构件的表面裂缝最大宽度计算不应超过规范的规定。对于裂缝宽度无特殊外观要求的，当保护层设计厚度超过 30mm 时，可将厚度取为 30mm 计算裂缝的最大宽度。

（5）基坑、承台坑回填的设计要求

我们知道，承台、地下室外墙的肥槽回填土质量至关重要。在地震和风荷载作用下，可利用其外侧土抗力分担相当大份额的水平荷载，从而减小桩顶剪力分担，降低上部结构反应。但工程实践中，往往忽视肥槽回填质量，以致出现浸水湿陷，导致散水破坏，给结构在遭遇地震工况下留下安全隐患。设计人员应加以重视，避免这种情况发生。一般情况下，采用灰土和压实性较好的素土分层夯实；当施工中分层夯实有困难时，可以采用素混凝土回填。

1）施工应分层夯实。人工夯实每层厚度不应大于 250mm，机械夯实每层厚度不应大于 300mm；工程顶部回填土厚度超过 500mm 后，方可采用机械回填碾压。回填土的压实系数不应小于 0.94。

2）《建筑桩基技术规范》（JGJ 94—2008）第 4.2.7 条：承台和地下室外墙与基坑侧壁间应灌注素混凝土或搅拌流动性水泥土，或采用灰土、级配砂石、压实性较好的素土分层夯实，其压实系数不宜小于 0.94。

（6）基础大体积混凝土的施工要求

1）所谓"大体积混凝土"，是指混凝土结构最小几何尺寸不小于 1m，或预计会因混凝土中胶凝材料水化热引起的温度变化和收缩而导致有害裂缝的混凝土结构。

2）美国混凝土学会给出了大体积混凝土的定义：任何现浇混凝土，其尺寸达到必须解决水化热及随之引起的体积变形问题，以最大限度地减少开裂影响的，称为大体积混凝土。高层建筑底板、转换层及梁柱构件中，属于大体积混凝土范畴的越来越多，因此本规程将大体积混凝土施工单独成节，以明确其主要要求。大体积混凝土的施工应符合《高层建筑混凝土结构技术规程》（JGJ 3—2010）第 13.9 节的有关要求。

3）大体积混凝土施工应合理选择配合比，选择水化热低的水泥，掺入适量的粉煤灰和外加剂、控制水泥用量，并做好养护和测温工作，混凝土内部与外部表面温差值、混凝土外表面与施工时环境温度差值均≤25℃；其他要求详见《大体积混凝土施工规范》（GB 50496—2009）。

4）大体积混凝土施工应编制施工组织设计或施工技术方案，并应有环境保护和安全施工的技术措施。

5）大体积混凝土施工除应满足设计规范、生产工艺、环境保护和安全措施的要求外，尚应符合下列要求：

① 大体积混凝土的设计强度等级宜为 C25～C50，并可采用混凝土 60d 或 90d 的强度作为混凝土配合比设计、混凝土强度评定及工程验收的依据。

② 大体积混凝土的结构配筋除应满足结构强度和构造要求外，还应结合大体积混凝土的施工方法配置控制温度和收缩的构造钢筋。

③ 大体积混凝土置于岩石类地基上时，宜在混凝土垫层上设置滑动层。

④ 设计中应采取减少大体积混凝土外部约束的技术措施。

⑤ 设计中应根据工程情况提出温度场和应变的相关测试要求。

6）大体积混凝土施工前，应对施工阶段大体积混凝土浇筑体的温度、温度应力及收缩应力进行试算，并确定施工阶段大体积混凝土浇筑体的温升峰值、里表温差及降温速率的控制指标，制定相应的温控技术措施。

7）温控指标符合下列规定：

① 混凝土浇筑体在入模温度基础上的温升值不宜大于50℃。

② 混凝土浇筑体的里表温差（不含混凝土收缩的当量温度）不宜大于25℃。

③ 混凝土浇筑体的降温速率不宜大于2.0℃/d。

④ 拆除保温覆盖时混凝土浇筑体表面与大气温差不应大于20℃。

（7）当有人防地下室时，应图示人防部分与非人防部分的分界范围。

（8）各类地基基础检测要求

各类基础检测要求参见《建筑地基检测技术规范》（JGJ 340—2015）的相关要求。

5.3.9 钢筋混凝土工程相关说明

（1）各类混凝土构件的环境类别及其最外层钢筋的保护层厚度。

（2）钢筋锚固长度、搭接长度、连接方式及要求；各类构件的钢筋锚固要求。

（3）预应力构件采用后张法时的孔道做法及布置要求、灌浆要求等；预应力构件张拉端、固定端构造要求及做法，锚具防护要求等。

（4）预应力结构的张拉控制应力、张拉顺序、张拉条件（如张拉时的混凝土强度等）、必要的张拉测试要求等。

（5）梁、板的起拱要求及拆模条件

1）对跨度较大的现浇梁、板，考虑到自重的影响，适度起拱有利于保证构件的形状和尺寸。

2）《混凝土结构工程施工质量验收规范》（GB 50204—2015）：对跨度不小于4m的现浇钢筋混凝土梁、板，其模板应按设计要求起拱；当设计无具体要求时，起拱高度宜为跨度的1/1000～3/1000。应特别注意规定的起拱高度未包括设计要求的高度值，而只考虑模板本身在荷载下的下垂。

3）验收规范条文特别说明："此起拱高度未包括设计要求的起拱值，而只考虑模板本身在荷载作用下的挠度，一般对钢模板可以取小值，木模板取大值"；当施工措施能保证模板下垂符合要求时，也可不起拱或起拱更小值。

4）凡设计说明中没有提到模板起拱值的，施工单位均可认为设计无要求；而设计说明中有要求的施工单位必须执行。

5）结构设计说明中宜采取如下表述方式明确梁、板起拱要求：

① 如果设计中有大跨结构，需要考虑结构起拱时，设计说明必须标明起拱值，同时设计说明要特别说明："此值为设计需要的起拱高度"，不包括施工验收规范规定的施工时应考虑的起拱值。

② 如果设计要求长悬臂梁、板起拱，应在设计说明中单独说明。

③ 如果设计无要求起拱，也宜提醒施工单位，严格按《混凝土结构工程施工质量验

收规范》（GB 50204—2015）第 4.2.5 条的要求起拱。

④ 构件制作时的起拱值和预加力所产生的反拱值，不宜超过构件在相应荷载组合作用下的计算挠度值（一般静载＋0.5 活载值）。

（6）后浇带或后浇块的施工要求（包括后浇时间要求）

1）《高层建筑混凝土结构技术规程》（JGJ 3—2010）第 12.1.10 条：当采用刚性防水方案时，同一建筑的基础应避免设置变形缝。可沿基础长度每隔 30～40m 留一道贯通顶板、底板及墙板的施工后浇带，带宽不宜小于 800mm，且宜设置在柱距三等分的中间范围内。后浇带处底板及外墙宜采用附加防水层；后浇带混凝土宜在其两侧混凝土浇灌完毕45d 后再进行浇灌，其强度等级应提高一级，且宜采用早强、补偿收缩的混凝土。

2）关于施工温度后浇带的浇灌时间问题汇总

《高层建筑混凝土结构技术规程》（89 版）规定，地上结构 60d，地下结构在地下结构顶板浇灌后 14d。

《高层建筑混凝土结构技术规程》（2001 版）规定：地下地上均要求 60d。

《高层建筑混凝土结构技术规程》（2010 版）规定：地上地下均要求 45d。

一般经过 45d 后混凝土的收缩大约完成 60％左右。

《地下工程防水技术规范》（GB 50108—2008）：后浇带应在其两侧混凝土龄期达到42d 后再施工。

《措施》（2009 版）规定：一般应控制不宜少于 60d，不应少于 45d 为好。

《混凝土结构工程施工规范》（GB 50666—2011）规定不得少于 14d。

（7）特殊构件施工缝的位置及处理要求

"施工需特别注意的问题"是指对安全有重大影响的拆模或支撑的条件，拆模或支撑的顺序，基坑开挖对相邻既有建筑的影响，地下室施工期间的抗浮措施（要求），大跨结构吊装要求等影响安全的事项。必要时应说明施工需遵守的主要施工规范和规程。

（8）地坑支护要求

深基坑支护设计应由具有相应资质的单位完成，除满足支护结构本身的质量安全及施工要求外，尚需保证主体结构的安全施工，也不得影响主体结构构件如桩、承台、地下室墙体等的质量安全。

5.3.10 钢结构工程相关要求

首先需要说明：原来的术语"钢结构施工详图"改称"钢结构制作详图"。因为设计单位通常承担的钢结构设计也有施工图设计阶段，这样"钢结构设计施工图"与"钢结构施工详图"极易混淆并引起建设单位的误解，因此将"钢结构施工详图"改称"钢结构制作详图"。

规定"钢结构制作详图……，其设计深度由制作单位确定"，是因为钢结构制作详图只需满足加工制作的要求即可，且钢结构制作详图与制作工艺有关，而各钢结构制作单位的制作工艺不尽相同，故对"钢结构制作详图的设计深度"不作具体的规定。

但请注意，"钢结构制作详图"应满足以下要求：

（1）钢结构施工详图应根据结构设计图和有关技术文件进行编制，并应经原设计单位确认；当需要进行节点设计时，节点设计文件也应经原设计单位确认。

（2）施工详图设计应满足钢结构施工构造、施工工艺、构件运输等有关技术要求。

（3）钢结构制作详图应包括图纸目录、设计总说明、构件布置图、构件详图和安装节点详图等内容；宜增加三维图形表示。

若设计合同未明确要求编制钢结构制作详图，则钢结构设计内容仅为钢结构设计施工图，不包括钢结构制作详图。

（1）概述采用钢结构的部位及结构形式、主要跨度等。

（2）钢结构材料：钢材牌号和质量等级，及所对应的产品标准；必要时提出物理力学性能和化学成分要求及其他要求，如 Z 向性能、碳当量、耐候性能、交货状态等。

（3）焊接方法及材料：各种钢材的焊接方法及对所采用焊材的要求。

（4）螺栓材料：注明螺栓种类、性能等级，高强螺栓的接触面处理方法、摩擦面抗滑移系数，以及各类螺栓所对应的产品标准。

（5）焊钉种类及对应的产品标准。

（6）应注明钢构件的成型方式（热轧、焊接、冷弯、冷压、热弯、铸造等），圆钢管种类（无缝管、直缝焊管等）。

（7）压型钢板的截面形式及产品标准。

（8）焊缝质量等级及焊缝质量检查要求。

1）关于焊缝质量等级检查时是如何判断其合格性的？

对于钢结构设计，通常设计都要注明构件连接的焊缝质量等级，设计者往往都会依据各构件的不同部位，依据其不同部位的重要程度分别提出不同的焊缝质量等级要求。如全焊透的对接焊缝的焊缝质量等级为一级，一般受力构件的贴角焊缝的质量等级为二级，次要的受力构件及非受力构件的焊缝质量等级为三级等。施工时对于不同的焊缝质量等级检查的方法和手段也不一样，具体见《钢结构工程施工质量验收规范》（GB 50205—2001）的规定。应符合表 5-24 的要求。

一、二级焊缝质量等级 表 5-24

焊缝质量等级		一级	二级
内部缺陷 超声波探伤	评定等级	II	III
	检验等级	B 级	B 级
	探伤比例	100%	20%
内部缺陷 射线探伤	评定等级	II	III
	检验等级	AB 级	AB 级
	探伤比例	100%	20%

注：1. 对工厂制作构件的焊缝，应按每条焊缝计算百分比，且探伤长度应不小于 200mm，当焊缝长度不足 200mm 时，应对整条焊缝进行探伤。

2. 对现场安装焊缝，应按同一类型，同一施焊条件的焊缝条数计算百分数比例，且探伤长度应不小于 200mm，并不应少于一条焊缝。

3. 在《焊缝无损检测 超声检测技术、检测等级和评定》（GB/T 11345—2013）中检验等级分为 A、B、C 三个级别，评定等级分为 I、II、III、IV 四个级别。所谓检验等级就是指检验方法，分为 A、B、C 三个级别，它体现了检验工作的完善程度，按 A-B-C 逐级提高，其检验工作的难度系数也逐级提高（A 为 1，B 为 5～6，C 为 10～12）。

4. 评定及检验等级见现行国家标准《焊缝无损检测 超声检测技术、检测等级和评定》（GB/T 11345—2013）。

2）作为设计人员如何判断检查结果是否满足设计要求？

设计师可以按以下原则处理：

① 对抽样检查的焊缝数如不合格率小于 2% 时，该批验收应定为合格。

② 当不合格率大于 5% 时，该批验收应定为不合格。

③ 当不合格率在 2%～5% 之间时，应加倍抽检，且必须在原不合格部位两侧的焊缝延长线各增加一处，如在所有抽检焊缝中不合格率不大于 3% 时，该批验收定位合格。所有抽检焊缝不合格率大于 3% 时，该批验收应定为不合格。

④ 当批量验收不合格时，应对该批余焊缝的全数进行检查。

⑤ 当检查出一处裂纹缺陷时，应加倍抽查，如在加倍抽检焊缝中未检查出其他裂纹缺陷时，该批验收应定为合格，当检查出多处裂纹缺陷或加倍抽检又发现裂纹缺陷时，应对该批余下焊缝的全数进行检查。

⑥ 对所有查出的不合格焊接部位应按"熔化焊缝缺陷返修"予以补修至合格。

（9）钢构件制作要求

依据《钢结构工程施工规范》（GB 50755—2012）相关规定：

1）钢结构工程施工单位应具备相应的钢结构工程施工资质，并应有安全、质量和环境管理体系。

2）钢结构工程施工前，应有经施工单位负责人审批的施工组织设计、与其配套的专项施工方案等技术文件，并按有关规定报送监理工程师或业主代表。重要钢结构工程的施工技术方案和安全应急预案，应组织专家评审。

3）钢结构工程施工的技术文件和承包合同技术文件，对施工质量的要求不得低于现行国家标准《钢结构工程施工质量验收规范》（GB 50205—2001）的有关要求。

4）钢结构工程制作和安装应满足设计图纸的要求，施工单位应对设计文件进行工艺性审查；当需要修改设计时，应取得原设计单位同意，并应办理相关设计变更文件。

5）钢结构工程施工及质量验收时，应使用有效计量器具。各专业施工单位和监理单位应统一计量标准。

（10）钢结构安装要求，对跨度较大的钢构件必要时提出起拱要求。

1）在结构设计说明中需要对钢结构制作、安装提出要求：

《钢结构设计规范》（GB 50017—2003）规定：为改善外观和使用条件，可以将横向受力构件预先起拱，起拱大小应视实际需要而定，一般为恒荷载标准值加 1/2 活荷载标准值所产生的挠度值。当仅为改善外观条件时，构件的挠度应取恒载和活荷载标准值作用下的挠度值减去起拱度。

2）起拱应用时请注意以下几点：

① 起拱的目的是为了改善外观和符合使用条件，因此起拱的大小应视实际需要而定，不能硬性规定单一的起拱值。例如：大跨度的吊车梁的起拱度应与安装吊车轨道时的平直度要求相协调；位于飞机库大门上面的大跨度桁架的起拱度，应与大门顶部的吊挂条件相适应。

② 构件制作时的起拱值，不宜超过构件在相应荷载组合作用下的计算挠度值。

③ 对无特殊要求的结构，一般起拱度可以用恒载加 1/2 活荷载标准值所产生的挠度值。

④ 对于跨度≥15m 的三角屋架或跨度≥24m 的梯形屋架及平行弦桁架起拱度可取 1/500。

⑤ 对跨度大于 30m 的斜梁，宜起拱。起拱度可取 1/500。

（11）制作、安装

构件应按《钢结构工程施工质量验收规范》（GB 50205—2001）、《高层民用建筑钢结构技术规程》（JGJ 99—2015）的要求进行制作、安装和验收。

（12）涂装要求

1）注明除锈方法及除锈等级以及对应的标准；注明防腐底漆的种类、干漆膜最小厚度和产品要求；当存在中间漆和面漆时，也应分别注明其种类、干漆膜最小厚度和要求；注明各类钢构件所要求的耐火极限、防火涂料类型及产品要求；注明防腐年限及定期维护要求。

2）结构的涂装要求，可以依据《工业建筑防腐蚀设计规范》（GB 50046—2008）及《建筑钢结构防腐蚀技术规程》（JGJ/T 251—2011）确定腐蚀性分级，再依据不同的腐蚀性等级选用合理的防腐蚀涂料。

3）钢结构所要求的耐火极限，依据《建筑设计防火规范》（GB 50016—2014）、《钢结构防火涂料》（GB 14907—2002）及《钢结构防火涂料应用技术规范》（CECS 24：90）的规定。

5.3.11　钢结构住宅设计相关要求

为贯彻执行国家建筑产业现代化和生产建造方式转型发展的技术政策，国家鼓励对钢结构住宅全寿命期的建筑设计、部品部件生产、施工安装、质量验收、使用和维护与管理等，按照适用、经济、安全、绿色、美观的要求对住宅全生命周期的设计。做到技术先进、质量优良、节能环保，全面提高钢结构住宅的环境效益、社会效益和经济效益。

1. 一般要求

（1）钢结构住宅的结构设计应符合现行国家标准《工程结构可靠性设计统一标准》（GB 50153—2008）、《建筑抗震设计规范》（GB 50011—2010）和《钢结构设计规范》（GB 50017—2003）中的有关规定，结构设计正常使用年限不应少于 50 年，其安全等级不应低于二级。

（2）结构设计的荷载、作用及其组合应符合现行国家标准《建筑结构荷载规范》（GB 50009—2012）和《建筑抗震设计规范》（GB 50011—2010）中的有关规定。

（3）钢结构住宅墙体结构的寿命应与主体结构相同，更新墙面装饰装修不应影响墙体结构性能。外挂墙板的结构安全性和墙体裂缝防治措施应有试验或经验验证其可靠性，并应满足结构在小震变形时墙体不裂，大震变形时墙体不脱落的要求。

（4）钢结构住宅结构设计应符合工厂生产、现场装配的工业化生产要求，部（构）件及节点设计宜标准化、通用化和系列化。

（5）结构钢材的性能应符合现行国家标准《钢结构设计规范》（GB 50017—2003）和《建筑抗震设计规范》（GB 50011—2010）中的有关规定，可优先选用高性能钢材。

2. 结构体系与结构布置

（1）钢结构住宅的结构体系可选用钢框架结构、钢框架支撑（墙板）结构、钢框架—钢混组合结构或框筒结构等体系。

（2）钢框架—支撑结构可采用中心支撑或偏心支撑，支撑构件可选用常规的钢杆件或预制剪力墙板支撑构件。对 9 度抗震区的高层建筑或重要性建筑可根据需要采用减震、隔震技术。

（3）钢框架—墙板结构的墙板宜优先选用延性墙板或带有屈曲约束的墙板，也可采用预制的钢筋混凝土墙板。

（4）框筒结构的筒体可采用钢筋混凝土筒体，也可采用密柱深梁的钢框架筒体。

（5）钢结构住宅结构体系的选择，宜符合下列规定：

1）对多层或小高层建筑，宜优先选用钢框架结构，当地震作用较大钢框架结构难以满足设计要求时，也可采用钢框架—中心支撑结构。

2）高层建筑宜优先选用钢框架—支撑结构体系或框筒结构体系，当高烈度区的地震作用较大难以满足设计要求时，也可选用钢框架—屈曲约束支撑结构或钢框架—延性墙板结构体系。

（6）钢结构住宅不同结构体系的最大适用高度及最大高宽比应符合现行行业标准《高层民用建筑钢结构技术规程》（JGJ 99—2015）的规定。

（7）楼盖结构可采用预制装配式楼板或现浇式楼板（包括叠合板）。当结构高度不超过 60m、抗震设防烈度不超过 7 度时，或者当抗震设防烈度为 8 度，高度不超过 40m，可采用无现浇层的预制装配式楼板，并应符合下列要求：

1）板端搁置梁上的长度不宜小于 500mm。

2）板端宜留胡子筋，板端搁置的梁上应设栓钉。

3）预制圆孔板的板端孔洞应封堵。

4）预制装配式楼板拼缝不宜小于 40mm。

（8）钢结构住宅结构布置应与建筑套型以及建筑平面和立面相协调。不宜采用特别不规则结构体系，不应采用严重不规则结构体系。

（9）钢结构部（构）件布置和节点的构造宜简洁明了，不应影响住宅的使用功能。

（10）柱脚可采用外包式、埋入式或杯口式。当不少于两层地下室且嵌固端在地下室顶板时，延伸到基础底板上的钢柱脚可做成外露铰接式。

3. 结构计算分析

（1）楼（屋）面活荷载、恒荷载、风荷载、地震作用等应符合现行国家标准《建筑结构荷载规范》（GB 50009—2012）和《建筑抗震设计规范》（GB 50011—2010）中的有关规定。

（2）钢结构住宅在风荷载或多遇地震作用下，结构的层间位移应符合现行国家相关标准规范的有关要求。

（3）钢结构住宅对不规则或特别不规则的高层建筑结构体系、新结构体系，应按照《建筑抗震设计规范》（GB 50011—2010）的有关规定进行罕遇地震作用下的弹塑性变形计算分析，并应对重要节点连接进行静力往复破坏性试验，其抗震构造措施应提高一级。

（4）钢结构住宅结构高度大于 80m 的建筑宜进行风荷载舒适度验算。

（5）采用异型钢柱或格构柱等新型构件时，应有经相关程序评审的设计计算方法，并应有抗震构造措施。

（6）外挂墙板等非结构部件，其自身及其与结构主体的连接应进行抗震设计。

4. 部（构）件与节点

（1）钢结构系统应优先采用热轧型钢构件，包括热轧 H 型钢、热处理方（矩）形管。

（2）高层建筑可采用钢管混凝土柱，其截面最小尺寸不宜小于 300mm，混凝土浇筑应有密实措施。

（3）钢框架梁柱节点连接形式可采用栓焊混合式连接，也可采用全螺栓连接或全焊接。高强度螺栓宜采用扭剪型。但注意不允许采用普通螺栓与高强度螺栓混用。

（4）钢结构系统主要承载部（构）件的板件宽厚比或高宽比应满足现行国家标准《建筑抗震设计规范》（GB 50011—2010）中的有关规定。

（5）钢结构住宅的梁柱节点不宜采用外凸式节点。

（6）钢结构住宅设置杆件支撑应考虑墙体安装方便，并不得影响墙体功能。

（7）钢结构住宅墙板与主体结构连接节点不宜采用在主体钢结构上焊接的做法，应开发标准化的装配式节点。

5. 结构防护

（1）钢结构住宅建筑的防火等级应按现行国家标准《建筑设计防火规范》（GB 50016—2014）确定，承重的钢构件耐火极限应满足有关要求。

（2）装配式住宅钢结构的防火材料宜优先选用防火板，板厚应根据耐火时限和防火板产品标准确定。

（3）当采用砌块或钢丝网抹 M5 水泥砂浆等隔热材料作为防火保护层时，应按现行国家标准《建筑设计防火规范》（GB 50016—2014）中的有关规定执行。

（4）钢结构连接节点处的防火保护层厚度不应小于被连接构件防火保护层厚度的较大值，对连接表面不规则的节点尚应局部加厚。

（5）钢管混凝土柱的耐火时限可计入混凝土的有利因素，可按现行国家规范《钢管混凝土结构技术规范》（GB 50936—2014）的规定计算。

（6）钢材表面初始锈蚀等级、除锈方法与除锈质量等级，应满足现行国家标准《涂覆涂装前钢材表面处理表面清洁度的目视评定》中的有关要求，应采用喷砂或抛丸除锈方法，除锈等级不应低于 Sa2。

（7）应根据住宅室内环境合理确定涂料品种和涂层方案，并应优先选用无机富锌类防锈漆。

5.3.12　砌体工程相关要求

（1）砌体墙的材料种类、厚度、成墙后的墙重限制；

（2）砌体填充墙与框架梁、柱、剪力墙的连接要求或注明所引用的标准图；

（3）砌体墙上门窗洞口过梁要求或注明所引用的标准图；

（4）需要设置的构造柱、圈梁（拉梁）要求及附图或注明所引用的标准图。

5.3.13　检测（观测）相关要求

1. 沉降观测要求

《建筑地基基础设计基础》（GB 50007—2011）第 10.3.8 条规定：下列建筑物应在施工期间及使用期间进行沉降变形观测：

（1）地基基础设计等级为甲级建筑物。

（2）软弱地基上的地基基础设计等级为乙级建筑物。

（3）处理地基上的建筑物。

（4）加层、扩建建筑物。

（5）受邻近深基坑开挖施工影响或受场地地下水等环境因素变化影响的建筑物。

（6）采用新型基础或新型结构的建筑物。

2. 建筑沉降稳定的判断标准

（1）《高层建筑筏形与箱形基础技术规范》（JGJ 6—2011）规定：

1）沉降观测应从完成基础底板施工时开始，在施工和使用期间连续进行长期观测，直至沉降稳定终止。

2）沉降稳定的控制标准宜按沉降期间最后 100d 的平均沉降速率不大于 0.01mm/d 采用。

（2）《建筑变形测量规范》（JGJ 8—2016）规定：当最后 100d 沉降小于 $0.01 \sim 0.04$mm/d 时可以认为沉降进入稳定阶段。

（3）一般多层建筑在施工期间完成的沉降量：

1）对于碎石或砂土可以认为其最终沉降已经完成 80% 以上。

2）对于其他低压缩性土可认为已经完成最终沉降 $50\% \sim 80\%$。

3）对于中等压缩土可认为已经完成最终沉降 $20\% \sim 50\%$。

4）对于高等压缩土可认为已经完成最终沉降 $5\% \sim 20\%$。

3. 大跨结构及特殊结构的检测、施工和使用阶段的健康监测要求

其检测要求详见初步设计阶段说明。

【知识点拓展】

（1）钢结构检测项目及依据标准参见表 5-25。

检测内容及依据标准　　　　　　　　　　　表 5-25

材料名称	检测内容	依据标准
各种钢材	抗拉强度、弯曲试验	GB/T 1591—2008、GB/T 700—2006、GB/T 699—2015
各种钢管	抗拉强度试验	GB/T 3091—2015 及各种钢管标准
焊件	抗拉强度试验	GB 50661—2011
焊接球焊缝	探伤检测	GB 50205—2001
高强度螺栓	扭矩系数最小抗拉荷载	GB 50205—2001、GB/T 3098.1—2010
高强度螺栓连接面	抗滑移系数	GB 50205—2001
焊缝质量	内部缺陷无损探伤检测	GB 50205—2001、JG/T 203—2007
钢结构工程有关安全及功能的检测	焊缝外观缺陷检测	GB 50205—2001
	焊缝尺寸检验	GB 50205—2001
	高强度螺栓施工质量：终拧扭矩	GB 50205—2001
	锚栓紧固检测（拉拔试验）	GB 50205—2001
	钢柱垂直度、钢梁侧向弯曲	GB 50205—2001
	整体垂直度、整体平面弯曲	GB 50205—2001
	防火涂层、厚度检验	GB 50205—2001

（2）钢结构工程检测项目和重要设备见表 5-26。

267

检测方法及主要仪器 表 5-26

序号	项目名称/参数		检测方法	主要仪器设备
1	钢结构焊接质量无损检测		射线探伤	射线探伤机
			超声波探伤	超声波探伤仪
			磁粉探伤	磁粉探伤仪
			渗透探伤	渗透仪
2	钢结构防腐及防火涂装检测			覆层测厚仪
3	机械连接用紧固标准件及高强度螺栓力学性能检测	钢结构节点 承载力		WE-1000 型万能试验机
		预拉力		轴力测试仪、扭矩测试仪
		楔负载		WE-1000 型万能试验机
		扭矩系数		扭矩测试仪
		抗滑移系数		WE-1000 型万能试验机
		承载力		WE-1000 型万能试验机
4	钢网架结构的变形检测			精密水准仪、经纬仪（全站仪）
5	钢材、钢铸件力学性能			WE-1000 型万能试验机

4. 高层、超高层结构应根据情况补充日照变形观测等特殊变形观测要求。

这条主要是指建筑沉降差的观测，这个要求在高耸结构中特别重要。

5.3.14 基桩的检测相关要求

依据《建筑基桩检测技术规范》（JGJ 106—2014）相关规定进行：

（1）基桩检测可分为施工前为设计提供依据的试验桩检测和施工后为验收提供依据的工程桩。基桩检测应根据检测目的、检测方法的适应性、桩基的设计条件、成桩工业等，按《建筑基桩检测技术规范》表 3.1.1 合理选择检测方法。当通过两种或两种以上检测方法的相互补充、验证，能有效提高基桩检测结果判定时，应选择两种或两种以上的检测方法，可参考表 5-27。

检测目的及检测方法 表 5-27

检测目的	检测方法
确定单桩竖向抗压极限承载力； 判定竖向抗压承载力是否满足设计要求； 通过桩身应变、位移测试，测定桩侧、桩端阻力，验证高应变法的单桩竖向抗压承载力检测结果	单桩竖向抗压静载试验
确定单桩竖向抗拔极限承载力； 判定竖向抗拔承载力是否满足设计要求； 通过桩身应变、位移测试，测定桩的抗拔侧阻力	单桩竖向抗拔静载试验
确定单桩水平临界荷载和极限承载力，推定土抗力参数； 判定水平承载力或水平位移是否满足设计要求； 通过桩身应变、位移测试，测定桩身弯矩	单桩水平静载试验
检测灌注桩桩长、桩身混凝土强度、桩底沉渣厚度，判定或鉴别桩端持力层岩土性状，判定桩身完整性类别	钻芯法
检测桩身缺陷及其位置，判定桩身完整性类别	低应变法
判定单桩竖向抗压承载力是否满足设计要求； 检测桩身缺陷及其位置，判定桩身完整性类别； 分析桩侧和桩端土阻力； 进行打桩过程监控	高应变法
检测灌注桩桩身缺陷及其位置，判定桩身完整性类别	声波透射法

(2) 当设计有要求或有下列情况之一时，施工前应进行试验桩检测并确定单桩极限承载力：

1) 设计等级为甲级的桩基。

2) 无相关试桩资料可以参考的设计等级为乙级的桩基。

3) 地质条件复杂、基桩施工质量可靠性低。

4) 本地区采用的新型或采用新工艺成桩的桩基。

(3) 施工完成后的工程桩应进行单桩承载力和桩身完整性检测

1) 单桩承载力检测数量

① 为设计提供依据的试验桩检测应根据设计确定的基桩受力状态，采用相应的静载试验方法确定单桩极限承载力，检测数量应满足设计要求，且在同一条件下不应少于 3 根；当预计工程桩总数少于 50 根时，检测数量不应少于 2 根。

②《建筑地基基础设计规范》（GB 50007—2011）第 10.2.14 条（强条）：施工完成后的工程桩应进行桩身完整性检验和竖向承载力检验。承受水平力较大的桩应进行水平承载力检验，抗拔桩应进行抗拔承载力检验。

2) 混凝土桩的桩身完整性检测方法选择，应符合表 5-27 的规定；当一种方法不能全面评价基桩完整性时，应采用两种或两种以上的检测方法，检测数量应符合下列要求：

① 建筑桩基设计等级为甲级，或地基条件复杂、成桩质量可靠性低的灌注桩工程，检测数量不应低于总桩数的 30%，且不应少于 20 根；其他桩基工程，检测数量不应低于总桩数的 20%，且不应少于 10 根。

② 除符合本条上述规定外，每个柱下承台检测数量不应少于 1 根。

③ 大直径嵌岩灌注桩或设计等级为甲级的大直径灌注桩，应在上述两条规定的检测数范围内，按不少于总桩数 10% 的比例采用声波投射法或钻芯法检测。

3) 采用桩基时，应绘出桩位平面位置、定位尺寸及桩编号；若需要先做试桩时，应单独先绘制试桩定位平面图；对于采用工程桩进行试桩的工程，应选择施工中存在问题的桩，具有代表性的桩，不允许事先指定试桩的位置。

4)《建筑地基基础设计规范》（GB 50007—2011）第 10.2.13 条（强条）：人工挖孔桩终孔时，应进行桩端持力层检验。单柱单桩的大直径嵌岩桩，应视岩性检验孔底下 $3d$ 或 5m 深度范围内有无土洞、溶洞、破碎带或软弱夹层等不良地质条件。

5)《建筑地基基础设计规范》（GB 50007—2011）第 10.1.2 条：验收检验静载荷试验最大加载量不应小于设计承载力特征值的 2 倍。但注意：不应超过桩身强度控制值。

6)《建筑基桩检测技术规范》（JGJ 106—2014）第 4.1.3 条：为设计提供依据的试验桩，应加载至破坏；当桩的承载力以桩身强度控制时，可按设计要求的加载量进行。

7)《建筑地基基础设计规范》（GB 50007—2011）第 10.2.16 条：竖向承载力检验的方法和数量可根据地基基础设计等级和现场条件确定。复杂地质条件下的工程桩竖向承载力的检验应采用静载荷试验，检验桩数不得少于同条件下总桩数的 1%，且不得少于 3 根。大直径嵌岩桩的承载力可根据终孔时桩端持力层岩性报告结合桩身质量检验报告确定。

5.3.15 施工需特别注意的问题

(1) 框架柱施工缝位置宜设置在框架梁顶位置，当施工缝必须设置在框架梁底时，应采取可靠措施，保证框架节点施工质量满足设计要求。

（2）地坑开挖前，应由相应资质的单位进行地坑支护设计，确保支护结构安全及相邻既有建筑安全。

（3）地下室施工期间，应对地下水位变化和降水对周围环境的影响进行监测，确保地下不发生上浮质量问题，相邻建筑不发生影响安全的质量问题。

（4）施工期间应人工降低地下水位在基础底以下 500mm，如有抗浮问题，停止降水时间应按设计要求。

（5）电梯订货应符合本工程图纸的设计要求，预留孔洞及预埋件应符合样本要求且事先预留、预埋。

（6）设备基础待订货设备到货后，对设计图纸进行复核无误后方可施工，大型设备吊装就位应与结构施工密切配合。

（7）基槽开挖、回填要求

1）开挖基槽时，不应扰动土的原状结构，如经扰动，应挖除扰动部分，根据土的压缩性选用级配砂石（或灰土、素混凝土等）进行回填处理，用级配砂石或灰土时，压实系数应大于 0.97。

2）施工时应进行钎探、验槽，如发现土质与地质报告不符合时，需会同勘察、施工、设计、建设、监理单位共同协商研究处理。

3）机械挖土时应按有关规范要求进行，坑底应保留 200mm 厚的土层人工开挖。

4）基础及地下施工完后，应及时进行回填（地下室各层顶板施工完毕及外防水施工完后即可回填本层），基坑回填土应进行分层夯实，压实系数不小于 0.94。

（8）当地下水有腐蚀性时要求

1）施工严禁采用地下水直接搅拌混凝土。

2）严禁直接采用地下养护混凝土。

5.3.16　设计说明对今后的使用者提出的要求

（1）未经技术鉴定或设计许可，不得改变结构的用途和使用环境（强条）。

（2）结构在设计使用年限内尚应遵守下列规定：

1）建立定期检测、维修制度。

2）设计中可更换的混凝土构件应按规定更换。

3）构件表面的防护层，应按规定维护或更换。

4）结构出现可见的耐久性缺陷时，应及时进行处理。

5.4　施工图阶段主要设计图要求

5.4.1　基础平面图设计要求

（1）绘出定位轴线、基础构件（包括承台、基础梁等）的位置、尺寸、底标高、构件编号，基础底标高不同时，应绘出放坡示意图；表示施工后浇带的位置及宽度。

（2）标明砌体结构墙与墙垛、柱的位置与尺寸、编号；混凝土结构可另绘结构墙、柱平面定位图，并注明截面变化关系尺寸。

（3）标明地沟、地坑和已定设备基础的平面位置、尺寸、标高，预留孔与预埋件的位置、尺寸、标高。

（4）需进行沉降观测时注明观测点位置（宜附测点构造详图）。

【工程案例】 某超限高层建筑，主楼地上 50 层、地下 4 层；群楼地上 5 层、地下 3 层，主楼采用桩筏基础；群楼采用独立基础＋防水板；设计要求在施工及使用期间进行沉降观测。观测点经与施工单位研究布置如图 5-20 所示。

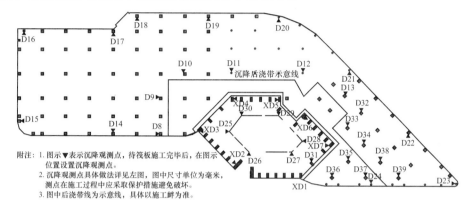

图 5-20　某超限高层沉降观测图

（5）基础设计说明应包括基础持力层及基础进入持力层的深度、地基的承载力特征值、持力层验槽要求、基底及基槽回填土的处理措施与要求，以及对施工的有关要求等。

（6）采用桩基时应绘出桩位平面位置、定位尺寸及桩编号；先做试桩时，应单独绘制试桩定位平面图（平面不复杂时也可与工程桩绘制在同一张图纸上）。

【工程案例】 某超限高层建筑，主楼地上 50 层、地下 4 层；群楼地上 5 层、地下 3 层，主楼采用桩筏基础；群楼采用独立基础＋防水板；设计要求对工程桩进行静载荷试验，试桩平面位置及试桩如图 5-21 所示。

（7）当采用人工复合地基时，应绘出复合地基的处理范围和深度，置换桩的平面布置及其材料和性能要求、构造详图；注明复合地基的承载力特征值及变形控制值等有关参数和检测要求。

注意：当复合地基另由有设计资质的单位设计时，基础设计方应对经处理的地基提出承载力特征值和变形控制值的要求及相应的检测要求。

【工程案例】 某住宅结构，地上 18 层、地下 2 层，天然地基承载力不满足设计要求。

为此设计采用 CFG 复合地基处理，采用长螺旋钻孔桩工艺施工，根据计算复合地基设计计算 CFG 布置平面和 CFG 与基础及地坑的关系图如图 5-22、图 5-23 所示。

（1）CFG 设计说明

1）采用长螺旋钻中心压灌成桩工艺，基础底下铺设 200mm 厚褥垫层，宜采用中砂、粗砂、级配砂石和碎石等，最大粒径不宜大于 30mm，要求夯填度（夯实的褥垫层与虚铺厚度之比）≤0.90，褥垫层宽出基础 370mm。

2）上部结构要求处理后（修正后）复合地基承载力特征值≥350kPa，单桩承载力特征值为 560kN，建筑物最终最大沉降量不大于 60mm，相应于作用的准永久值为 325kPa，倾斜值不大于 0.0015。

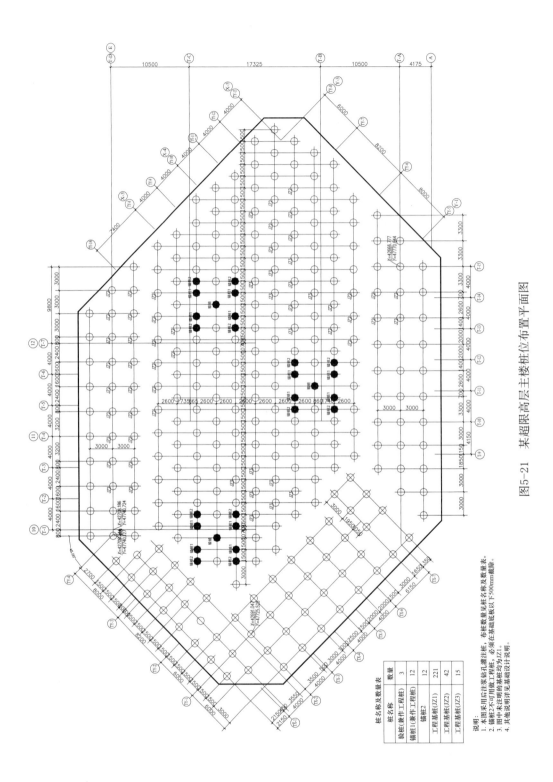

图5-21　某超限高层主楼桩位布置平面图

桩名称及数量表	
桩名称	数量
验桩(兼作工程桩)	3
锚桩(兼作工程桩)	12
锚桩2	12
工程基桩(JZ1)	221
工程基桩(JZ2)	42
工程基桩(JZ3)	15

说明:
1. 本图采用后注浆钻孔灌注桩。布桩数量见桩名称及数量表。
2. 锚桩2不可用做工程桩，必须在基础底板以下500mm截除。
3. 图中未注明的基础桩均为JZ1。
4. 其他说明详见基础设计说明。

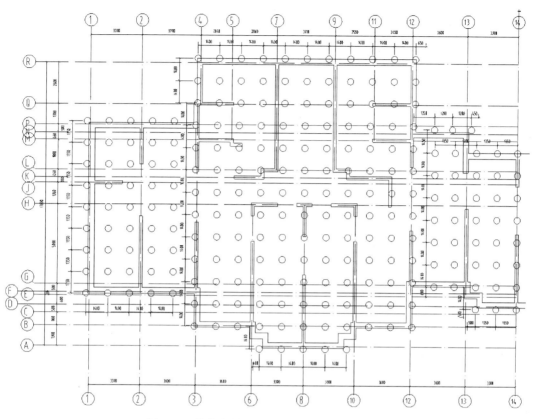

图 5-22 某住宅剪力墙结构 CFG 桩布置平面图

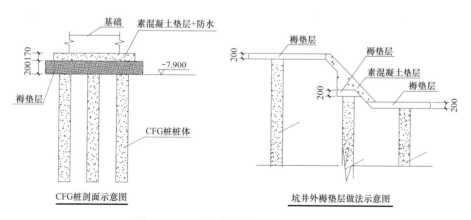

图 5-23 CFG 桩与基础及地坑的关系图

3）处理地基上的建筑应在施工期间和使用期间进行沉降观测，直到沉降达到稳定为止。

（2）设计依据

1）《××工程地勘报告》（详勘）

2）《建筑地基处理技术规范》（JGJ 79—2012）；

3）《建筑桩基技术规范》（JGJ 94—2008）；

4)《长螺旋钻孔泵压混凝土桩复合地基技术规程》(DB13 (J)/T 123—2013)。

(3) 本工程±0.00＝15.00m，筏板基底相对标高为－8.25m；CFG 桩有效桩顶相对标高为－8.62m (相对绝对标高 6.38m)，设计桩径 400mm，有效桩长 16.0m (保证地坑底处桩长不小于有效桩长)，施工保护桩长不小于 0.5m。

(4) 桩端持力层为第⑥层粉砂层，基础底为第③层粉土、第④层粉质黏土，综合考虑地基土承载力特征值为 100kPa，CFG 桩直径 400mm，间距 1.40m×1.40m，设计有效桩长 16.0m，面积置换率为 6.74％，为均匀布置，共布设 460 根。

(5) 混凝土采用 C25，坍落度 160～200mm，要求桩体混凝土充盈系数不得小于 1.0。

(6) 复合桩基检验要求详见《建筑地基处理技术规范》(JGJ 79—2012) 相关要求。

5.4.2　基础详图设计要求

(1) 砌体结构无筋扩展基础应绘出剖面、基础圈梁、防潮层位置，并标注总尺寸、分尺寸、标高及定位尺寸。

(2) 扩展基础应绘出平、剖面及配筋、基础垫层，标注总尺寸、分尺寸、标高及定位尺寸等。

(3) 桩基应绘出桩详图、承台详图及桩与承台的连接构造详图。桩详图包括桩顶标高、桩长、桩身截面尺寸、配筋、预制桩的接头详图，并说明地质概况、桩持力层及桩端进入持力层的深度、成桩的施工要求、桩基的检测要求，注明单桩的承载力特征值 (必要时尚应包括竖向抗拔承载力及水平承载力)。先做试桩时，应单独绘制试桩详图并提出试桩要求。承台详图包括平面、剖面、垫层、配筋，标注总尺寸、分尺寸、标高及定位尺寸。

(4) 筏基、箱基可参照相应图集表示，但应绘出承重墙、柱的位置。当要求设后浇带时应表示其平面位置并绘制构造详图。对箱基和地下室基础，应绘出钢筋混凝土墙的平面、剖面及其配筋，当预留孔洞、预埋件较多或复杂时，可另绘墙的模板图。

(5) 基础梁可按相应图集表示。

注：对形状简单、规则的无筋扩展基础、扩展基础、基础梁和承台板，也可用列表方法表示。

5.4.3　结构平面图设计要求

(1) 一般建筑的结构平面图，均应有各层结构平面图及屋面结构平面图，具体内容为：

1) 绘出定位轴线及梁、柱、承重墙、抗震构造柱位置及必要的定位尺寸，并注明其编号和楼面结构标高。

2) 装配式建筑墙柱结构布置图中用不同的填充符号标明预制构件和现浇构件，采用预制构件时注明预制构件的编号，给出预制构件编号与型号对应关系以及详图索引号。预制板的跨度方向、板号、数量及板底标高，标出预留洞大小及位置；预制梁、洞口过梁的位置和型号、梁底标高。

3) 现浇板应注明板厚、板面标高、配筋 (亦可另绘放大的配筋图，必要时应将现浇楼面模板图和配筋图分别绘制)，标高或板厚变化处绘局部剖面，有预留孔、埋件、已定设备基础时应示出规格与位置，洞边加强措施，当预留孔、埋件、设备基础复杂时亦可另绘详图；必要时尚应在平面图中表示施工后浇带的位置及宽度；电梯间机房尚应表示吊钩平面位置与详图。

4）砌体结构有圈梁时应注明位置、编号、标高，可用小比例绘制单线平面示意图。

5）楼梯间可绘斜线注明编号与所在详图号。

6）屋面结构平面布置图内容与楼层平面类同，当结构找坡时应标注屋面板的坡度、坡向、坡向起终点处的板面标高，当屋面上有留洞或其他设施时应绘出其位置、尺寸与详图，女儿墙或女儿墙构造柱的位置、编号及详图。

7）当选用标准图中节点或另绘节点构造详图时，应在平面图中注明详图索引号。

8）人防地下室平面中应标明人防区和非人防区，注明人防墙名称（如临空墙）与编号。

（2）单层空旷房屋应绘制构件布置图及屋面结构布置图，应有以下内容：

1）构件布置应表示定位轴线，墙、柱、天桥、过梁、门楹、雨篷、柱间支撑、连系梁等的布置、编号、构件标高及详图索引号，并加注有关说明等；必要时应绘制剖面、立面结构布置图。

2）屋面结构布置图应表示定位轴线、屋面结构构件的位置及编号、支撑系统布置及编号、预留孔洞的位置、尺寸、节点详图索引号、有关的说明等。

5.4.4　钢筋混凝土构件详图设计要求

（1）现浇构件（现浇梁、板、柱及墙等详图）应绘出：

1）纵剖面、长度、定位尺寸、标高及配筋，梁和板的支座（可利用标准图中的纵剖面图）；现浇预应力混凝土构件尚应绘出预应力筋定位图并提出锚固及张拉要求。

2）横剖面、定位尺寸、断面尺寸、配筋（可利用标准图中的横剖面图）。

3）必要时绘制墙体立面图。

4）若钢筋较复杂不易表示清楚时，宜将钢筋分离绘出。

5）对构件受力有影响的预留洞、预埋件，应注明其位置、尺寸、标高、洞边配筋及预埋件编号等。

6）曲梁或平面折线梁宜绘制放大平面图，必要时可绘展开详图。

7）一般的现浇结构的梁、柱、墙可采用"平面整体表示法"绘制，标注文字较密时，纵、横向梁宜分两幅平面绘制。

8）除总说明已叙述外还需特别说明的附加内容，尤其是与所选用标准图不同的要求（如钢筋锚固要求、构造要求等）。

9）对建筑非结构构件及建筑附属机电设备与结构主体的连接，应绘制连接或锚固详图。

注：非结构构件自身的抗震设计，由相关专业人员分别负责进行。

（2）预制构件应绘出：

1）构件模板图，应表示模板尺寸、预留洞及预埋件位置、尺寸，预埋件编号、必要的标高等；后张预应力构件尚需表示预留孔道的定位尺寸、张拉端、锚固端等。

2）构件配筋图：纵剖面表示钢筋形式、箍筋直径与间距，配筋复杂时宜将非预应力筋分离绘出；横剖面注明断面尺寸、钢筋规格、位置、数量等。

3）需作补充说明的内容。

注：对形状简单、规则的现浇或预制构件，在满足上述规定前提下，可用列表法绘制。

5.4.5 混凝土结构节点构造详图设计要求

（1）对于现浇钢筋混凝土结构应绘制节点构造详图（可引用标准设计、通用图集中的详图）。

（2）预制装配式结构的节点，梁、柱与墙体锚拉等详图应绘出平、剖面，注明相互定位关系、构件代号、连接材料、附加钢筋（或埋件）的规格、型号、性能、数量，并注明连接方法以及对施工安装、后浇混凝土的有关要求等。

（3）需作补充说明的内容。

5.4.6 其他图纸设计要求

（1）楼梯图：应绘出每层楼梯结构平面布置及剖面图，注明尺寸、构件代号、标高；梯梁、梯板详图（可用列表法绘制）。

（2）预埋件：应绘出其平面、侧面或剖面，注明尺寸、钢材和锚筋的规格、型号、性能、焊接要求。

（3）特种结构和构筑物：如水池、水箱、烟囱、烟道、管架、地沟、挡土墙、筒仓、大型或特殊要求的设备基础、工作平台等，均宜单独绘图；应绘出平面、特征部位剖面及配筋，注明定位关系、尺寸、标高、材料品种和规格、型号、性能。

5.4.7 钢结构设计施工图设计要求

钢结构设计施工图的内容和深度应能满足进行钢结构制作详图设计的要求。钢结构制作详图一般应由具有钢结构专项设计资质的加工制作单位完成，也可由具有该项资质的其他单位完成，其设计深度由制作单位确定。钢结构设计施工图不包括钢结构制作详图的内容。

钢结构设计施工图应包括以下几个主要方面的内容：

（1）钢结构设计总说明：以钢结构为主或钢结构（包括钢骨结构）较多的工程，应单独编制钢结构（包括钢骨结构）设计总说明。

（2）基础平面图及详图：应表达钢柱的平面位置及其与下部混凝土构件的连接构造详图。

（3）结构平面（包括各层楼面、屋面）布置图：应注明定位关系、标高、构件（可用粗单线绘制）的位置、构件编号及截面型式和尺寸、节点详图索引号等；必要时应绘制檩条、墙梁布置图和关键剖面图；空间网架应绘制上、下弦杆及腹杆平面图和关键剖面图，平面图中应有杆件编号及截面型式和尺寸、节点编号及型式和尺寸。

（4）构件与节点详图：

1）简单的钢梁、柱可用统一详图和列表法表示，注明构件钢材牌号、必要的尺寸、规格，绘制各种类型连接节点详图（可引用标准图）。

2）格构式构件应绘出平面图、剖面图、立面图或立面展开图（对弧形构件），注明定位尺寸、总尺寸、分尺寸，注明单构件型号、规格，绘制节点详图和与其他构件的连接详图。

"格构式构件"一般包括桁架（张弦梁）、格构式拱、柱、支撑等。

3）节点详图应包括：连接板厚度及必要的尺寸、焊缝要求，螺栓的型号及其布置，焊钉布置等。

5.4.8 【工程案例】钢结构设计总说明

钢结构设计总说明
设计年代：2012 年

1. 工程概况

工程为北京某研究单位科研楼，总建筑面积 22000m²，地下 2 层、地上 9 层，檐口高度约 36m，结构体系地上部分为钢框架-支撑体系，基础采用筏板结构。

2. 设计依据

（1）《建筑工程设计文件编制深度规定》建质〔2008〕216 号；

（2）《建筑结构荷载规范》（GB 50009—2012）；

（3）《建筑结构可靠度设计统一标准》（GB 50068—2001）；

（4）《建筑工程抗震设防分类标准》（GB 50223—2008）；

（5）《建筑抗震设计规范》（GB 50011—2010）；

（6）《混凝土结构设计规范》（GB 50010—2010）；

（7）《建筑地基基础设计规范》（GB 50007—2011）；

（8）《地下工程防水技术规范》（GB 50108—2008）；

（9）《北京市地基基础勘察设计规范》（DBJ 11-501-2009）；

（10）《岩土工程勘察规范》（GB 50021—2001）2009 年版；

（11）《钢结构设计规范》（GB 50017—2003）；

（12）《高层民用建筑结构技术规程》（JGJ 99—1998）；

（13）《建筑钢结构焊接技术规程》（JGJ 81—2002）；

（14）《高层建筑筏形与箱形基础技术规范》（JGJ 6—2011）

3. 工程数据

设计采用的活载标准值、组合值系数、频遇值系数及准永久值系数见表 1。

工程数据　　　　　　　　　　　　　　　　　　　　　表 1

序号	荷载类型	活荷载标准值（kN/m²）	组合值系数	频遇值系数	准永久值系数
1	上人屋面	2.0	0.7	0.5	0.4
2	不上人屋面	0.7	0.7	0.5	0.0
3	办公用房、会议室、卫生间	2.0	0.7	0.6	0.5
4	门厅、走廊	2.5	0.7	0.6	0.5
5	楼梯间	3.5	0.7	0.5	0.3
6	一般设备用房、电梯机房	7.0	0.9	0.9	0.8

4. 建筑结构的安全等级及设计使用年限

建筑结构安全等级：二级；

设计使用年限：50 年；

建筑抗震设防类别：丙类；

地基基础的设计等级：乙级。

5. 自然条件

（1）风荷载

基本风压：$0.45kN/m^2$（50 年一遇）；

地面粗糙度类别：C 类。

（2）雪荷载

基本雪压：$0.45kN/m^2$（50 年一遇）。

（3）抗震设防有关参数

抗震设防烈度：8 度；

设计基本加速度：$0.20g$；

设计地震分组：第一组；

场地类别：Ⅱ类。

（4）场地标准冻深：0.8m。

（5）场地的工程地质条件

抗浮设计水位标高：49.000m；

地下水对混凝土结构及钢筋混凝土中钢筋均无腐蚀性；

地基持力层为粉质黏土，地基承载力标准值：$f_{ka}=200kPa$。

（北京地区基础规范采用的是标准值）

6. 绝对标高

本工程±0.00＝50.45m。

7. 使用程序

本工程使用两个程序进行计算分析，两个程序分别为：ETABS 和 SATWE。

8. 钢材及连接材料

（1）钢材及连接材料选用表见表 2。

钢材及连接材料选用表　表 2

构件	材质	应符合的标准名称	应符合的标准代号	备注
框架梁、柱及支撑	Q345-C	《低合金高强度结构钢》	GB/T 1591—1994	
次梁、隔撑及连接板	Q345-B	《低合金高强度结构钢》	GB/T 1591—1994	
锚栓及耳板	Q235-B	《碳结构素钢》	GB/T 700—2006	

连接材料	应符合的标准名称	标准代号	备注
扭剪型高强度螺栓	《钢结构用扭剪型高强度螺栓连接副》	GB/T 3632—2008	采用 10.9 级
	《钢结构用扭剪型高强度螺栓连接副》	GB/T 3632—2008	
普通螺栓	《六角头螺 C 级》	GB/T 5780—2000	采用 4.6 级 C 级

续表

构件		材质	应符合的标准名称	应符合的标准代号	备注
连接材料		应符合的标准名称		标准代号	备注
钢梁上翼缘栓钉		《电弧螺栓焊用圆柱头焊钉》		GB/T 10433—2002	采用 B2 型 d16
钢骨混凝土构件中柱、梁栓钉					采用 B1 型 d19
手工焊接焊条	Q23 与 Q235	《碳钢焊条》	GB/T 5117—1995		采用 E430
	Q34 与 Q345	《低合金钢焊条》	GB/T 5118—1995		采用 E501
	Q23 与 Q345	《碳钢焊条》	GB/T 5117—1995		采用 E430
自动埋弧用焊丝和焊剂	Q23 与 Q235	《埋弧焊用碳钢焊丝和焊剂》	GB/T 5293—1999		采用低氧型
	Q34 与 Q345	《埋弧焊用低合金钢焊丝和焊剂》	GB/T 12470—2003		采用低氧型
	Q23 与 Q345	《碳钢焊条》	GB/T 5117—1995		采用低氧型

（2）全部钢材应具有抗拉强度、伸长率、屈服强度和碳、硫、磷含量及冷弯合格保证，同时还应具有以下保证：

1）钢材的屈服强度实测值与抗拉强度实测值的比值不应大于 0.85。

2）钢材应具有明显的屈服台阶，且伸长率不应小于 20％。

3）钢材应具有良好的焊接性和合格的冲击韧性。

9. 螺栓形式及质量要求

（1）本工程高强度螺栓均采用摩擦型连接，1 个 10.9 级高强度螺栓的预拉力 P（kN）见表 3。

1 个 10.9 级高强度螺栓的预拉力 表 3

螺栓的公称直径（mm）	M16	M20	M22	M24	M27	M30
螺栓的预拉力（kN）	100	155	190	225	290	355

（2）在高强度螺栓连接范围内，构件接触面采用喷砂（丸）处理，要求抗滑移系数≥0.50，制作单位应进行抗滑移系数试验，安装单位应进行复验，现场处理的构件摩擦面应单独进行试验。

（3）高强度螺栓孔径比杆径大 1.5～2.0mm，普通螺栓孔径比杆径大 1.0～1.5mm。

（4）螺栓连接板材料与较高母材相同。

（5）高强度大六角头螺栓连接副、扭剪型高强度螺栓连接副出厂时应分别随箱带有扭矩系数和预拉力的检验报告。

（6）图中螺栓未特别说明者，均为摩擦型高强度螺栓。

10. 焊缝形式及质量要求

（1）全熔透焊缝

工厂制作焊缝：框梁与箱形柱刚接时，柱在梁翼缘上下各 600mm 的节点范围内，箱形柱壁板间的组合焊缝；

上下柱拼接时，接头上下各 100mm 范围内箱形柱壁板间焊缝；

柱与梁刚接时，悬臂梁段翼缘及腹板与柱间连接焊缝；

箱形柱内对应梁翼缘设置的水平加劲隔板与柱间连接焊缝。

工地安装焊缝：框架钢梁工地接头翼缘间的焊缝。

（2）部分熔透焊缝

工厂制作焊缝：钢柱除上述规定全熔透焊缝以外的部位采用部分熔透焊缝，焊缝厚度不应小于厚度的 $1/2$，且不小于 14mm；

焊缝工字钢梁当腹板厚度为 16～40mm 时，翼缘与腹板间的焊缝。

（3）角焊缝

工厂制作焊缝：焊接 H 钢梁（或工字钢梁）翼缘与腹板间焊缝。

（4）焊缝质量等级

板件拼接和全熔透焊缝的焊缝质量等级为二级，应进行 100% 超声波检验，其合格等级应为现行国家标准《钢焊缝手工超声波探伤方法和探伤结果分级》（GB/T 11345—1989）B 级检验的 II 级以上，焊缝外观质量标准为三级。

（5）焊缝外观检查

全部焊缝均应进行外观检查，当发现有裂纹疑点时应采用磁粉探伤或着色渗透探伤进行复查，焊缝质量的检查及质量标准应符合《建筑钢结构焊接技术规程》（JGJ 81—2002）和《高层民用建筑钢结构技术规程》（JGJ 99—1998）的要求。

11. 防锈及防火要求

（1）钢材表面采用喷射（抛丸）除锈方法，除锈等级应符合《涂装前钢材表面锈蚀等级和除锈等级》（GB 8923—1988）规定中的 Sa2 1/2 级。

（2）防锈底漆应选用溶剂型无机富锌底漆涂两遍，漆膜总厚度 $\geqslant 75\mu m$。

（3）中间漆根据防火涂料的特性要求确定；外露构件的中间漆及面漆见建筑图要求。

（4）本工程耐火等级为一级，钢柱耐火极限为 3.0h，钢梁及钢支撑的耐火极限为 2.0h，钢柱、钢梁及钢支撑均采用防火涂料保护，防火涂料见建筑图要求。

（5）防火涂料必须选用通过国家检测机构检测合格、消防部门认可的产品，且需要与底漆配套。所选用防火涂料的性能、涂层厚度、质量要求应符合现行国家标准《钢结构防火涂料》（GB 14907—2002）和《钢结构防火涂料应用技术规范》（CECS 24—1990）的规定。

（6）下列部位禁止涂漆：

1）高强度螺栓连接的摩擦接触面；

2）工地焊接部位及两侧 100mm，且要满足超声波探伤要求的范围内。但工地焊接部位需要进行不影响焊接的除锈处理，除锈后涂刷防锈保护漆。

（7）钢结构安装完毕后，应对工地焊接部位、紧固件以及防锈受损的部位进行补漆。

12. 制作、安装要求

（1）构件应按《钢结构工程施工质量验收规范》（GB 50205—2001）、《建筑钢结构焊接技术规程》（JG J81—2002）及《高层民用建筑钢结构技术规程》（JGJ 99—1998）的要求进行制作、安装和验收。

（2）板件下料后，对需要进行边缘加工的板件，其刨削量不应小于 2mm。

（3）每一节钢柱子的定位轴线必须从地面控制线引上来，以免产生累积误差。

（4）钢构件在运输、吊装过程中，应采取措施防止出现变形和失稳，钢结构的安装吊装应进行计算，防止在吊装中构件产生永久变形。

（5）柱、主梁等大型构件安装时应随即进行校正。

（6）为了减少安装偏差和焊接应力，平面上应从建筑物中间向四周扩散安装。

（7）钢结构单元在逐次安装过程中，应及时调整消除累计偏差，使总安装偏差最小，以符合设计及规范要求。任何螺栓孔不得随意割扩，不得减小螺栓直径。

（8）当连接中采用栓焊混合连接时，应先栓后焊接。

（9）跨度为 25m 的三榀转换桁架按《钢结构设计规范》（GB 50017—2003）的要求起拱，起拱度为跨度的 1/600，即起拱值为 42mm。

13. 其他要求

（1）柱、梁定位均以轴线居中。

（2）在各层钢结构平面布置图中，梁端带有 ▲ 符号者，表示两端为刚性连接，无此符号者为铰接连接。

（3）本图仅为钢结构施工设计图，图纸中细部尺寸应有加工详图放样确定，钢结构制作详图应由具有钢结构专项设计资质的加工制作单位完成，也可由具有该项资质的其他单位完成，其设计深度由制作单位确定。深化图纸需要经设计施工图设计单位确认后方可加工制作。

5.4.9 结构施工图阶段计算书相关要求

（1）采用手算的结构计算书，应给出构件平面布置简图和计算简图、荷载取值的计算或说明；结构计算书内容宜完整、清楚，计算步骤要条理分明，引用数据有可靠依据，采用计算图表及不常用的计算公式，应注明其来源出处，构件编号、计算结果应与图纸一致。

（2）当采用计算机程序计算时，应在计算书中注明所采用的计算程序名称、代号、版本及编制单位，计算程序必须经过有效审定（或鉴定），电算结果应经分析认可；总体输入信息、计算模型、几何简图、荷载简图和输出结果应整理成册。

电算结果包括：振型、周期、扭转周期比、位移、扭转位移比、层刚度比、刚度中心与质量中心的偏差、楼层受剪承载力比、质量参与系数、水平荷载作用下基底剪力及地震剪力系数（剪重比）、水平荷载作用下基地倾覆力矩等；垂直荷载作用下的柱脚反力（桩基及底板计算依据）的图形输出；底层及控制层柱子轴压比图形输出；各层配筋图形输出；时程分析的主要结果；可用文字及图形表示；砖混结构的墙脚荷载和各层抗震计算图形输出。

（3）采用结构标准图或重复利用图时，宜根据图集的说明，结合工程进行必要的核算工作，且应作为结构计算书的内容。

（4）所有计算书应校审，并由设计、校对、审核人（必要时包括审定人）在计算书封面上签字，作为技术文件归档。

（5）当项目按绿色建筑设计时，应计算设计采用的高强度材料和高耐久性建筑结构材料用量比例。

5.4.10　【工程案例】施工图结构计算书

某高层剪力墙住宅结构

设计年代　　2017 年

工程名称　　　某高层住宅项目

工程编号　　　1 号楼　剪力墙结构

设计阶段　　　　施工图

版　本　号　　　　1

审　　　定　　　　×××

审　　　核　　　　×××

复　　　审　　　　×××

专业负责人　　　　××

计　算　人　　　　×××

编制日期　　2017 年 6 月

1. 工程概况

本工程为 1 号楼，建筑功能为高层住宅；地下 2 层、地上 24 层，主体结构高度为 69.900m。结构形式采用剪力墙结构，抗震等级为二级。

2. 结构设计主要条件

根据甲方提供的 xx 城住宅集团的设计条件如下：

（1）单体楼栋所属区域：xx 市区。

（2）地下水位：建筑标高－6.0m。

（3）设计特征周期：0.55s；场地类别：Ⅲ类。

（4）非承重隔墙密度按 10kN/m³ 考虑（已考虑抹灰荷载）。

（5）面荷载（恒）：功能房间：1.9kN/m²；电梯前室及走道：2.5kN/m²。

（6）按现行规范和规定进行优化，不得违反规范。

（7）抗震设防烈度为 8 度（0.20g），设计地震分组为第二组，场地类别为Ⅲ类。

（8）基本风压为 0.45kN/m²，承载力计算时风荷载效应放大系数为 1.1。

其余设计中需要的参数、荷载等均按照上述条件及建筑条件依据有关规范查询计算而得。具体参数详见计算书及计算模型。

3. 荷载计算收集

（1）主要楼面恒荷载统计

楼面面层荷载（恒）：功能房间：1.9kN/m²；电梯前室及走道：2.5kN/m²（甲方提供）。

（2）隔墙荷载

非承重隔墙密度按 10kN/m³ 考虑，已含抹灰荷载（甲方提供）。

隔墙高度：2.7m。

100mm 厚隔墙：$0.1 \times 10 \times 2.7 = 2.7 kN/m²$。

200mm 厚隔墙：$0.2 \times 10 \times 2.7 = 5.4 kN/m$。

（3）标准层典型房间荷载统计

平面布置如图 1 所示。

以下选取典型房间进行荷载计算，房间编号平面示意图如图 2 所示。

具体各房间荷载计算如下：

A 房间荷载计算（使用面积约 38.67m²）：

100mm 厚隔墙共长 12.1 m。

隔墙重量：$2.7 \times 12.1 = 32.67 kN$。

墙体折算面荷载为：$32.67/38.67 \approx 0.8 kN/m²$。

A 房间考虑面层做法后，楼层附加面荷载为 $1.9 + 0.8 = 2.7 kN/m²$。

B 房间荷载计算（使用面积约 29.154m²）：

100mm 厚隔墙共长 3m。

隔墙重量：$2.7 \times 3 = 8.1 kN$。

200mm 厚隔墙共长 1 m。

隔墙重量：$5.4 \times 1 = 5.4 kN$。

墙体折算面荷载为：$(8.1 + 5.4)/29.154 = 0.5 kN/m²$。

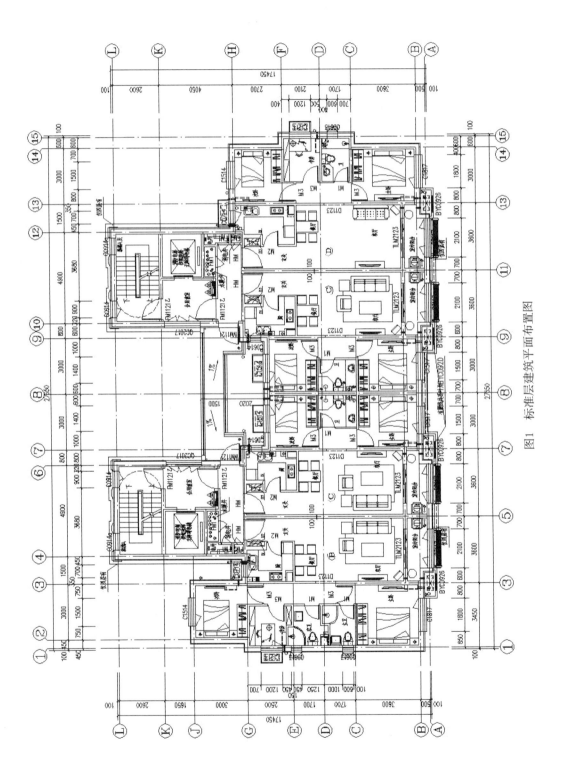

图1 标准层建筑平面布置图

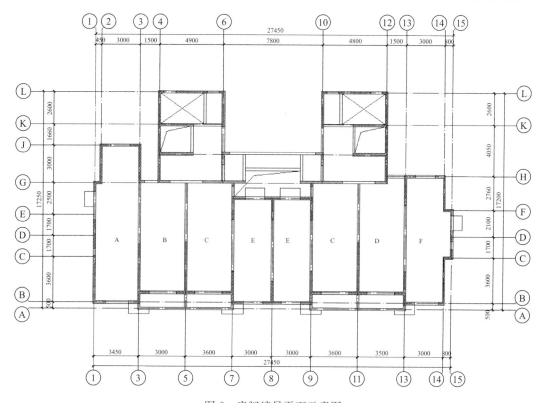

图 2　房间编号平面示意图

B 房间考虑面层做法后，楼层附加面荷载为 $1.9+0.5=2.4\text{kN/m}^2$。

C 房间荷载计算（使用面积约 29.154m^2）：

100mm 厚隔墙共长 3.6m。

隔墙重量：$2.7\times3.6=9.72\text{kN}$。

200mm 厚隔墙共长 1m。

隔墙重量：$5.4\times1=5.4\text{kN}$。

墙体折算面荷载为：$(9.72+5.4)/29.154\approx0.5\text{kN/m}^2$。

C 房间考虑面层做法后，楼层附加面荷载为 $1.9+0.5=2.4\text{kN/m}^2$。

D 房间荷载计算（使用面积约 29.89m^2）：

100mm 厚隔墙共长 3.6m。

隔墙重量：$2.7\times3.6=9.72\text{kN}$。

200mm 厚隔墙共长 1m。

隔墙重量：$5.4\times1=5.4\text{kN}$。

墙体折算面荷载为：$(9.72+5.4)/29.89\approx0.5\text{kN/m}^2$。

D 房间考虑面层做法后，楼层附加面荷载为 $1.9+0.5=2.4\text{kN/m}^2$。

E 房间荷载计算（使用面积约 22.68m^2）：

100mm 厚隔墙共长 4.8m。

隔墙重量：$2.7\times4.8=12.96\text{kN}$。

墙体折算面荷载为：$12.96/22.68\approx0.6\text{kN/m}^2$。

E 房间考虑面层做法后，楼层附加面荷载为 $1.9+0.6=2.5\text{kN/m}^2$。

F 房间荷载计算（使用面积约 29.38m^2）：

100mm 厚隔墙共长 5.9m。

隔墙重量：$2.7\times5.9=15.93\text{kN}$。

200mm 厚隔墙共长 1.8 m。

隔墙重量：$5.4\times1.8=9.72\text{kN}$。

墙体折算面荷载为：$(15.93+9.72)/29.38\approx0.9\text{kN/m}^2$。

F 房间考虑面层做法后，楼层附加面荷载为 $1.9+0.9=2.8\text{kN/m}^2$。

户门前合用前室：

100mm 厚隔墙布置相对较多，隔墙自重取 1/3 每米长墙重且不小于 1.0kN/m^2。

$10\times0.1\times1\times2.7/3=0.9\text{kN/m}^2<1.0\text{kN/m}^2$，取 1.0kN/m^2。

楼板附加面荷载为 $2.5+1.0=3.5\text{kN/m}^2$。

第6章 典型工程施工图【工程案例】

6.1 【工程案例】特别说明

1.【工程案例】限于篇幅同类构件仅给出部分图纸案例，但图纸目录列出全部图名。

2.【工程案例】图均来自实际施工图设计工程，所以图中的说明及制图方式均满足设计年代的规定，但不一定能满足现行规范及相关标准的要求。

3.【工程案例】仅结构专业施工图设计阶段深度进行表达内容及方法进行示意。

4.【工程案例】中的结构设计方案、设计荷载、设计参数、计算结果、构件截面等仅供大家参考，但不得作为其他工程的设计依据。

5.【工程案例】中的比例可能与原施工图不符合，主要是受图幅限制所致。

为了方便读者对【工程案例】图纸的学习，提供以下8个工程案例的DWG文件（限于本书开本，具体内容将不在书中展现），请读者自行到中国建筑工业出版社官网 www.cabp.com.cn 下载相关资料（具体方法：输入书名或征订号查询→点选图书→点击配套资源即可下载）。

6.2 【工程案例1】钢筋混凝土框架结构

6.3 【工程案例2】钢筋混凝土框架-剪力墙结构

6.4 【工程案例3】钢筋混凝土剪力墙结构

6.5 【工程案例4】钢筋混凝土排架结构

6.6 【工程案例5】钢结构排架厂房结构

6.7 【工程案例6】轻型门式刚架结构

6.8 【工程案例7】高耸结构三管钢烟囱

6.9 【工程案例8】工业建筑皮带通廊结构图

参考文献

[1] GB/T 50105—2010 建筑结构制图标准 [S]. 北京：中国建筑工业出版社，2010.

[2] GB 50153—2008 工程结构可靠性设计统一标准 [S]. 北京：中国建筑工业出版社，2008.

[3] GB 50068—2001 建筑结构可靠度设计统一标准 [S]. 北京：中国建筑工业出版社，2001.

[4] GB/T 50083—2014 工程结构设计基本术语标准 [S]. 北京：中国建筑工业出版社，2014.

[5] GB 50223—2008 建筑工程抗震设防分类标准 [S]. 北京：中国建筑工业出版社，2008.

[6] GB 50011—2010 建筑抗震设计规范 [S]. 北京：中国建筑工业出版社，2010.

[7] JGJ 3—2010 高层建筑混凝土结构技术规程 [S]. 北京：中国建筑工业出版社，2010.

[8] GB 50010—2010 混凝土结构设计规范（2015 版）[S]. 北京：中国建筑工业出版社，2015.

[9] GB 50003—2011 砌体结构设计规范 [S]. 北京：中国建筑工业出版社，2011.

[10] GB 50009—2012 建筑结构荷载规范 [S]. 北京：中国建筑工业出版社，2012.

[11] JGJ 99—2015 高层民用建筑钢结构技术规程 [S]. 北京：中国建筑工业出版社，2015.

[12] GB 50007—2011 建筑地基基础设计规范 [S]. 北京：中国建筑工业出版社，2011.

[13] JGJ 79—2012 建筑地基处理技术规范 [S]. 北京：中国建筑工业出版社，2012.

[14] JGJ 94—2008 建筑桩基技术规范 [S]. 北京：中国建筑工业出版社，2008.

[15] GB 50021—2001 岩土工程勘察规范（2009 年版）[S]. 北京：中国建筑工业出版社，2009.

[16] 全国民用建筑工程设计技术措施（2009 版）[M]. 北京：中国计划出版社，2009.

[17] 魏利金. 建筑结构设计常遇问题及对策 [M]. 北京：中国电力出版社，2009.

[18] 魏利金. 建筑结构施工图审查常遇问题及对策 [M]. 北京：中国电力出版社，2011.

[19] 魏利金. 建筑结构设计规范疑难热点问题及对策 [M]. 北京：中国电力出版社，2015.

[20] 段尔焕，魏利金等. 现代建筑结构技术新进展 [M]. 昆明：原子能出版社，2004.

[21] 魏利金. 纵论建筑结构设计新规范与 SATWE 软件的合理应用 [J]. PKPM 新天地，2005，(4-5).

[22] 魏利金. 对台湾九二一集集大地震建筑震害分析 [J]. 地震研究与工程抗震论文集，2003.

[23] 魏利金. 多层住宅钢筋混凝土剪力墙结构设计问题的探讨 [J]. 工程建设与设计，2006，(1).

[24] 魏利金. 试论结构设计新规范与 PKPM 软件的合理应用问题 [J]. 工业建筑，2006，(5).

[25] 魏利金. 三管钢烟囱设计 [J]. 钢结构，2002，(6).

[26] 魏利金. 高层钢结构在工业厂房中的应用 [J]. 钢结构，2000，(3).

[27] 魏利金. 钢筋混凝土折线型梁强度和变形设计探讨 [J]. 建筑结构，2000，09.

[28] 魏利金. 大型工业厂房斜腹杆双肢柱设计中几个问题的探讨 [J]. 工业建筑，2001，7.

[29] 魏利金. 试论现浇钢筋混凝空心板在高层建筑中的设计. 工程建设与设计，2005，3.

[30] 魏利金. 多层钢筋混凝土剪力墙结构设计中若干问题的探讨 [J]. 工程建设与设计，2006，1.

[31] 魏利金. 试论中美风荷载转换关系 [J]. 工业建筑，2009，9.

[32] 魏利金. 高烈度区某超限复杂高层建筑结构设计与研究 [J]. 建筑结构，2012，42.

[33] 魏利金. 宁夏万豪酒店超限高层动力弹塑性时程分析 [J]. 建筑结构，2012，42.

[34] 魏利金. 复杂超限高位大跨连体结构设计 [J]. 建筑结构，2013，1.

[35] 魏利金. 宁夏万豪大厦复杂超限高层建筑结构设计与研究 [J]. 建筑结构，2013.